高等院校土建类专业"互联网＋"创新规划教材

工程造价软件应用与实践

主　编◎李茂英　曾　浩

副主编◎蒋吉鹏　陈婉玲

北京大学出版社
PEKING UNIVERSITY PRESS

内 容 简 介

本书是应用"广联达 BIM 软件"建立建筑信息化模型并运用"云计价软件"计算建筑工程造价的实践应用性教材。全书围绕一个项目案例（一个四层框架结构的宿舍楼工程），按 BIM 软件应用准备、BIM 图形算量软件应用、BIM 钢筋算量软件应用、CAD 导图应用和云计价软件应用五个篇章来进行内容安排，并配备了软件操作教学演示视频与大量操作图示。本书各章节主题鲜明、实用性强，突出了高技能应用型人才培养的特点。

本书可作为本科及高职高专工程管理类专业、土建类专业等的造价软件实践课教材，也可作为造价员岗位的软件培训教材，还可供相关专业工程技术人员和造价管理人员参考。

图书在版编目(CIP)数据

工程造价软件应用与实践/李茂英，曾浩主编. —北京：北京大学出版社，2020. 2
高等院校土建类专业 "互联网+" 创新规划教材
ISBN 978－7－301－31158－5

Ⅰ.①工… Ⅱ.①李… ②曾… Ⅲ.①建筑工程—工程造价—应用软件—高等学校—教材 Ⅳ.①TU723. 3－39

中国版本图书馆 CIP 数据核字 (2020) 第 022659 号

书　　　　名	工程造价软件应用与实践
	GONGCHENG ZAOJIA RUANJIAN YINGYONG YU SHIJIAN
著作责任者	李茂英　曾　浩　主编
策 划 编 辑	吴　迪
责 任 编 辑	伍大维
数 字 编 辑	蒙俞材
标 准 书 号	ISBN 978－7－301－31158－5
出 版 发 行	北京大学出版社
地　　　　址	北京市海淀区成府路 205 号　100871
网　　　　址	http://www. pup. cn　新浪微博：@ 北京大学出版社
电 子 信 箱	pup_6@ 163. com
电　　　　话	邮购部 010－62752015　发行部 010－62750672　编辑部 010－62750667
印 刷 者	北京鑫海金澳胶印有限公司
经 销 者	新华书店
	787 毫米×1092 毫米　16 开本　18. 5 印张　396 千字
	2020 年 2 月第 1 版　2023 年 1 月第 3 次印刷
定　　　　价	48. 00 元

前言

在新型城镇化背景下，随着智慧城市建设和信息化技术的融合，让建筑行业产生"可视化"的三维信息建模技术——BIM（Building Information Modeling，建筑信息模型）技术得到了空前发展。BIM 技术让建筑业与信息化技术得到了高度融合，因而运用 BIM 技术实现建筑业的可持续发展已成为行业的迫切需求，加强 BIM 全过程管控、实现企业升级转型可谓势在必行。住房和城乡建设部为此发布了《关于推进建筑信息模型应用的指导意见》，北京、上海、深圳等地相继推出了 BIM 技术推广的政策和标准，不少科研院校还成立了 BIM 研究中心，陆续开展了 BIM 实践教学，广东省住房和城乡建设厅也率先推出了 BIM 技术收费标准。因此，紧跟行业新技术下的工程造价专业课程的教材编写迫在眉睫。

另外，随着时代的进步，课堂教学强烈要求教材建设适合数字化时代、适应院校需求的新思路，因此"互联网＋"教材也应运而生。

基于以上两个方面，我们编写了本书。本书根据国家现行的《建设工程工程量清单计价规范》（GB 50500—2013）和广东省现行的《广东省建筑与装饰工程综合定额》所规定的计价规则和计量办法，结合高技能应用型人才培养的特点，按项目案例教学的方法来组织教材的内容。

本书由广东交通职业技术学院李茂英和茂名职业技术学院曾浩担任主编，由广东水利水电职业技术学院蒋吉鹏和茂名职业技术学院陈婉玲担任副主编。本书具体编写分工如下：李茂英编写前言、第 1 篇、第 2 篇、第 4 篇、第 5 篇11.2 节内容，录制全书教学演示视频并提供宿舍楼案例图纸；陈婉玲和曾浩编写第 3 篇；蒋吉鹏编写第 5 篇 11.1 节和 11.3 节内容。全书由李茂英负责统稿。在此衷心感谢参与教材编写的全体人员和北京大学出版社的老师们！

由于编写时间较紧，编者水平有限，书中难免存在不足和疏漏之处，恳请广大读者批评指正。

编　者

2019 年 10 月

【资源索引】

目 录

第 4 篇　CAD 导图应用

第 5 篇　云计价软件应用

第1篇

BIM软件应用准备

第**1**章　BIM 软件概况

教学目标

了解 BIM 算量软件的工程量计算思路，熟悉宿舍楼图纸，以便为后面三维算量模型的建立打下基础。

教学要求

知识要点	能力要求	相关知识
BIM 图形算量软件应用原理	能计算建筑与装饰工程土建工程量	(1) 土建工程量计算规则； (2) 土建工程量计算原理； (3) 土建图形算量流程
BIM 钢筋算量软件应用原理	能计算钢筋工程量	(1) 钢筋工程量计算规则； (2) 钢筋工程量计算原理； (3) 钢筋图形算量流程
计价软件应用原理	能了解建筑与装饰工程造价构成	(1) 工程造价各部分费用计算原理； (2) 工程造价各部分费用构成； (3) 工程造价编制程序
识读图纸	(1) 能识读与分析结构图纸； (2) 能识读与分析建筑图纸	(1) 各楼层柱、梁、板结构平面图与配筋图； (2) 楼梯平面图及剖面图； (3) 基础平面图及配筋图； (4) 结构详图； (5) 墙及门窗分布； (6) 建筑立面图及剖面图； (7) 其他节点构造要求

1.1　BIM 算量与计价原理

1.1.1　BIM 图形算量软件

1. BIM 图形算量软件工程量的计算思路

BIM 图形算量软件工程量的计算思路是：根据图纸内容，设置各构件名称并赋予其截面尺寸及标高等特性，挂接其清单与定额做法，建立对应的三维模型，再由软件根据清单与定额工程量计算规则提取模型的各种工程量数据，通过汇总计算，按一定的条件统计出构件工程量。

2. BIM 图形算量软件工程量的计算规则

建筑与装饰工程图形构件的工程量计算规则差异较大，有的按体积计算，有的按面积计算，有的按长度计算，有的按樘、根、座等计算。因此，工程量计算的影响因素除了构件自身的形状、截面尺寸、长度等属性外，还包括构件的位置关系、不同的工程量计算规则等。

BIM 图形算量软件的技术路线示意如图 1-1 所示。

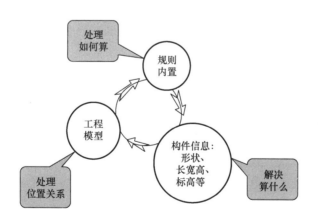

图 1-1　BIM 图形算量软件的技术路线示意

3. BIM 图形算量软件工程量的计算流程

BIM 图形算量软件工程量的计算流程如图 1-2 所示。

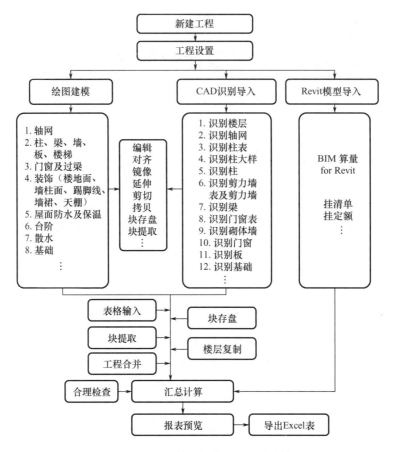

图 1-2 BIM 图形算量软件工程量的计算流程

1.1.2 BIM 钢筋算量软件

1. BIM 钢筋算量软件工程量的计算思路

BIM 钢筋算量软件工程量的计算思路是：根据图纸内容，建立各构件名称并赋予其截面尺寸及标高等特性，录入各构件集中标注钢筋信息和原位特殊信息，建立对应的工程结构模型与钢筋算量模型，再由软件根据钢筋工程量计算规则提取钢筋模型的各种工程量数据，通过汇总计算，按一定的条件统计出各构件的钢筋工程量。

2. BIM 钢筋算量软件工程量的计算规则

建筑结构构件的钢筋工程量计算规则基本相同，都是按质量计算，单位为 t。计算原理都是针对某构件，先算出这个构件中某种规格钢筋的单根长度，再算出其钢筋根数和总长度，用钢筋总长度乘以此种钢筋每米的质量而得出总质量，最后根据清单与定额规则汇总。

3. BIM 钢筋算量软件工程量的计算流程

BIM 钢筋算量软件工程量的计算流程如图 1-3 所示。

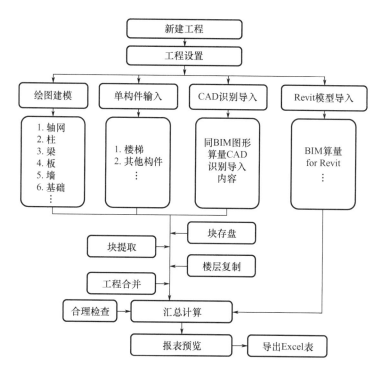

图 1 - 3　BIM 钢筋算量软件工程量的计算流程

1.1.3　BIM 计价软件

1. BIM 计价软件的计价思路

BIM 计价软件的计价思路是：把前述两个算量软件算出的工程量导入计价软件中，再调整相应的清单与定额，按市场信息价，计算出单位工程造价费用。

2. BIM 计价软件的计价规则

BIM 计价软件的计价规则是：把 BIM 图形算量的实体工程量和措施工程量导入计价软件后，再把 BIM 钢筋算量软件计算出的钢筋工程量按规格添加到计价软件分部分项工程项目中，然后根据图纸与施工方案添加措施项目与其他项目，统计人工、材料、机械等数量，并输入相应的市场信息价及相应的规费费率与税率，计算单位工程总造价，最后汇总生成单项工程造价与建设项目总造价。

3. BIM 计价软件的计价流程

BIM 计价软件的计价流程如图 1 - 4 所示。

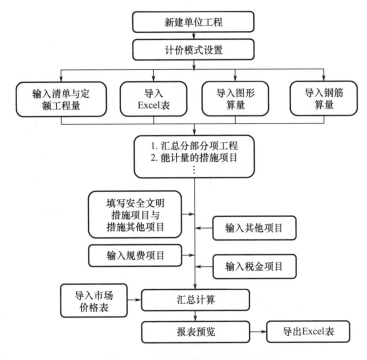

图 1-4　BIM 计价软件的计价流程

1.2　宿舍楼工程概况与图纸分析

1.2.1　宿舍楼工程概况

本案例宿舍楼工程位于广州地区，总建筑面积 844.33m²，占地面积 260m²。该项目为框架结构，抗震设防烈度为 7 度，三级抗震，基础为预应力管桩；建筑层数为地上 4 层，高度为 13.6m，无地下层。本工程所有混凝土均采用商品混凝土，强度等级具体见本书附图 JG-01 结构设计总说明第一（四）点。本书内容将围绕该案例进行组织。

1.2.2　图纸分析

对于一般建筑土建工程来说，图纸分为两大类，一类是建筑图纸（以 J 开头命名的，如 J-01），另一类是结构图纸（以 JG 开头命名的，如 JG-01）。其中建筑图纸主要表示房屋建筑的位置关系、建筑造型、平面布局、墙与门窗布置及装饰情况等，而结构图纸主要表示结构主体（柱、梁、板、剪力墙）和基础等的截面形状及配筋情况等。

1. 建筑图

一般房屋建筑的建筑图，主要包括图纸目录，总平面布置图，建筑设计总说明，各楼层建筑平面图、立面图、剖面图，楼梯详图及一些节点构造详图等内容。

部分建筑图内容归纳见表 1-1。

表 1-1　部分建筑图内容归纳

序号	图纸名称	内容
1	建筑设计总说明	(1) 砌块墙材质、厚度及砌筑砂浆种类，防潮层设置位置； (2) 内外墙柱面的装修做法等； (3) 楼地面装修做法； (4) 天棚装修做法； (5) 屋面保温隔热及防水做法； (6) 散水做法； (7) 台阶做法等
2	建筑平面图	(1) 内外墙所处位置，墙厚； (2) 门窗布置； (3) 各房间布置（包括楼梯间、厕所、餐厅等）； (4) 楼梯宽度及楼梯井宽度； (5) 散水及台阶位置； (6) 阳台及走廊分布，阳台栏板厚度； (7) 屋面架构等
3	建筑立面图	(1) 室外地坪标高，室内外高差； (2) 窗离地高度； (3) 阳台及走廊栏板高度； (4) 外墙装饰； (5) 女儿墙高度
4	楼梯详图	(1) 各层休息平台宽度及标高； (2) 踏步个数及高度等

2. 结构图

一般房屋建筑的结构图，主要包括图纸目录、结构设计总说明、基础平面图、基础详图、墙柱平面布置图、各楼层结构平面图（包括梁配筋图与板配筋图）、楼梯结构详图以及其他一些结构详图等内容。

部分结构图内容归纳见表 1-2。

表 1 - 2　部分结构图内容归纳

序号	图纸名称	内容
1	结构设计总说明	(1) 项目结构类型，设防烈度，框架抗震等级； (2) 建筑耐火等级； (3) 主要结构构件混凝土强度等级，保护层厚度； (4) 钢筋锚固长度与搭接长度； (5) 板支座钢筋标注长度的方式； (6) 板分布筋规格与间距； (7) 砌体强度等级与砌筑砂浆强度等级； (8) 门窗过梁如何设置及过梁尺寸； (9) 墙与柱拉筋如何设置等
2	结构平面图	(1) 基础尺寸、平面布置及配筋情况； (2) 桩位置分布； (3) 柱平面布置及配筋要求（柱钢筋表）； (4) 梁的截面尺寸、分布情况及配筋要求； (5) 板的厚度、平面布置及配筋情况等
3	楼梯结构详图	(1) 楼梯梯板厚度，踏步宽度与高度，休息平台及平台梁位置； (2) 楼梯底板配筋与上下端支座钢筋情况； (3) 平台梁与平台板配筋情况等

本章小结

　　本章主要讲解两方面内容：一是 BIM 三个软件的原理（包括算量原理与计价原理）及相应的处理流程；二是识图准备，也就是如何从图纸上获得所需的信息，比如要知道门窗离地高度，就应从建筑立面图中去找，要想得到混凝土构件强度等级等，就应从结构总说明或结构平面图中去找。

习　　题

　　1. BIM 图形算量软件除能通过绘图建模来计算工程量外，还有哪种方式也可以计算工程量？

　　2. BIM 钢筋算量软件除能通过绘图建模来计算工程量外，还有哪种方式也可以计算工程量？

3. BIM 计价软件可以导入 Excel 表中的工程量吗?

4. 找出本案例建筑室外地坪标高。

5. 本案例建筑檐口高度是多少?

6. 本案例建筑首层餐厅房心回填土厚度是多少?

7. 本案例建筑基础混凝土强度等级及基础底标高是多少?

8. 本案例建筑主体部分女儿墙高度及其顶部标高是多少?

9. 本案例建筑楼梯屋顶反檐高度是多少?

第2篇

BIM图形算量软件应用

第2章 工程设置及轴网建立与编辑

教学目标

熟悉广联达 BIM 算量软件，学会轴网的建立与编辑。

教学要求

知识要点	能力要求	相关知识
工程设置	（1）能正确选取清单与定额的计算规则，理解不同做法模式； （2）能正确填写工程信息	（1）清单计算规则与定额计算规则； （2）做法模式； （3）图纸工程类别、结构类型、基础形式、建筑特征、檐口高度、室外地坪相对高度等
楼层信息设置	（1）能正确建立地上楼层与地下楼层； （2）能正确识读图纸上相关构件的混凝土标号及等级、砌块材质及砌筑砂浆强度等级等	（1）楼层层高和净高、层底标高； （2）混凝土标号及等级、砌块材质及砌筑砂浆强度等级等
轴网建立与编辑	（1）能正确建立正交轴网； （2）能正确编辑轴网	（1）下开间、左进深等概念； （2）二级轴网； （3）轴网建立与编辑

2.1 工程设置

2.1.1 新建工程

　　新建工程涉及工程名称、清单规范与定额选用、做法模式选择、工程信息和编制信息。

　　本书操作中，"单击""选择""双击"均指用鼠标左键进行一次或两次点击，"右击"指用鼠标右键进行一次点击；除非特别说明，"拖动鼠标"均指按住鼠标左键拖动。

　　在 BIM 图形算量软件上，新建工程的操作步骤如下。

【新建工程】

　　【第一步】进入软件界面。如图 2-1 所示，双击桌面"广联达 BIM 土建算量软件 GCL2013"图标，进入土建算量软件界面。如图 2-2 所示，单击右上角的"×"按钮，进入"新建向导"窗口，再单击"新建向导"按钮，进入如图 2-3 所示界面。

图 2-1　广联达 BIM 土建算量软件快捷键图标

图 2-2　"土建算量软件"界面

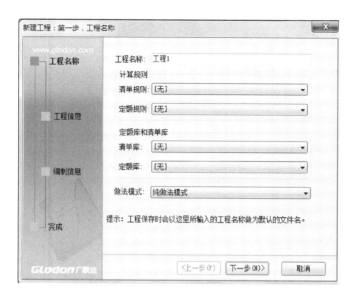

图 2-3 "新建工程"界面

【第二步】工程名称及计算规则选取。在"新建工程"界面中，输入"工程名称"为"宿舍楼"，在计算规则中的"清单规则"选择"房屋建筑与装饰工程计量规范计算规则（2013-广东）"，定额规则选择"广东省建筑与装饰工程综合定额计算规则（2010）"，做法模式选择"工程量表模式"，如图 2-4 所示。单击"下一步"按钮进入"工程信息"设置。

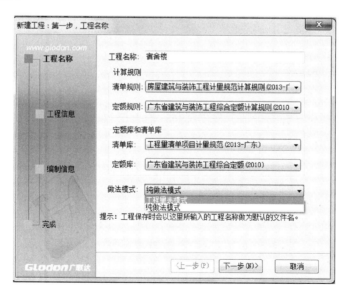

图 2-4 做法模式选择

【第三步】工程信息填写。"项目代码"填写"001"，"工程类别"选择"住宅"，"结构类型"选择"框架结构"；"基础形式"选择"桩基础"，"建筑特征"选择"矩形"，"地下层数（层）"填写"0"，"地上层数（层）"填写"4"，"檐高（m）"填写"13.6"，"室外地坪相对±0.000 标高（m）"填写"－0.3"，如图 2－5 所示。单击"下一步"按钮进入"编制信息"设置。

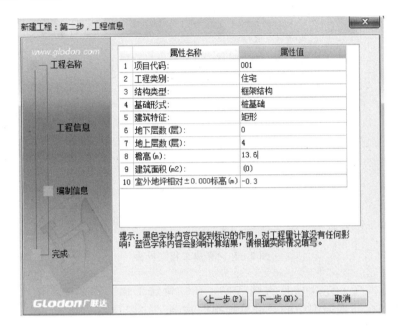

图 2－5　工程信息填写

【第四步】编制信息填写。编制信息根据实际工程填写，此处不用填写，直接单击"下一步"按钮，进入"完成"界面（此页面不用填），再直接单击"完成"按钮，进入楼层信息设置。

2.1.2　楼层信息

楼层信息涉及首层底标高确认、楼层层高、地上层数、地下层数、基础层高、各楼层混凝土及砌筑砂浆等信息输入。

【楼层信息设置】

楼层信息设置的操作步骤如下。

【第一步】在楼层信息设置窗口，把光标放入"首层"栏，单击"插入楼层"按钮 4 次，生成 4 层；在首层"底标高（m）"处填写"－0.020"（见图纸 J－02 楼梯 T1 剖面图结构标高）；接着填写每一层"层高（m）"，其中首层"3.800"，第 2 层"3.500"，第 3 层"3.500"，第 4 层"2.600"，再填写基础层"1.980"。

【第二步】接着填写混凝土标号和砂浆标号等。根据图纸 JG－01 说明中第一点设计依据中的主要结构材料，找出基础混凝土标号为 C30，混凝土类别为商品混凝土。依次从图上找出柱、梁、板、楼梯等混凝土标号和混凝土类别，再找出基础层砌块和其他各楼层砌块及砂浆标号，填入对应位置。填写完毕如图 2－6 所示。

【第三步】单击窗口右下角的"复制到其他楼层"按钮，就完成了该楼层信息设置。

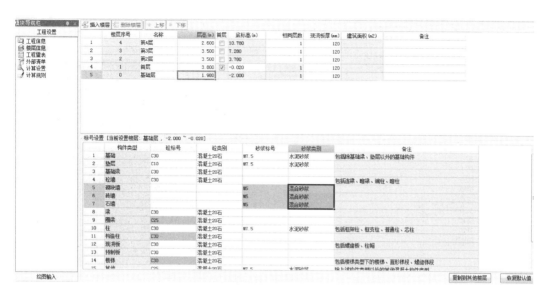

图 2-6　楼层混凝土标号和砂浆标号等的填写

2.2　轴网的建立与编辑

2.2.1　正交轴网的建立

【建立正交轴网】

在 BIM 软件中，一般根据建筑平面图来建立轴网（应选取最宽、最长的平面图，本工程以第 2 层平面图来建立轴网）。

建立正交轴网的操作步骤如下。

【第一步】如图 2-7 所示，进入操作界面，选择"模块导航栏"中的"绘图输入"，选择"轴线"下的"轴网"，打开"构件列表"下的"新建"下拉列表框，选择"新建正交轴网"，单击"下开间"选项卡，在"添加"下的方框内填入"3000"（轴线①～②间的距离），单击"添加"按钮，输入"4000"，单击"添加"按钮 9 次，然后把第⑫轴的级别改为"2"。

再单击"左进深"选项卡，输入"1500"，单击"添加"按钮，输入"5000"，单击"添加"按钮，输入"1800"，单击"添加"按钮，再把最后一行的级别改为"2"。修改轴号名称，把第一行的"A"改为"A′"，第二行的"B"改为"A"，第三行的"C"改为"B"，第四行的"D"改为"B′"。再单击界面上方的"绘图"按钮，出现角度窗口（默认为 0 度），单击"确定"按钮，便生成了新轴网。

【第二步】在"轴网"界面，单击上方的"修改轴号显示位置"按钮，框选全部轴网，

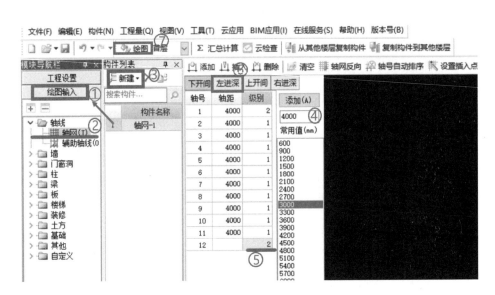

图 2-7　新建轴网操作步骤

右击选择"两端标注",再单击"确定"按钮,所有的正交轴网即全部完成,如图 2-8 所示。

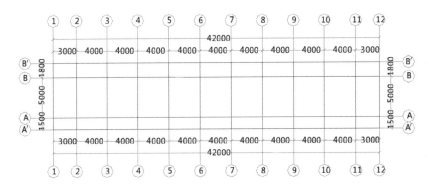

图 2-8　正交轴网完成后的平面图

2.2.2　轴线的编辑

对已经绘制好的轴网和辅助轴线,可以进行二次编辑,以保证和图纸中的轴网一致。轴线编辑功能主要包括修剪轴线、延伸轴线、修改轴号、修改轴距等。

1. 修剪轴线

轴线的作用在于为绘图提供精确的位置及长度信息,但是当图纸的轴线较为复杂时,由于计算机屏幕的限制,会导致绘图窗口凌乱,给绘图带来不便。也正是由于这个原因,软件提供了修剪轴线的功能,用户可以将某根轴线中不需要的部分剪掉,从而既不影响轴线的使用,又达到了清理屏幕的目的。

修剪轴线的操作步骤如下。

【第一步】单击绘图工具条中的"修剪轴线"按钮。

【第二步】单击需要修剪的轴线，轴线呈白色，然后单击指定修剪点，修剪点以白色叉号显示，可以指定多个修剪点，右击确认。

【第三步】单击要剪掉的那一段，则从修剪点起这一侧的轴线将被修剪掉。

【修剪轴线与
延伸轴线】

　📖 说明

修剪轴线功能既可以对轴网进行操作，也可以对辅助轴线进行操作。

2. 延伸轴线

绘图时想捕捉到轴线的交点，但两条轴线实际并不相交，该如何操作呢？可以通过延伸轴线功能将两条不相交的轴线延伸至相交。

延伸轴线的操作步骤如下。

【第一步】单击修改工具条中的"延伸"按钮。

【第二步】单击需要延伸至的一条边界轴线。

【第三步】单击需要延伸的轴线，则所选轴线将被延伸至边界轴线。

【第四步】重复第三步操作，延伸其他需要延伸的轴线，右击中止操作。

　📖 说明

① 延伸轴线的操作只对当前层的轴网起作用。

② 延伸轴线不但可以对轴网进行操作，也可对辅助轴线进行操作。

3. 修改轴号

如果已经绘制轴线的轴号与图纸的轴号不符，可以通过修改轴号功能来进行修改。

【修改轴号与
修改轴距】

修改轴号的操作步骤如下。

【第一步】单击绘图工具条中的"修改轴号"按钮。

【第二步】单击需要修改轴号的轴线，弹出"输入轴号"窗口，输入正确的轴号数字即可。具体见演示视频。

4. 修改轴距

在绘图窗口画上轴网后若发现轴距输入错误，可以通过修改轴距功能来进行修改，既快速又直观。

修改轴距的操作步骤如下。

【第一步】单击绘图工具条中的"修改轴距"按钮。

【第二步】单击轴线，比如要修改Ⓑ和Ⓑ的轴距，可单击Ⓑ轴，弹出如图2-9所示的对话框。

【第三步】在轴距输入框中输入正确的轴距，单击"确定"按钮即可。

　📖 说明

修改轴距功能只适用于轴网。

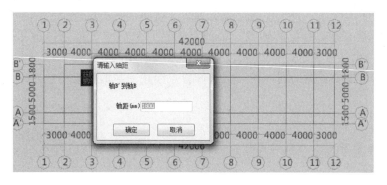

图 2-9　修改轴距

2.3　辅助轴线

为了方便绘图，BIM 软件提供了辅助轴线的功能，通过辅助轴线功能可以方便地画出不在轴线上的构件。辅助轴线工具一般包括两点辅轴、平行辅轴、点角辅轴、轴角辅轴、转角辅轴、圆弧辅轴，支持三点画弧形辅轴、圆心起点终点画弧形辅轴和圆形辅轴三种方式。通常用得最多的是平行辅轴，所以本节主要讲平行辅轴，其他辅助轴线可以查看 BIM 软件的"帮助"菜单进行了解。所谓平行辅轴，就是与主轴网中的轴线或与已画好的辅助轴线相平行并间隔一段距离的辅助轴线。

【辅助轴线】

画辅助轴线的操作步骤如下。

【第一步】选择界面左侧"模块导航栏"中的"辅助轴线"，再在屏幕上方的辅轴工具条中单击"平行"按钮。

【第二步】选择基准轴线（如轴网中的②轴轴线），将弹出"请输入…"对话框，在偏移距离中填入"1200"，轴号中填入"2'"（也可不填），单击"确定"按钮，平行辅轴即建立了；同时 BIM 软件会标注出基准轴线到辅助轴线间的距离。画辅助轴线操作示意如图 2-10 所示。

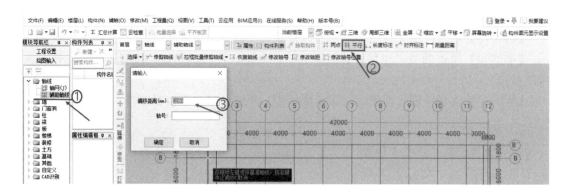

图 2-10　画辅助轴线操作示意

📖 **注意**

如果选择的是水平轴线，则当偏移距离为正值时轴线向上偏移，为负值时轴线向下偏移；如果选择的是垂直轴线，则偏移距离为正值时轴线向右偏移，为负值时轴线向左偏移。

【技巧】输入偏移距离时可以输入四则运算表达式，如 1000＋200。

本章小结

本章主要讲解三部分内容：工程设置，轴网的建立与编辑，辅助轴线。

工程设置一般根据图纸、合同文件及项目概况。楼层信息主要根据图纸内容来确定，其中楼层层数等主要看建筑立面图与剖面图，楼层混凝土或砌筑砂浆等信息主要看建筑设计总说明或结构总说明；注意首层底标高是根据结构图来设置的。轴网部分应了解下开间与左右进深等概念，一级轴网与二级轴网的区别和应用。

本章的难点在于基础层层高设置。

习　题

1. 楼层信息建立时，首层底标高是根据建筑图还是结构图来确定的？
2. 基础层层高如何计算？基础若有不同高度时，如何设置基础层层高？
3. 录入轴线数据时，轴号是否可以修改？
4. 练习绘制弧形轴网与有角度的辅助轴线。
5. 如果轴网中某个轴号错了，应如何修改？

第**3**章 首层工程量计算

熟练掌握 BIM 软件操作，能建立首层柱、梁、板、墙、其他构件（包括门、窗、过梁、楼梯、飘窗等）和装饰工程（包括地面、墙面、墙裙、踢脚线、天棚和吊顶等）的三维算量模型并汇总计算，会查看各构件工程量、清单等报表。

教学要求

知识要点	能力要求	相关知识
建筑构件 BIM 算量模型建立	（1）能正确建立柱、梁、板、墙等结构算量模型； （2）能正确建立门、窗、过梁、楼梯、飘窗等建筑构件算量模型； （3）能建立台阶、散水等算量模型	（1）看图分析，查清柱和梁的截面尺寸及标高、板的厚度，在建筑图上找出墙的材质及砌筑砂浆强度等级等； （2）柱、梁、板、墙等构件列表及属性设置，清单与定额套用； （3）门、窗、过梁、楼梯、飘窗等建筑构件列表及属性设置，清单与定额套用； （4）台阶、散水等列表及属性设置，清单与定额做法套用； （5）所有构件的绘制与编辑（包括"点"画、"直线"画、"智能布置"画，对齐、偏移、镜像等编辑命令运用）
装饰工程 BIM 算量模型建立	能正确建立楼地面、墙柱面、天棚等装饰工程算量模型	（1）看图分析，了解墙柱面、楼地面、天棚等装饰要求； （2）楼地面、墙柱面、天棚及吊顶等构件列表及属性设置，清单与定额套用； （3）房间的楼地面、墙柱面（包括踢脚线、墙裙等）、天棚及吊顶的组合列表及属性设置，清单与定额套用； （4）房间的绘制与编辑（包括"点"画、"直线"画、"智能布置"画和编辑命令运用）； （5）室外装饰的绘制
报表	能汇总计算，生成各种预算报表	（1）各构件工程量； （2）工程量清单、定额汇总表等各种报表

3.1 首层柱三维算量模型建立

3.1.1 建模准备

首先应明确本节的任务目标，查看图纸，熟悉柱的清单与定额工程量计算规则，为运用软件建模做准备。

1. 任务目标

① 完成首层所有柱的三维算量模型建立。

② 报表统计，查看本层柱的清单与定额工程量。

2. 任务准备

① 查看柱表详图，了解柱的截面形状、尺寸、标高，在什么位置开始变截面，统计柱类型；查看柱的平面布置图，了解柱的分布情况。

② 熟悉柱的清单列项与工程量计算规则。

③ 熟悉柱的定额工程量计算规则与定额套用。

④ 观看柱的三维算量模型建立演示视频，了解建模程序。

3.1.2 软件实际操作

BIM 软件把柱按大类分为柱与构造柱，其中柱又按照截面分为矩形柱、圆形柱、异形柱和参数化柱四种类型。下面以矩形柱为例来介绍三维算量模型的建立。

1. 新建矩形柱

新建矩形柱的操作步骤如下。

【第一步】柱构件建立。选择"模块导航栏"中"柱"下的"柱"，打开"构件列表"下方的"新建"下拉列表框，选择"新建矩形柱"，柱就在"构件列表"中生成了，接着即可进入柱属性编辑。

【新建矩形柱】

【第二步】柱的属性编辑。在属性编辑框中的"名称"栏填写"Z1"，"类别"栏选择"框架柱"，"材质"及"砼（混凝土的简称）标号"栏不变，保持默认（因为在前面的工程设置中已设置好了，此处不用再设置）；根据宿舍楼图纸 JG - 05 中 Z1 的尺寸，在属性编辑框中的"截面宽度（mm）"栏填写"300"，"截面高度（mm）"栏填写"400"，其他不变。具体操作见图 3 - 1。

❋ 属性定义拓展

① 对变截面柱的定义：在柱的截面尺寸中输入"×××/×××"，其中柱底截面尺寸在"/"前，柱顶截面尺寸在"/"后。

② 属性编辑框中灰色数据表示只读，不可修改。

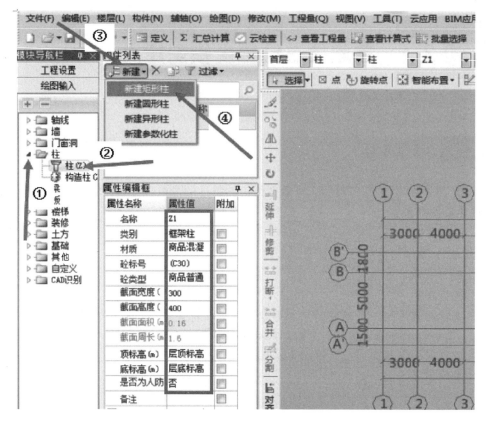

图 3-1　矩形柱属性填写

【第三步】清单与定额套用。单击界面上方的"**定义**"按钮，出现清单与定额表格，选择"当前构件自动套用做法"，然后在柱清单"项"这一行所对应的项目特征中填入"矩形框架（300×400），C30 商品混凝土"，再在模板清单"项"这一行所对应的项目特征填入"矩形框架（300×400），层高 3.8m"。其套用结果如图 3-2 所示。

		工程量名称	编码	类别	项目名称	项目特征	单位	工程量表达	表达式说明	单价	综合单价
1	−	柱（商品砼）									
2	−	体积	010502001	项	矩形柱	矩形框架（300×400），C30商品混凝土	m3	TJ	TJ〈体积〉		
3		浇捣体积	A4-5	定	矩形、多边形、异形、圆形柱		m3	TJ	TJ〈体积〉	795.46	
4		混凝土制作	8021127	定	普通预拌混凝土 C30 粒径为20mm石子		m3	TJ*1.01	TJ〈体积〉*1.01	260	
5	−	模板	011702002	项	矩形柱	矩形框架（300×400），层高3.8m	m2	MBMJ	MBMJ〈模板面积〉		
6		模板面积	A21-15	定	矩形柱模板（周长）支模高度3.6m内1.8m内		m2	MBMJ	MBMJ〈模板面积〉	3046.5	
7		超高模板面积	A21-19	定	柱支模高度超过3.6m内每增加1m内		m2	CGMBMJ	CGMBMJ〈超高模板面积〉	230.23	

图 3-2　柱清单与定额套用结果

【第四步】复制生成 Z2 和 Z3。单击"构件列表"下的"复制"按钮，自动生成 Z1-1、Z1-2，修改"Z1-1"为"Z2"，"Z1-2"为"Z3"，所有柱的属性设置及清单与定额套用全部完成，如图 3-3 所示。

图 3-3　柱复制操作

【第五步】矩形柱的绘制。单击工具栏中的"绘图"按钮，进入绘图窗口。柱的画法有两种，一种是采用"点"画，另一种是采用"智能布置"画。因为采用"智能布置"画更快，故本节主讲"智能布置"画。

单击绘图窗口上方工具栏中的"智能布置"按钮，出现下拉列表，选择"轴线"，如图 3-4 所示。查看基础平面图或第 2 层结构平面图上 Z1 所处位置，框选①、②轴和Ⓐ、Ⓑ轴所围合的轴线，自动生成 4 个 Z1。单击柱 Z1 名称右边的下三角按钮，选择 Z2，如图 3-5 所示；选择"智能布置"按钮，选择"轴线"，查看图纸上 Z2 所处位置，框选③～⑩轴和Ⓐ轴所围合的轴线，自动生成 7 个 Z2。按同样办法绘制出 Z3。所有柱绘制完毕后的平面布置如图 3-6 所示。但这样建立的柱和原图纸位置有些不吻合，没有对齐，因此还需要对柱进行编辑。

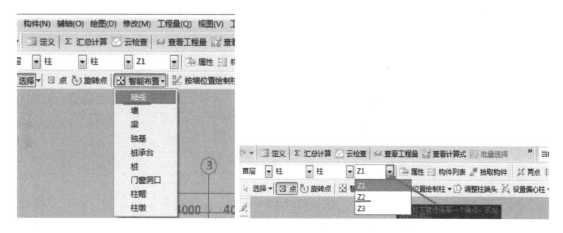

图 3-4　智能布置选择　　　　　　　　　　图 3-5　柱切换示意

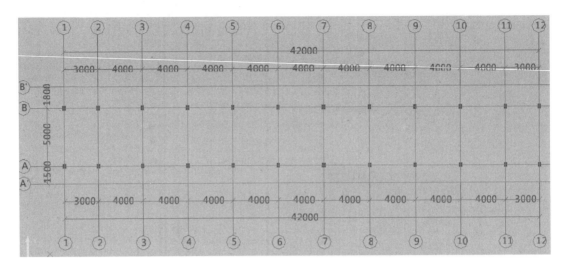

图 3-6　所有柱绘制完毕后的平面布置

【编辑柱】

2. 编辑柱

　　编辑柱的操作包括修改柱的位置、设置偏心柱、调整柱方向、对齐、镜像、修改图示名称等。本工程主要涉及柱对齐与镜像操作，所以下面主要介绍这两种操作，其他编辑命令详见软件"帮助"菜单。

　　编辑柱的操作步骤如下。

　　【第一步】单击左侧工具栏中的"对齐"按钮，选择"多对齐"，框选Ⓐ轴上的所有柱，右击后选择"Ⓐ轴轴线"，则Ⓐ轴上所有柱的下边缘将与Ⓐ轴对齐。同样，可将Ⓑ轴上所有柱的下边缘与Ⓑ轴对齐。但这与图纸不符，正确的应是所有柱的上边缘与该轴线齐平。为此再框选Ⓑ轴上的全部柱，右击后选择"镜像"命令，先单击Ⓑ轴轴线上任意一点，再单击Ⓑ轴轴线上另一个点，右击后弹出"是否删除原有构件"对话框，选择"是"，再单击"确定"按钮，则Ⓑ轴上所有柱的上边缘将与Ⓑ轴对齐。

　　【第二步】单击左侧"对齐"按钮，选择"单对齐"，单击①轴轴线，再单击①轴与Ⓐ轴相交的 Z1 左边线，则柱就与①轴轴线对齐了。同样办法可让①轴与Ⓑ轴相交的 Z1 与①轴轴线对齐，让②轴与Ⓑ轴相交的柱与②轴轴线对齐。

　　【第三步】修改⑪、⑫轴的柱。这只需将①、②轴上的柱镜像到⑪、⑫轴上即可。具体操作是框选①、②轴上的 4 个 Z1，右击后选择"镜像"命令，单击Ⓐ轴中点，再单击Ⓑ轴中点，右击后弹出"是否删除原有图元"对话框，选择"否"，再单击"确定"按钮。所有柱编辑完毕后的平面布置如图 3-7 所示，三维效果如图 3-8 所示。

3.1.3　成果统计及报表预览

【柱成果统计与
报表预览】

　　所有柱的三维算量模型完成后，就可进行汇总计算，查看并核对工程量，最后进行清单与定额报表预览。

　　成果统计及报表预览的操作步骤如下。

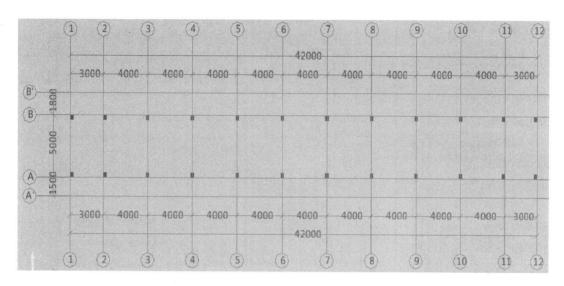

图 3 - 7　所有柱编辑完毕后的平面布置

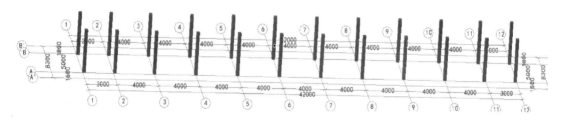

图 3 - 8　所有柱编辑完毕后的三维效果

【第一步】汇总计算。首先单击工具栏中的"汇总计算"按钮，弹出"确定执行计算汇总"对话框，如图 3 - 9 所示。选择其中的"首层"，单击"确定"按钮，则首层工程量开始汇总计算。汇总计算成功后，单击"确定"按钮即可查看某个柱的工程量了。

【第二步】查看并核对工程量。在柱的操作界面下，单击工具栏中的"查看工程量"按钮，再单击选择某个柱（这里以左上角的 Z1 为例），弹出"查看构件图元工程量"对话框，在对话框中可以查看清单工程量或定额工程量等。如果要核对柱工程量计算式是否正确，可以单击工具栏中的"查看计算式"按钮，再单击选择某个柱（如 Z1），就弹出"查看构件图元工程量计算式"对话框，如图 3 - 10 所示，其中有计算周长的、有计算体积的，等等，由此就可以方便地核对某个工程量了。核对完毕后，单击"关闭"按钮即可。

【第三步】报表预览。单击"模块导航栏"下方的"报表预览"按钮，弹出"设置报表范围"窗口，默认为首层，单击"确定"按钮，即可出现报表。单击左侧报表名称，可以得到所需预览的报表。柱的清单与定额汇总表见表 3 - 1。

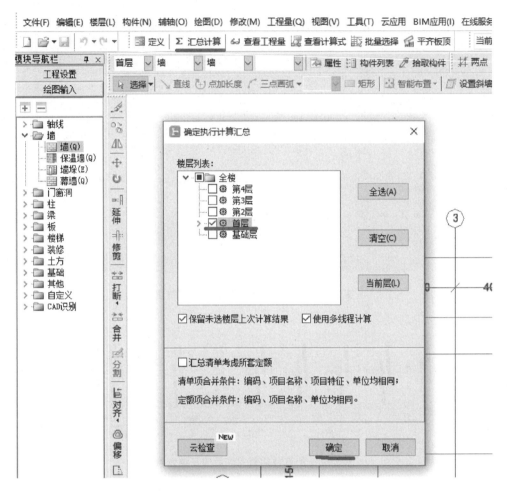

图 3-9 汇总计算操作

表 3-1 柱的清单与定额汇总表

序号	编码	项目名称	项目特征	单位	工程量	备注
1	010502001001	矩形柱	矩形框架（300×400），C30 商品混凝土	m³	10.944	实体项目
	A3-5	矩形、多边形、异形、圆形柱		10m³	1.0944	
	8021127	普通预拌混凝土 C30 粒径为 20mm 石子		m³	11.0534	
2	011702002001	矩形柱	矩形框架（300×400），层高 3.8m	m²	123.535	措施项目
	A21-15	矩形柱模板（周长 m）支模高度 3.6m 内　1.8 内		100m²	1.2454	
	A21-19	柱支模高度超过 3.6m 内每增加 1m 内		100m²	0.131	

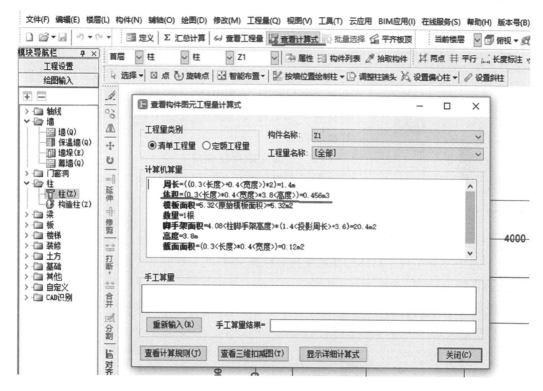

图 3 – 10 查看构件图元工程量计算式示意

3.1.4 技能拓展

【"点"画及变截面柱画法】

下面介绍一些工程中常见的偏心柱、变截面柱和异形柱的画法与技巧等。

1. 偏心柱

点画偏心柱有两种方法,一种是利用 Ctrl 键操作,另一种是应用 Shift 键操作。这里以画一个①轴与Ⓑ轴相交的 Z1 柱为例。

(1) Ctrl 键应用。

操作步骤:首先单击工具栏中的"点"按钮,把鼠标指针放到①轴与Ⓑ轴的交点,按住 Ctrl 键单击,出现数字框时,单击右上方数字,填写"0",按 Enter 键,再单击左下方数字,填入"0",Z1 柱就画好了。具体操作见"点"画视频。

(2) Shift 键应用。

操作步骤:首先单击工具栏中的"点"按钮,把鼠标指针放到①轴与Ⓑ轴的交点,按住 Shift 键单击,出现"输入偏移量"对话框,如图 3 – 11 所示。在"X =" 后填入"150",在"Y=" 后填入"−200",单击"确定"按钮,Z1 柱就绘制完成了。

图 3 – 11 "输入偏移量"对话框

2. 变截面柱

变截面柱主要包括变截面圆柱和变截面矩形柱，如图3-12所示。

（1）变截面圆柱画法。

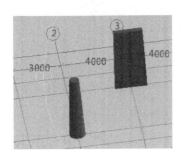

图3-12　变截面柱效果

操作步骤：在新建圆形柱下的属性编辑框的半径栏中输入"500/250"（其中"500"是指柱底部半径，"250"是指柱顶部半径），该柱即点画生成。具体操作见变截面柱画法视频。

（2）变截面矩形柱画法。

操作步骤：在新建矩形柱下的属性编辑框的截面宽度栏中输入"500/400"（其中"500"是指柱底部宽度，"400"是指柱顶部宽度），在截面高度栏中输入"250/200"（其中"250"是指柱底部高度，"200"是指柱顶部高度），该柱即点画生成。具体操作见变截面柱画法视频。

3. 异形柱

异形柱在实际工程中比较常见，但本工程中没有出现。本节以图3-13所示的两个异形柱为例，讲解异形柱的建模过程。

截面	5Φ16 600×600 4Φ20 Φ10@100 300 600 2Φ20 2Φ20 2Φ20 175 250 175	D500 8Φ20 Φ10@100 125 250 125 5Φ16 5Φ16 300 500 300
编号	GDZ4	GDZ5
标高	-3.500～-0.100	-3.500～-0.100
纵筋	12Φ20+5Φ16	8Φ20+10Φ16
箍筋	Φ10@100	Φ10@100

图3-13　异形柱大样图

【异形柱】

异形柱的操作步骤如下。

【第一步】先画GDZ4柱。选择"模块导航栏"中"柱"下的"柱"，单击"新建"按钮，出现下拉列表，选择"新建异形柱"，出现"多边形编辑器"窗口。单击工具栏上的"定义网格"，弹出"定义网格"对话框，在水平方向间距框中，根据图纸上GDZ4柱详图的下方标注，按从左到右的顺序依次填入"175，250，175"；在垂直方向间距框中，根据GDZ4柱详图的左侧标注，按从下到上的顺序依次填入"600，300"，如图3-14所示，单击"确定"按钮，网格就定义好了。

【第二步】单击"多边形编辑器"窗口上方工具栏中的"画直线"按钮，按图纸中的柱形状画出 GDZ4 柱即可。GDZ4 柱的绘制效果如图 3 - 15 所示。

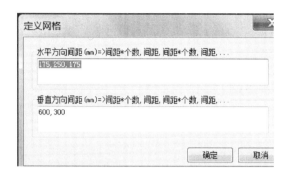

图 3 - 14　"定义网格"设置

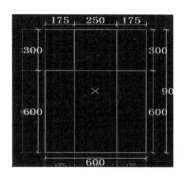

图 3 - 15　GDZ4 柱的绘制效果

【第三步】按同样操作画 GDZ5 柱。在"多边形编辑器"窗口中定义网格时，在水平方向间距框中根据 GDZ5 柱图下方标注按从左到右的顺序依次填入"300，250 * 2，300"，在垂直方向间距框中根据 GDZ5 柱图左侧标注，按从下到上的顺序依次填入"125，250，125"，如图 3 - 16 所示，单击"确定"按钮，即完成网格定义。同样，单击"多边形编辑器"窗口工具栏中的"画直线"按钮，按图纸上的柱形状画出其直线部分，再单击"多边形编辑器"窗口工具栏中"画弧线"下的"三点画弧"按钮，按图纸画出其弧线部分。重复操作绘制直线与弧线，最后完成 GDZ5 柱的绘制。GDZ5 柱的绘制效果如图 3 - 17 所示。

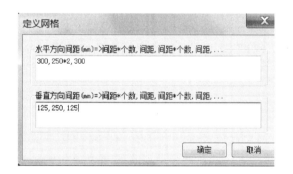

图 3 - 16　"定义网格"设置

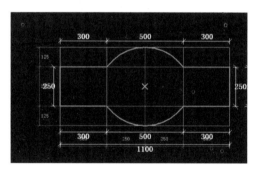

图 3 - 17　GDZ5 柱的绘制效果

3.2　首层梁三维算量模型建立

3.2.1　建模准备

1. 任务目标
① 完成首层所有梁的三维算量模型建立。

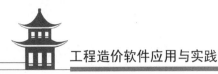

② 报表统计，查看本层梁的清单与定额工程量。

2. 任务准备

① 查看第 2 层结构平面图，了解梁的分布情况，梁的截面形状、尺寸、标高，统计梁的类型。

② 熟悉梁的清单列项与工程量计算规则。

③ 熟悉梁的定额工程量计算规则与定额套用。

④ 观看梁的三维算量模型建立演示视频，了解建模程序。

3.2.2　软件实际操作

BIM 软件把梁构件按照截面分为矩形梁、异形梁和参数化梁三种类型，下面主要讲解矩形梁的建模操作过程。

【新建矩形梁】

1. 新建矩形梁

新建矩形梁的操作步骤如下。

【第一步】梁构件建立。选择"模块导航栏"中"梁"下的"梁"，打开"构件列表"下的"新建"下拉列表框，选择"新建矩形梁"，即进入梁属性编辑框设置。

【第二步】梁的属性编辑。在属性编辑框中的名称栏填写"KL1（1A）"（根据宿舍楼第 2 层结构图，按梁顺序定义），"类别 1"栏选择"框架梁"，"类别 2"栏选择"有梁板"，"材质"及"砼标号"栏不变，保持默认（因为在前面的工程设置中已设置好，这里不用再设置）；然后根据宿舍楼第 2 层结构图，找出 KL1（1A）集中标注处的截面尺寸，在属性编辑框中的"截面宽度（mm）"栏填写"250"，"截面高度（mm）"栏填写"500"，其他的保持默认。

📖 **说明——关于梁的属性**

① 起点顶标高：在绘制梁的过程中，用于确定起点处梁的顶面标高。软件提供层底标高、层顶标高和顶板顶标高三个变量，使用变量时，标高随楼层高度或板标高的变化而变化，不用进行手工调整。

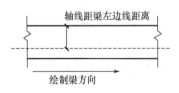

图 3-18　绘图时的方向示意

② 终点顶标高：在绘制梁的过程中，用于确定终点处梁的顶面标高。使用变量情况与起点顶标高类似。

③ 轴线距梁左边线距离：在图纸中，当梁为偏心时，即轴线与梁的中心线不重合时，需要设置该属性；梁的左、右边线由绘制时的方向决定，如图 3-18 所示。

④ 是否计算单梁装修量：用于计算屋面架空梁、悬挑梁、阳台连梁等梁的装修量，如果选择"是"，汇总计算后，程序就会自动计算该图元的单梁抹灰面积和单梁块料面积的报表量。

【第三步】清单与定额套用。单击工具栏中的"定义"按钮，出现清单与定额表格，选择"当前构件自动套用做法"，然后在有梁板梁清单"项"这一行所对应的"项目特征"中填入"C30 商品混凝土"，再在模板清单"项"这一行所对应的"项目特征"中填入

"有梁板，层高 3.8m"。

【第四步】复制生成其他梁。单击"构件列表"下的"复制"按钮，自动生成新的梁，逐个修改其名称为 KL2（1B）、KL3（1B）、KL4（11）、L1（1）、L2（11）、L3（9），并分别进行截面宽度与高度设置，直到所有梁的属性设置及清单和定额套用全部完成，其结果如图 3-19 所示。

图 3-19　梁的属性设置及清单与定额套用结果

【第五步】矩形梁绘制。单击工具栏中的"绘图"按钮，进入绘图窗口。梁的画法有两种，一种是采用"直线"画，另一种仍可采用"智能布置"画，这里主讲"智能布置"画。

① KL1（1A）画法：单击工具栏中的"智能布置"按钮，出现下拉列表，选择"轴线"，查看图纸上第 2 层结构平面图中 KL1（1A）所处的位置，框选①轴和Ⓑ～Ⓐ轴所围合的轴线，自动生成 KL1（1A）。按同样办法操作生成⑫轴的 KL1（1A）。

【矩形梁绘制】

② KL2（1B）画法：单击屏幕上方梁名称方框中"KL1（1A）"旁的下三角按钮，弹出下拉列表框，如图 3-20 所示，从中选择"KL2（1B）"；单击"智能布置"按钮，选择"轴线"，查看图纸上 KL2（1B）所处的位置，框选②轴和Ⓑ'～Ⓐ轴所围合的轴线，自动生成 KL2（1B）。按同样办法操作生成⑪轴的 KL2（1B）。

③ KL3（1B）画法：画法与 KL2（1B）画法类似。单击梁名称方框中"KL2（1B）"旁的下三角按钮，弹出下拉列表框，从中选择 KL3（1B），选择"智能布置"按钮，选择"轴线"，查看图纸上 KL3（1B）所处的位置，依次框选②轴和Ⓑ'～Ⓐ轴所围合的轴线，③轴和Ⓑ'～Ⓐ轴所围合的轴线，一直到⑩轴和Ⓑ'～Ⓐ轴所围合的轴线，然后 10 根 KL3（1B）即全部绘制完成。

④ KL4（11）画法：单击梁名称方框中"KL3（1B）"旁的下三角按钮，弹出下拉列表框，从中选择"KL4（11）"，查看图纸上 KL4（11）所处的位置，框选Ⓐ轴和①～⑫轴所围合的轴线，再框选Ⓑ轴和①～⑫轴所围合的轴线，两根 KL4（11）即自动绘制完成。

⑤ L2（11）画法：单击梁名称方框中"KL4（11）"旁的下三角按钮，弹出下拉列表框，从中选择"L2（11）"，查看图纸上 L2（11）所处的位置，框选Ⓐ轴和①～⑫轴所围

合的轴线，L2（11）即自动绘制完成。

⑥ L3（9）画法：单击梁名称方框中"L2（11）"旁的下三角按钮，弹出下拉列表框，从中选择"L3（9）"，查看图纸上 L3（9）所处的位置，框选Ⓑ轴和②～⑪轴所围合的轴线，L3（9）即自动绘制完成。

⑦ L1（1）画法：单击梁名称方框中"L3（9）"旁的下三角按钮，弹出下拉列表框，从中选择"L1（1）"，单击"直线"按钮，查看图纸上 L1（1）所处的位置；把鼠标指针放在②轴和Ⓑ轴的交点，按住 Shift 键单击，弹出"输入偏移量"对话框，在"X＝"后面的方框中填入"2200"，如图 3-21 所示，单击"确定"按钮，再单击与Ⓑ轴的垂直交点，右击结束，则②～③轴间的 L1（1）自动绘制完成。然后单击工具栏中的"选择"按钮，单击已画好的②～③轴间的 L1（1），右击后选择"复制"，再依次单击②轴和Ⓑ轴的交点，③轴和Ⓑ轴的交点，④轴和Ⓑ轴的交点，一直到⑨轴和Ⓑ轴的交点，右击结束。随后单击"选择"按钮，单击已画好的②～③轴间的 L1（1），右击后选择"镜像"，单击Ⓐ轴中点，再单击Ⓑ轴中点，弹出"是否删除原有图元"对话框，选择"否"并确定，则⑩～⑪轴间的 L1（1）就自动绘制完成了。

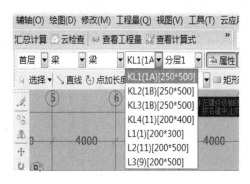 

图 3-20　梁名称切换选择　　　　　图 3-21　"输入偏移量"对话框

⑧ L1（1）的另一种画法：采用辅助轴线。选择"模块导航栏"中"轴线"下的"辅助轴线"，单击工具栏中的"平行"按钮，单击②轴轴线，弹出"请输入…"对话框，输入"2200"，则自动生成辅助轴线。然后再用"直线"命令画出 L1（1），再复制其他的 L1（1），方法同上。

梁绘制完成后平面效果如图 3-22 所示。但有些梁的位置与图纸有差别，因此需要进行梁的编辑。

2. 编辑梁

编辑梁同样包括修改梁的位置、偏心梁设置、对齐、镜像、复制、修改图示名称等操作。本工程主要涉及柱对齐与镜像、复制操作等。其他编辑命令详见 BIM 软件"帮助"菜单。

【编辑梁】

编辑梁的操作步骤如下。

单击工具栏中的"对齐"按钮，选择"单对齐"；单击①轴轴线，再单击 KL1（1A）左侧梁边线；单击②轴轴线，再单击 KL2（1B）左侧梁边线；单击⑫轴轴线，再单击 KL1（1A）右侧梁边线；单击⑪轴轴线，再单击 KL2（1B）右侧梁边线；右击结束，纵向框架梁全部正确编辑完毕。然后再次单击工具栏中的"对齐"按钮；单击Ⓐ轴轴线，再单击 KL4（11）下侧梁边线；

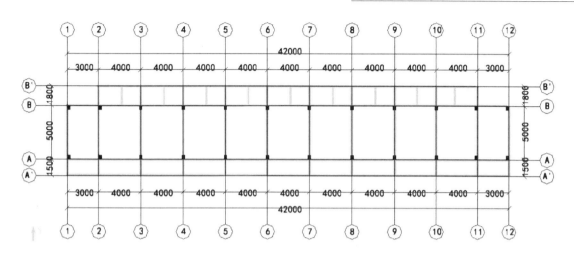

图 3-22 梁绘制完成后平面效果

单击Ⓑ轴轴线，再单击 KL4（11）上侧梁边线；单击Ⓐ轴轴线，再单击 L2（11）下侧梁
边线；单击Ⓑ轴轴线，再单击 L3（9）上侧梁边线；右击结束，则全部横梁编辑完毕。梁
编辑完成后平面效果如图 3-23 所示，其三维效果如图 3-24 所示。

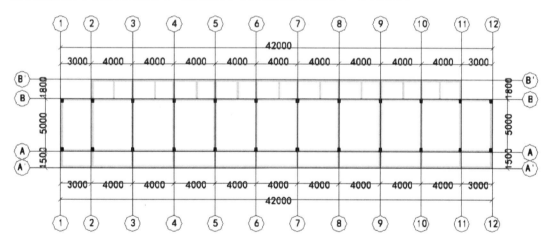

图 3-23 梁编辑完成后平面效果

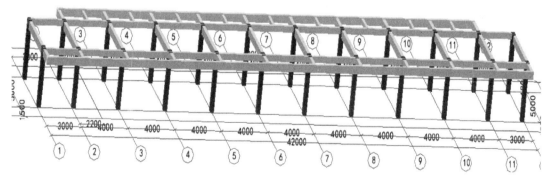

图 3-24 梁编辑完成后三维效果

【梁成果统计与
报表预览】

3.2.3　成果统计与报表预览

所有梁的三维算量模型完成后，可进行汇总计算，查看并核对工程量，最后进行清单与定额报表预览。相关操作步骤同柱的部分。其中在报表预览中得到的梁的清单与定额汇总表见表 3-2。

表 3-2　梁的清单与定额汇总表

序号	编码	项目名称	项目特征	单位	工程量	备注
1	010505001001	有梁板	C30 商品混凝土	m³	23.5118	实体项目
	A4-14	平板、有梁板、无梁板		10m³	2.4512	
	8021127	普通预拌混凝土 C30 粒径为 20mm 石子		m³	23.757	
2	011702014001	有梁板	有梁板，层高 3.8m	m²	239.6464	措施项目
	A21-49	有梁板模板 支模高度 3.6m		100m²	2.3965	
	A21-57	板模板 支模高度超过 3.6m 每增加 1m 内		100m²	1.9224	

3.2.4　技能拓展

下面讲解一些特殊梁的绘制，包括变截面悬挑梁、弧形梁、拱梁及折梁等。

1. 变截面悬挑梁

工程中悬挑梁悬挑部分多为变截面，为保持和实际工程的一致性，必须在绘图过程中进行特殊设置。

绘制变截面悬挑梁的操作步骤如下。在属性编辑框中的截面高度一项输入"×××/×××"，对梁进行变截面设置，如图 3-25 所示，其中"/"前的数值代表梁起点端的截面高度，"/"后的数值代表梁终点端的截面高度，每个高度输入的数值为 0~200000 之间的整数；输入后，梁图元底部按照截面高度渐变显示，操作针对当前整个

【变截面悬挑梁】

梁构件，不同于 GGJ（钢筋算量软件）中的某一跨。绘制完成后，悬挑梁变截面部分渐变效果如图 3-26 所示。

2. 弧形梁

工程中弧形梁也比较常见，本节针对弧形梁的绘制介绍一些特殊处理技能，以供参考。以图 3-27 所示图纸中⑤和⑥轴间的 DL-1 梁为例，其截面尺寸如图 3-28 所示。

属性名称	属性值	附加
名称	KL-1	☐
类别1	框架梁	☐
类别2		☐
材质	现浇混凝	☐
砼类型	(预拌砼)	☐
砼标号	(C30)	☐
截面宽度(mm)	200	☐
截面高度(mm)	500/1000	☐

图 3-25 变截面梁属性编辑

图 3-26 悬挑梁变截面部分渐变效果

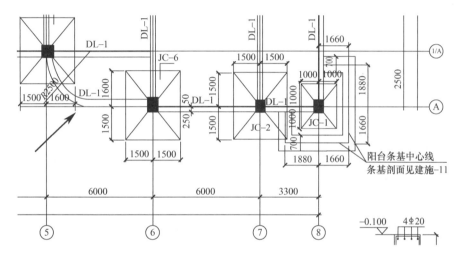

图 3-27 弧形梁平面

绘制弧形梁的操作步骤如下。

【第一步】新建正交轴网（略）。

【第二步】新建矩形梁 DL-1。首先对 DL-1 进行属性设置，并套用清单与定额，方法同前。

【第三步】绘制 DL-1。单击工具栏中的"逆小弧"按钮，在其右旁边框中输入"2500"；再单击"逆小弧"按钮，单击⑤轴与Ⓐ轴的交点，再按住 Shift 键单击⑤轴与Ⓐ轴的交点，弹出对话框，在其中 X 向方框中输入"2500"，Y 向方框中输入"-2500"，弧形梁部分就绘制好了。再单击工具栏中的"直线"按钮，画出其中的直线部分，然后进行对齐与偏移操作。弧形梁效果如图 3-29 所示。

3. 拱梁及折梁

工程中有些需要起拱的拱梁和三角形屋架样的折梁，如图 3-30 所示。

【弧形梁视频】

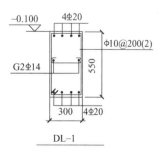

图 3-28 DL-1 截面尺寸

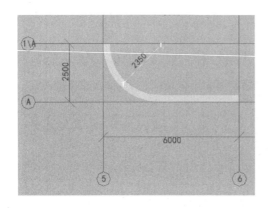

图 3-29 弧形梁效果

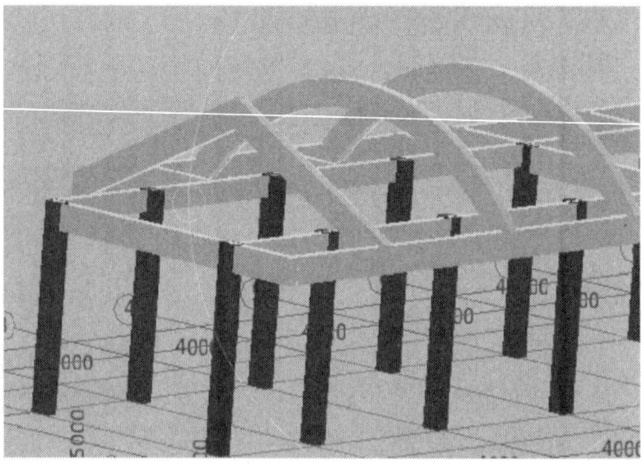

图 3-30 拱梁及折梁效果

【拱梁及折梁】

（1）拱梁。

以本工程③轴的 KL3（1B）为例，将其变成拱梁，起拱点为梁中点，起拱高度为 2000mm。

绘制拱梁的操作步骤如下。

在梁的操作界面下，单击工具栏中的"设置拱梁"按钮，如图 3-31 所示；单击③轴的 KL3（1B），再单击选择 KL3（1B）的中点，弹出"设置拱梁"对话框，如图 3-32 所示；在其中的"拱高（mm）"处填写"2000"（图纸中标注的起拱高度），单击"确定"按钮，拱梁就绘制完成了。然后可单击工具栏中的"三维"按钮，查看三维效果。

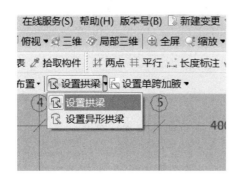

图 3-31 设置拱梁选择

图 3-32 "设置拱梁"对话框

（2）折梁。

以本工程①轴的 KL1（1A）为例，将其变成折梁，其中点最高处为 5.78m。

绘制折梁的操作步骤如下。

【第一步】在梁的操作界面下，单击左侧工具栏中"打断"下的"单打断"按钮，单击选择②轴的 KL1（1A），右击后选择第②轴的 KL1（1A）的中点，再右击弹出"是否在指定位置打断"对话框，单击"是"按钮，梁就变成两部分了。

【第二步】单击工具栏中的"选择"按钮，按"～"键，屏幕上所有梁上将出现箭头；单击选择①轴的 KL1（1A）的上半部梁，单击工具栏中的"属性"按钮，出现属性编辑框，在其中"起点顶标高（mm）"栏填写"层顶标高＋2"，如图 3 - 33 所示，按 Enter 键结束。同样方法再单击工具栏中的"选择"按钮，单击选择①轴的 KL1（1A）的下半部梁，在属性编辑框的"终点顶标高（mm）"栏填写"层顶标高"，按 Enter 键结束。然后单击工具栏中的"三维"按钮，查看三维效果即可。

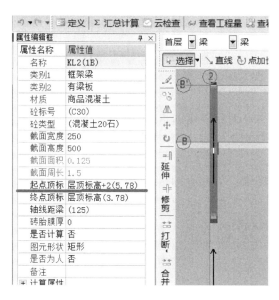

图 3 - 33　折梁属性修改设置

3.3　首层板三维算量模型建立

3.3.1　建模准备

1. 任务目标

① 完成首层所有板的三维算量模型建立。

② 报表统计，查看本层板的清单与定额工程量。

2. 任务准备

① 查看第 2 层结构平面图（首层顶板），了解板的分布情况，板的厚度、标高，统计板的类型。

② 熟悉板的清单列项与工程量计算规则。

③ 熟悉板的定额工程量计算规则与定额套用。

④ 观看板的三维算量模型建立演示视频，了解建模程序。

3.3.2　软件实际操作

BIM 软件把板分为现浇板、预制板、螺旋板、板洞四种构件类型，本节讲解现浇板。

【新建现浇板】

新建现浇板的操作步骤如下。

【第一步】板构件建立。选择"模块导航栏"中"板"下的"现浇板"，打开"构件列表"下的"新建"下拉列表框，选择"新建现浇板"，进入板的属性编辑设置。

查看图纸 JG－07（第 2 层板钢筋图），根据板的厚度统计有哪几种板。从图纸上可以找出有两种厚度的板，一种是Ⓐ轴与Ⓑ轴间的 2B1 板，已注明厚度为 $H=120\text{mm}$；另一种是板上没有注明厚度，但在图纸下方的第③点说明中已声明未注明厚度的板厚度为 100mm。

【第二步】板的属性编辑。在属性编辑的名称栏中修改板名称为"XB－120"，在"厚度（mm）"栏中填写"120"，其他的不用修改。

【第三步】清单与定额套用。单击工具栏中的"定义"按钮，出现清单与定额表格，选择"当前构件自动套用做法"，然后在现浇板清单"项"这一行所对应的"项目特征"中填入"有梁板，C30 商品混凝土"，再在模板清单"项"这一行所对应的"项目特征"中填入"有梁板，层高 3.8m"。

📖 **说明——关于板的属性**

① 类别：包括有梁板、无梁板、平板、拱板等，用来实现自动套用做法功能的一个属性，不影响计算。

② 顶标高：板顶的标高，可以根据实际情况进行调整。斜板时，这里的标高值取为初始设置的标高。

③ 是否是楼板：主要与计算超高模板、超高体积起点判断有关，若选择"是"，表示构件可以向下找到该构件作为超高计算的判断依据；若选择"否"，则超高计算判断与该板无关。

④ 是否是空心楼盖板：选择"是"即为空心楼盖板，可以在板上布置成孔芯模构件；选择"否"则为普通板。

【第四步】复制生成其他板属性。单击"构件列表"下的"复制"按钮，自动生成新的板，修改其名称为"XB－100"，并在"厚度（mm）"栏填写"100"，其他的不用修改。所有板的属性设置及清单和定额套用即全部完成，不用按图纸把板名称设置为 2B1、2B2、2B3、2B4、2B5 等，只用根据厚度设置两种现浇板就行了。板属性及做法套用设置如图 3－34 所示。

【第五步】现浇板的绘制。板的绘制方法有三种：一是"点"画，二是"直线"画，三是"矩形"画。一般梁间封闭的板可采用"点"画，不封闭的板可采用"直线"画或"矩形"画等。本工程的板几乎均为封闭的板，故可采用"点"画完成全部板。

① "点"画现浇板。首先单击工具栏中的"绘图"按钮，进入绘图窗口。单击屏幕上方板名称"XB－120"，再单击工具栏中的"点"按钮，然后单击选择②～③轴和Ⓐ～Ⓑ

构件列表

新建 · × · 过滤 ·

搜索构件...

	构件名称
1	XB-120
2	XB-100

属性编辑框

属性名称	属性值	附
名称	XB-100	
类别	有梁板	☐
砼标号	(C30)	☐
砼类型	(混凝土	☐
厚度(mm	100	☐
顶标高(m	层顶标	☐
是否是楼	是	☐
是否是空	否	☐
备注		☐
□ 计算属性		
超高底	按默认	
支模高	按默认	
计算设	按默认	
计算规	按默认	
⊞ 显示样式		

选择量表　编辑量表　删除　查询 ·　选择代码　项目特征　换算 ·　做法刷

	工程量名称	编码	类别	项目名称	项目特征	单位	工程量表	表达式说明
1	现浇板（商品砼）							
2	体积	010505001	项	有梁板	有梁板，C30商品混凝土	m3	TJ	TJ<体积>
3	浇捣体积	A4-14	定	平板、有梁板、无梁板		m3	TJ	TJ<体积>
4	混凝土制作	8021127	定	普通预拌混凝土 C30 粒径为20mm石子		m3	TJ*1.01	TJ<体积>*1.01
5	模板	011702014	项	有梁板	有梁板，层高3.8m	m2	MBMJ+CMBMJ	MBMJ<底面模板面积>+CMBMJ<侧面模板面积>
6	模板面积	A21-49	定	有梁板模板支模高度3.6m		m2	MBMJ+CMBMJ	MBMJ<底面模板面积>+CMBMJ<侧面模板面积>
7	超高模板面积	A21-57	定	板模板 支模高度超过3.6m每增加1m内		m2	CGMBMJ+CGCMMBMJ	CGMBMJ<超高模板面积>+CGCMMBMJ<超高侧面模板面积>

查询匹配清单 查询匹配定额 查询清单库 查询措施 查询定额库

	编码	清单项	单位
1	010505001	有梁板	m3
2	010505002	无梁板	m3

图 3-34　板属性及做法套用设置

轴所围成的空间，Ⓐ轴和Ⓑ轴间的 2B1 板就生成了；按同样方法单击选择相应空间，画好全部 2B1 板。再单击板名称"XB-100"，单击工具栏中的"点"按钮，单击厚度为100mm 的板所对应的空间位置，把其他厚度为 100mm 的板画完。全部板绘制完成后的板平面布置如图 3-35 所示。

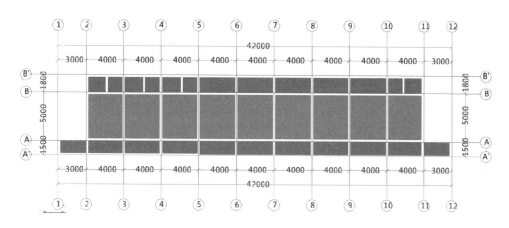

图 3-35　全部板绘制完成后的板平面布置

②"直线"画现浇板。仍以绘制②～③轴和Ⓐ～Ⓑ轴所围成的 2B1 板为例。首先单击工具栏中的"直线"按钮，依次单击②轴与Ⓑ轴相交的梁的交点、②轴与Ⓐ轴相交的梁的交点、③轴与Ⓐ轴相交的梁的交点、③轴与Ⓑ轴相交的梁的交点，再单击②轴与Ⓑ轴相交的梁的点，形成闭合空间，板就画好了，如图 3-36 所示。用同样的方法可绘出其他板。

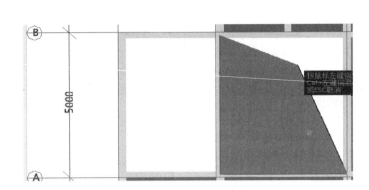

图 3 - 36　"直线"画现浇板

③"矩形"画现浇板。仍以②~③轴和Ⓐ~Ⓑ轴所围成的2B1板为例。首先单击工具栏中的"矩形"按钮，然后单击②轴与Ⓑ轴相交的梁的交点，再单击③轴与Ⓐ轴相交的梁的交点，板就画好了。同样的方法可绘出其他板，具体操作见新建现浇板视频。

【板成果统计与报表预览】

3.3.3　成果统计与报表预览

　　所有板的三维算量模型完成后，可进行汇总计算，查看并核对工程量，最后进行清单与定额报表预览。操作步骤同前。其中在报表预览中得到的板的清单与定额汇总表见表3-3。

表 3 - 3　板的清单与定额汇总表

序号	编码	项目名称	项目特征	单位	工程量	备注
1	010505001002	有梁板	有梁板，C30 商品混凝土	m³	28.7104	实体项目
	A4-14	平板、有梁板、无梁板		10m³		
	8021127	普通预拌混凝土 C30 粒径为 20mm 石子		m³		
2	011702014001	有梁板	有梁板，层高 3.8m	m²	257.05	措施项目
	A21-49	有梁板模板 支模高度 3.6m		100m²		
	A21-57	板模板 支模高度超过 3.6m 每增加 1m 内		100m²		

【板的多边偏移编辑】

3.3.4　技能拓展

　　下面讲解板的多边偏移、三点定义斜板、球面板、拱板及螺旋板等。

1. 板的多边偏移

板的多边偏移操作步骤如下。

单击工具栏中的"偏移"按钮，单击要偏移的板，右击后弹出对话框，选择"多边偏移"，单击"确定"按钮，如图 3-37 所示。然后单击要偏移的板的某一边，右击后向要偏移的方向拖动鼠标，填入要偏移的距离"500"，如图 3-38 所示。再单击另外要偏移的边，出现边的控制夹点，单击该边的控制夹点，拖动鼠标向所要偏移的方向运动，填入数字即可。

图 3-37　多边偏移选择

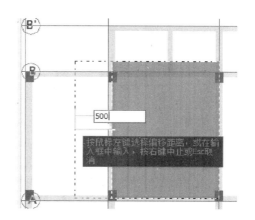

图 3-38　多边偏移操作过程

2. 三点定义斜板

三点定义斜板主要是针对如何把平面板变成曲面板或斜面板的一种操作方式，在屋面中经常用到，仍以②～③轴和Ⓐ～Ⓑ轴所围成的2B1 板为例讲解其绘制方法。

【三点定义斜板】

第一种情况：绘制后变成二坡板，其中的屋脊线标高为 4.5m，如图 3-39 所示。

第一种情况的操作步骤如下。

【第一步】对板进行分割（把板分割成左右两部分）。首先单击选择②～③轴和Ⓐ～Ⓑ轴所围成的 2B1，右击后选择"分割"，单击Ⓐ轴上②～③轴间 KL4 的中点，再单击Ⓑ轴梁的垂点，两次右击，出现"分割成功"对话框，单击"确定"按钮，板就被分成左右两部分了。

【第二步】三点定义斜板。单击工具栏中的"三点定义斜板"按钮，选择原来 2B1 的左边部分，板的四周顶点出现相应的标高值（3.78），修改其中右上角标高值为"4.5"，按 Enter 键；切换到下一点标高（左上角），此时标高值不变，直接按 Enter 键；又切换到下一点标高（左下角），此时标高值仍不变，也直接按 Enter 键，最后出现"←"，斜板生成。

【第三步】用同样的方法操作 2B1 右边部分。单击工具栏中的"三点定义斜板"按钮，选择原来 2B1 板的右边部分，板的四周顶点出现相应的标高值（3.78），修改其中左上角标高值为"4.5"，按 Enter 键；切换到下一点标高（左下角），修改标高值为"4.5"，按 Enter 键；又切换到下一点标高（右下角），此时标高值不变，直接按 Enter 键；再切换到下一点标高（右上角），此时标高值仍不变，再按 Enter 键，最后出现"→"，斜板生成。可查看其三维效果。

第二种情况：绘制后变成四坡板，最高顶点标高为5.0m，如图3-40所示。操作方法类似于二坡板，也是先对板进行分割，再三点定义斜板，仍以②～③轴和Ⓐ～Ⓑ所围成的2B1为例。

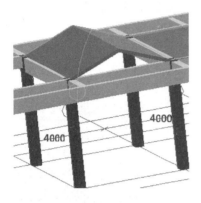

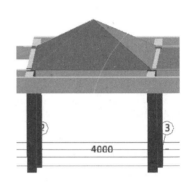

图3-39　二坡板效果　　　　　　　　　　　图3-40　四坡板效果

第二种情况的操作步骤如下。

【第一步】对板进行分割（分成4部分）。首先单击工具栏中的"选择"按钮，再单击该板，右击后选择"分割"；依次单击Ⓐ轴梁与②轴梁的交点、Ⓑ轴梁与③轴梁的交点，然后右击；再依次单击Ⓐ轴梁与③轴梁的交点、Ⓑ轴梁与②轴梁的交点，然后右击；接着再次右击，出现"分割成功"对话框，单击"确定"按钮即可。板就被分成4部分了。

【第二步】三点定义斜板。单击工具栏中的"选择"按钮，选择原来2B1的左边部分（此时板形状为三角形），再单击工具栏中的"三点定义斜板"按钮，三个顶点出现相应的标高值（3.78）。修改其中右边顶点标高值为"5.0"，按Enter键；切换到下一点，此时标高值不变，直接按Enter键；又切换到下一点，此时标高值仍不变，也直接按Enter键，最后出现"←"，斜板生成。

【第三步】用同样的方法操作其他3部分，最后生成4块斜板。其效果图如图3-40所示。

3. 球面板及拱板

球面板及拱板是现浇板的一种形式，类似于球冠形状的板或拱板，多用于处理屋面艺术造型的板。如何把平面板变成球冠形状的板或拱板，一般要用到"设置球面板"或"设置拱板"操作命令。

【球面板及拱板】

第一种情况：绘制后变成球面板。以②轴与③轴间的2B1为例来生成球面板，其中球面板半径为1400mm，起拱高为1400mm，如图3-41所示。

第一种情况的操作步骤如下。

【第一步】对板进行分割（分成两部分）。首先单击工具栏中的"选择"按钮，再单击该板，右击后选择"分割"；再单击工具栏中的"绘图"按钮下的"圆"，在圆右侧方框内填入半径"1400"，按住Shift键单击②轴梁的中点，出现对话框，在其中"X="后填入"1939"，圆就生成了，右击出现板分割成功提示。最终板被分成里外两部分，里面是一块圆板。

【第二步】设置球面板。单击工具栏中的"设置球面板"按钮,如图 3-42 所示,单击原来 2B1 里面的圆板部分,选择其圆心(可按住 Shift 键单击②轴梁的中点),输入"1939",弹出对话框,如图 3-43 所示,在其中的"拱高(mm)"栏填入"1400",单击"确定"按钮,球面板就生成了。其效果如图 3-41 所示。

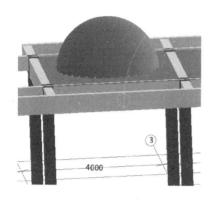

图 3-41 球面板效果

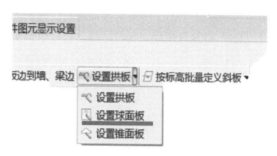

图 3-42 球面板设置

第二种情况:绘制后变成拱板,仍以②轴与③轴间的 2B1 为例,其拱高为 1500mm,如图 3-44 所示。

第二种情况的操作步骤如下。

首先单击工具栏中的"设置拱板"按钮,单击选择相应的 2B1 板,选择起拱轴线方向第一点(单击Ⓑ轴梁 KL4 在②~③轴的中点),再选起拱轴线方向第二点(单击Ⓐ轴梁 KL4 在②~③轴的中点),出现对话框,在其中的"拱高(mm)"栏填入"1500",单击"确定"按钮,拱板就生成了。其效果如图 3-44 所示。

图 3-43 球面板参数设置

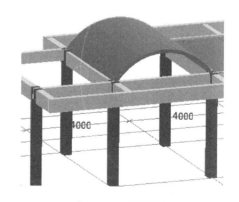

图 3-44 拱板效果

4. 螺旋板

螺旋板是现浇板的一种形式,用来构成坡道,类似于螺旋形式的板,多用于地下车库入口等。以图 3-45 所示效果为例说明其绘制方法,其中螺旋板顶标高 2.0m,底标高−0.02m;螺旋板厚 100mm,板宽 2m,内径 3m,逆时针旋转 90°。

【螺旋板】

螺旋板的操作步骤如下。

【第一步】螺旋板构件建立。选择"模块导航栏"中"板"下的"螺旋板",打开"构件列表"下的"新建"下拉列表框,选择"新建螺旋板",即进入螺旋板属性编辑框的设置。

【第二步】螺旋板的属性编辑。在属性编辑的名称栏中修改板名称为"LXB-100",在"厚度(mm)"栏中填写"100";"内半径(mm)"指螺旋板弧形内边至圆心点的距离,此处填入"1500",如图3-46所示;"旋转角度(°)"指螺旋板的两个直形边所形成的角度,默认为"90";"旋转方向"即螺旋板旋转的方向,选项有"逆时针"和"顺时针",默认为"逆时针";"顶标高(m)"指螺旋板最顶端的标高,可以根据实际情况进行调整,此处填"2";"底标高(m)"指螺旋板最底端的标高,可以根据实际情况进行调整,此处填"-0.02"。

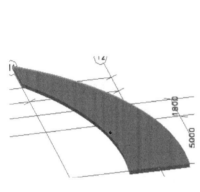

图3-45 螺旋板

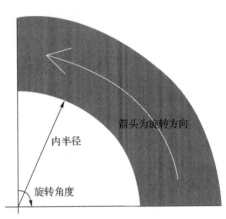

图3-46 螺旋板参数

【第三步】清单与定额套用。单击工具栏中的"定义"按钮,出现清单与定额表格,单击"编辑量表"按钮,再套用清单与定额。其套用结果如图3-47所示。

图3-47 螺旋板清单与定额套用结果

【第四步】螺旋板绘制。螺旋板可以采用"点"画，在要求的位置处点一下，即绘制完毕，再查看其三维效果。具体操作见螺旋板视频。

3.4　首层墙三维算量模型建立

3.4.1　建模准备

1. 任务目标

① 完成首层所有墙的三维算量模型建立。

② 报表统计，查看本层墙的清单与定额工程量。

2. 任务准备

① 首先查看图纸，了解墙体的材质和厚度，砌筑砂浆的类别与强度等级等。在宿舍楼的"建筑统一说明"中可以了解到本工程内外墙均为 180 墙，其余墙均为 120 墙，墙体材料采用"普通灰砂砖"；在"结构总说明"中了解砌筑砂浆 00 面以下采用 M7.5 水泥砂浆，00 面以上采用 M5.0 混合砂浆。

② 熟悉墙的清单列项与工程量计算规则。

③ 熟悉墙的定额工程量计算规则与定额套用。

④ 观看墙的三维算量模型建立演示视频，了解建模程序。

3.4.2　软件实际操作

BIM 软件把墙分为墙、保温墙、墙垛和幕墙四类，其中墙又分内墙、外墙、虚墙、异形墙和参数化墙。

新建墙的操作步骤如下。

【第一步】墙构件建立。选择"模块导航栏"中的"墙"下的"墙"，然后打开"构件列表"下的"新建"下拉列表框，选择"新建外墙"，就进入其属性编辑了。

【新建墙】

【第二步】墙的属性编辑。在构件名称下方"属性编辑框"中修改相关信息，把"名称"中默认的"Q－1"改为"WQ"，"类别"选择"砌体墙"，"材质"选择"砖"，"砂浆标号"选择"M5"，"砂浆类型"选择"混合砂浆"，"厚度（mm）"填入"180"，"起点顶标高（mm）"与"终点顶标高（mm）"都选择"层顶标高"，"起点底标高（mm）"与"终点底标高（mm）"都填入"0"，其他不变，然后按 Enter 键。具体墙属性编辑如图 3－48 所示。同理新建内墙，把"名称"中默认的"N－1"改为"NQ"。

【第三步】清单与定额套用。单击工具栏中的"定义"按钮，出现清单与定额表格，单击"选择量表"按钮，取消选中默认的"砼墙（现浇砼）"，选中"砖石砌块墙"，再在

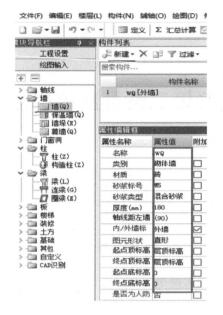

图 3-48 墙属性编辑

量表下面的几个清单项后面的“选择”处取消选中，单击“确定”按钮，选择量表即完成。操作结果如图 3-49 所示。

	工程量名称	工程量表达式	表达式说明	单位	措施项目	选择
1	− 砖石砌块墙体积	TJ	TJ<体积>	m3	☐	☑
2	砖石砌块墙体积	TJ	TJ<体积>	m3	☐	☑
3	− 墙柱面钉（挂）钢（铁）网	(WQWCGSWPZCD+	(WQWCGSWPZCD<外	m2	☐	☐
4	外墙外侧钢丝网片总长度	WQWCGSWPZCD	WQWCGSWPZCD<外	m	☐	☐
5	外墙内侧钢丝网片总长度	WQNCGSWPZCD	WQNCGSWPZCD<外	m	☐	☐
6	内墙两侧钢丝网片总长度	NQLCGSWPZCD	NQLCGSWPZCD<内	m	☐	☐
7	− 外墙外脚手架面积	WQWJSJMJ	WQWJSJMJ<外墙外	m2	☑	☐
8	外墙外脚手架面积	WQWJSJMJ	WQWJSJMJ<外墙外	m2	☑	☐
9	− 外墙内脚手架面积	WQNJSJMJ	WQNJSJMJ<外墙内	m2	☑	☐
10	外墙内脚手架面积	WQNJSJMJ	WQNJSJMJ<外墙内	m2	☑	☐
11	− 内墙脚手架面积	NQJSJMJ	NQJSJMJ<内墙脚	m2	☑	☐
12	内墙脚手架面积	NQJSJMJ	NQJSJMJ<内墙脚	m2	☑	☐

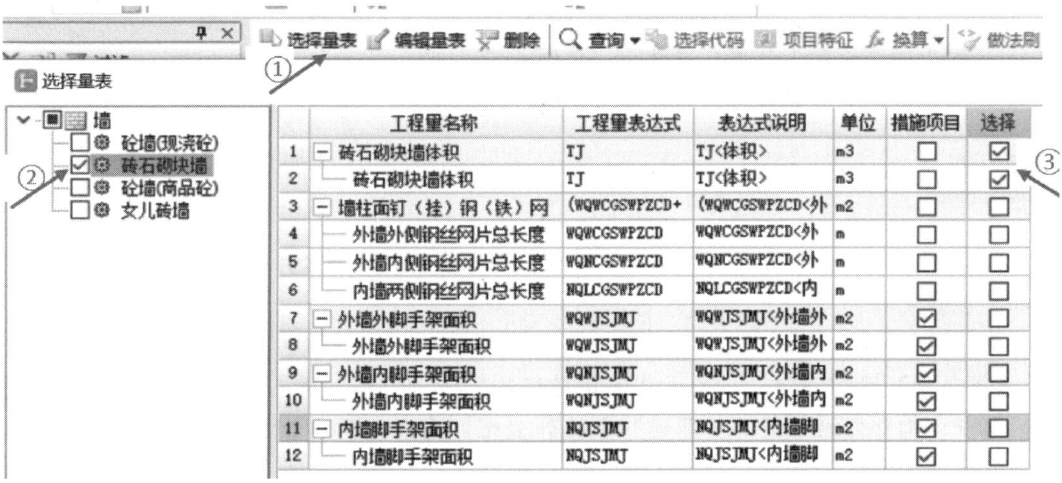

图 3-49 墙清单与定额做法套用

单击砖石砌块墙体积清单项的编码空白处，选择“查询清单库”，找到“砌筑工程”下的“砖砌体”，再在清单项下找到“砌块墙”，双击“砌块墙”，清单做法即套用完毕。接着单击砖石砌块墙体积定额的编码空白处，选择“查询定额库”，找到“砌筑工程”下“砌块”下的“蒸压灰砂砖墙”，再在右边定额表中找到“蒸压灰砂砖外墙 墙体厚度 17.5cm”，定额编码 A3-69，双击该定额，定额做法即套用完毕。然后填写项目特征“180 灰砂砖外墙，M5 混合砂浆”。

【第四步】复制生成内墙定义。单击"构件列表"下的"复制"按钮，自动生成新的墙，修改其名称为"NQ"，修改相应属性项，套内墙定额，修改项目特征；再"复制"生成新的内墙，修改其名称为"NQ－120"，修改相应属性项，修改内墙定额，修改项目特征。最后结果如图 3－50 所示。

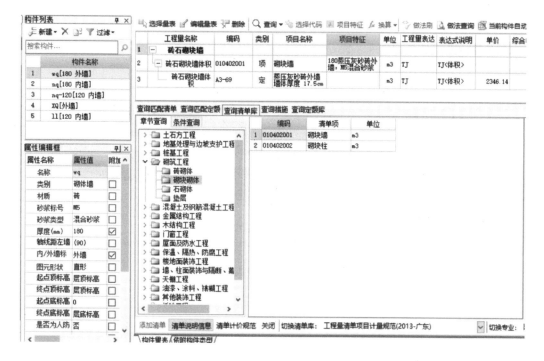

图 3－50　复制生成内墙定义

【第五步】墙的绘制。单击工具栏中的"绘图"按钮，进入绘图窗口。墙的画法有两种，一种是采用"直线"画，另一种是采用"智能布置"画，本节采用"智能布置"画。

① 外墙。选择屏幕上方"构件列表"中的"WQ（外墙）"，再单击"智能布置"下的轴线，根据宿舍楼首层平面图 J－01 的墙位置，按从下到上再从左到右的顺序依次框选Ⓐ轴上②～⑪轴的轴线，Ⓑ轴上①～⑫轴的轴线，外墙就画好了；再用"直线"画Ⓐ轴上①～②轴部分的墙，并进行对齐。

② 内墙。选择"构件列表"中的"NQ（内墙）"，再单击"智能布置"下的轴线，框选相应轴线，画出内墙，然后进行对齐等编辑。

③ 楼梯间下特殊墙。楼梯间下 120 内墙的特殊性，主要是其水平段在楼梯休息平台梁下方，而纵向的梯间墙在楼梯底板下，随楼梯底板标高不同而变化。操作步骤是先绘制辅助轴线，再用"直线"画墙，然后编辑墙标高等属性等。

a. 画辅助轴线。选择"模块导航栏"中"轴线"下的"辅助轴线"，然后单击工具栏中的"平行"按钮，选择②轴轴线，弹出对话框，在其中"X＝"后填入"－1420"，单击"确定"按钮，生成辅助轴线。同理再做出另一辅助轴线，单击Ⓑ轴轴线，弹出对话框，在其中"Y＝"后填入"－1500"，单击"确定"按钮，完成辅助轴线。

b. 画墙。用"直线"画墙，再对齐轴线。

c. 编辑墙属性。单击工具栏中的"选择"按钮，选择水平向梯间墙，再单击工具栏中的"属性"按钮，在属性编辑框中的"起点顶标高（mm）"和"终点顶标高（mm）"中都填入"1.48"，按 Enter 键即可。然后选择纵向梯间墙，单击"属性"按钮，在属性编辑框中的"起点顶标高（mm）"中填入"1.48"，"终点顶标高（mm）"保持默认为"层顶标高"，按 Enter 键确定。

④ 厕所间 120 墙。先做辅助轴线，再采用"直线"画，操作略。

墙绘制完成后效果如图 3-51 所示。

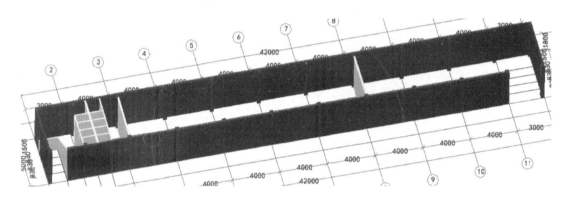

图 3-51　墙绘制完成后效果

【墙成果统计与报表预览】

3.4.3　成果统计与报表预览

所有墙的三维算量模型完成后，可进行汇总计算，查看并核对工程量，最后进行清单与定额报表预览。

操作步骤同前，其中在报表预览中得到的墙的清单与定额汇总表见表 3-4。

表 3-4　墙的清单与定额汇总表

序号	编码	项目名称	项目特征	单位	工程量	备注
1	010402008001	砌块墙	180 灰砂砖外墙，M5 混合砂浆砌筑	m³	24.1445	实体项目
	A3-69	蒸压灰砂砖外墙 墙体厚度 17.5cm		10m³	2.4145	
2	010402008002	砌块墙	180 灰砂砖内墙，M5 混合砂浆砌筑	m³	10.3561	
	A3-71	蒸压灰砂砖内墙 墙体厚度 17.5cm		10m³	1.0356	
3	010402008003	砌块墙	120 灰砂砖内墙，M5 混合砂浆砌筑	m³	6.9021	
	A3-70	蒸压灰砂砖内墙 墙体厚度 11.5cm		10m³	0.6902	

3.4.4 技能拓展

下面讲解坡道两侧曲线墙的绘制。以图 3-52 所示曲线墙为例，已知条件是：其中螺旋板是前文绘制生成的螺旋板（板厚为 100mm，宽为 2m，内径为 3m，底标高为 0，顶标高为层顶标高），墙为 180 墙（C30 商品混凝土），高为 1m。

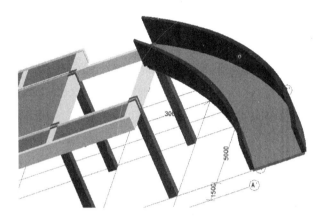

图 3-52 曲线墙效果

该曲线墙绘制的操作步骤如下。

【第一步】曲线墙构件建立。单击"模块导航栏"中"墙"下的"墙"，然后打开"构件列表"下的"新建"下拉列表框，选择"新建外墙"，进入属性编辑。

【**新建坡道两侧曲线墙**】

【第二步】曲线墙的属性编辑。在构件名称下方"属性编辑框"中修改相关信息，"名称"默认为"Q-1"，"类别"选择"混凝土墙"，"材质"选择"现浇混凝土"，"砼标号"选择"C30"，"砼类型"选择"商品普通混凝土 20 石"，"厚度（m）"填入"180"，其他不变，然后按 Enter 键。

【第三步】清单与定额套用。单击工具栏中的"定义"按钮，出现清单与定额表格。把光标放入第一行"项"左侧编码空白处，选择"查询清单库"，找到"现浇混凝土墙"下的"弧形墙"，双击即可。再套用墙模板清单，然后分别套用混凝土墙的定额与模板等的定额，并填写项目特征。清单与定额套用结果如图 3-53 所示。

【第四步】墙的绘制。首先单击工具栏中的"三点画弧"按钮，然后单击螺旋板左上边缘顶点，再单击左边缘中点，最后单击左下边缘顶点，右击结束。同理画出右边墙。

【第五步】墙标高修改。单击工具栏中的"选择"按钮，选择已画好的左边墙，按键盘上的"～"键，墙上出现带箭头线（注意必须将输入法设为英文状态）；再单击工具栏中的"属性"按钮，弹出"属性"对话框，其中的"起点顶标高"选择"底板顶标高＋1"，"终点顶标高"选择"顶板顶标高＋1"，"起点底标高"选择"底板顶标高"，"终点底标高"选择"顶板顶标高"。同样再修改右侧墙，在"属性"对话框中的"起点顶标高"选择"顶板顶标高＋1"，"终点顶标高"选择"底板顶标高＋1"，"起点底标高"选择"顶板顶标高"，"终点底标高"选择"底板顶标高"。最后曲线墙效果如图 3-52 所示。

图 3-53　清单与定额套用结果

3.5　首层门窗及过梁三维算量模型建立

3.5.1　建模准备

1. 任务目标

① 完成首层所有门窗及过梁的三维算量模型建立。

② 报表统计，查看本层门窗及过梁的清单与定额工程量。

2. 任务准备

① 查看图纸 J-03 上的门窗表，了解门窗材质、门窗洞口尺寸、离地高度等；在"结构总说明"中了解过梁设置条件与混凝土强度等级等。图纸 JG-01"三、砌体"下的第 6 条说明中明确门窗洞口宽度大于 1200mm 时设钢筋混凝土过梁，过梁的截面尺寸见该图纸中的图八。

② 熟悉门窗及过梁的清单列项与工程量计算规则。

③ 熟悉门窗及过梁的定额工程量计算规则与定额套用。

④ 观看门窗及过梁的三维算量模型建立演示视频，了解建模程序。

3.5.2　软件实际操作

【新建矩形门窗】

BIM 软件将门（窗）按照截面分为矩形门（窗）、异形门（窗）和参数化门（窗）三种类型。

1. 新建矩形门

新建矩形门的操作步骤如下。

【第一步】矩形门构件建立。选择"模块导航栏"中"门窗洞"下的"门",打开"构件列表"下的"新建"下拉列表框,选择"新建矩形门",进入矩形门属性编辑框设置。

【第二步】矩形门的属性编辑。在属性编辑框中的"名称"栏填写"M-1",根据图纸J-03上的门窗表可知门洞尺寸,在属性编辑框中的"洞口宽度(mm)"栏填写"900","洞口高度(mm)"栏填写"3300",其他的选择默认,如图3-54所示。

图3-54 门的属性编辑

【第三步】清单与定额套用。

① 编辑量表。

a. 单击工具栏中的"定义"按钮,出现清单与定额表格;再单击上方的"编辑量表"按钮,弹出"编辑量表-门"对话框,取消选中"门的樘数"。

b. 添加第一个清单与定额。选择"编辑量表-门"表格上方的"添加清单工程量",选择"查询清单工程量",选择"洞口面积",然后单击下方的"添加"按钮,新的清单就进入编辑表中了,将其中的"洞口面积"改为"木质门"。接着再选择上方的"添加定额工程量",选择"查询定额工程量",选择"框外围面积",然后单击"添加"按钮两次,生成两行定额;将其中一行"框外围面积"改为"门的制作",另一行"框外围面积"改为"门的安装"。

c. 添加第二个清单与定额。选择"编辑量表-门"表格上方的"添加清单工程量",选择"编辑量表-门"表格上方的"查询清单工程量",选择"洞口面积",然后单击下方的"添加"按钮,新的清单就进入编辑表中,将其中的"洞口面积"改为"门油漆"。接着再选择"添加定额工程量",选择"查询定额工程量",选择"框外围面积",然后单击"添加"按钮,新的定额进入量表中,将其中的"框外围面积"改为"门油漆"。

d. 添加第三个清单与定额。选择"编辑量表-门"表格上方的"添加清单工程量",

选择"查询清单工程量",选择"数量",然后单击"添加"按钮,新的清单就进入编辑表中,将其中的"数量"改为"门锁"。接着再选择"添加定额工程量",选择"查询定额工程量",选择"数量",然后单击"添加"按钮,新的定额进入量表中,将其中的"数量"改为"门锁安装"。最后单击"确定"按钮,即完成门量表的编辑,其结果如图 3-55 所示。

	工程量名称	工程量表达式	表达式说明	单位	措施项目	已被使用
1	- 门的樘数	SL	SL<数量>	樘	□	□
2	洞口面积	DKMJ	DKMJ<洞口面积>	m2	□	□
3	制作/安装面积	KWWMJ	KWWMJ<框外围面积>	m2	□	□
4	制作面积	KWWMJ	KWWMJ<框外围面积>	m2	□	□
5	安装面积	KWWMJ	KWWMJ<框外围面积>	m2	□	□
6	- 木质门	DKMJ	DKMJ<洞口面积>	m2	□	☑
7	门的制作	KWWMJ	KWWMJ<框外围面积>	m2	□	☑
8	门的安装	KWWMJ	KWWMJ<框外围面积>	m2	□	☑
9	- 门的油漆	DKMJ	DKMJ<洞口面积>	m2	□	☑
10	门油漆	KWWMJ	KWWMJ<框外围面积>	m2	□	☑
11	- 门锁	SL	SL<数量>	樘	□	□
12	门锁	SL	SL<数量>	樘	□	☑

图 3-55 门量表的编辑结果

② 清单与定额套用。

a. 套清单。单击木质门清单"项"所对应的编码空白处,再打开工具栏中的"查询"下拉列表框,选择"查询清单库",选择"门窗工程",双击"木门",右侧出现木门对应的清单,再双击"木质门"清单编码,木质门清单套用完毕。然后在所对应的项目特征中填入"木质夹板门,单扇,无纱、带亮"。同理再找出门油漆与门锁的清单,并写上相对应的项目特征。

b. 套定额。将光标放入"门的制作"这一行编码空白处,再选择"查询定额",选择"切换专业",将定额切换为"装饰工程"。选择"门窗工程"章节,选择"木门窗",找到"杉木无纱胶合板门制作 带亮 单扇"定额子项,双击定额编码即可。按同样办法套用门安装定额,再套用门油漆定额与门锁定额。M-1清单与定额套用结果如图 3-56所示。

	工程量名称	编码	类别	项目名称	项目特征	单位	工程量表	表达式说明	单价	综合	专业	是否手动
1	- 门											
2	- 木质门	010801001	项	木质门	木质夹板门,带亮	m2	DKMJ	DKMJ<洞口面积>			建筑工程	☑
3	木门安装	A12-49	定	无纱镶板门、胶合板门安装 带亮 单扇		m2	KWWMJ	KWWMJ<框外围面积>	3901.98		饰	☑
4	木门制作	A12-15	定	杉木无纱胶合板门制作 带亮 单扇		m2	KWWMJ	KWWMJ<框外围面积>	11425.24		饰	☑
5	- 门锁	010801006	项	门锁安装	木门门锁,单向	樘	SL	SL<数量>			建筑工程	☑
6	门锁	A12-276	定	门锁安装 (单向)		樘	SL	SL<数量>	1652.58		饰	☑
7	- 门的油漆	011401001	项	木门油漆	木门油漆	m2	DKMJ	DKMJ<洞口面积>			建筑工程	☑
8	门油漆	A16-1	定	木材面油调和漆底油一遍调和漆二遍 单层木门		m2	KWWMJ	KWWMJ<框外围面积>	1300.49		饰	☑

图 3-56 M-1清单与定额套用结果

【第四步】复制生成其他矩形门属性并编辑量表。单击"构件列表"下的"复制"按钮，自动生成新的门，逐个修改其名称为 M-2、M-3；再分别修改其洞口宽度与高度，M-2 洞口尺寸为"600＊2100"，M-3 洞口尺寸为"3000＊3300"。

然后编辑 M-2 的清单与定额量表，并套用清单与定额，其结果如图 3-57 所示。

		工程量名称	编码	类别	项目名称	项目特征	单位	工程量表	表达式说明	单价	综合单	专业	是否手动
1	-	门											
2	-	塑钢门	010802001	项	金属(塑钢)门	塑钢门 无上亮	m2	DKMJ	DKMJ<洞口面积>			建筑工程	☑
3		门安装	A12-233	定	塑钢门安装 不带亮		m2	KWWMJ	KWWMJ<框外围面积>	2603.06		饰	☑
4		门制作	MC1-49	定	塑钢门 无上亮		m2	KWWMJ	KWWMJ<框外围面积>	320		饰	☑
5	-	门锁	010801006	项	门锁安装	塑钢门锁，单向	樘	SL	SL<数量>			建筑工程	☑
6		门锁	A12-276	定	门锁安装 (单向)		樘	SL	SL<数量>	1652.58		饰	☑

图 3-57　M-2 清单与定额套用结果

再编辑 M-3 的清单与定额量表，并套用清单与定额，其结果如图 3-58 所示。

		工程量名称	编码	类别	项目名称	项目特征	单位	工程量表	表达式说明	单价	综合单	专业	是否手动
1	-	门											
2	-	钢质防火门	010802003	项	钢质防火门	钢质防火门 双扇(甲级)	m2	DKMJ	DKMJ<洞口面积>			建筑工程	☑
3		钢质防火门安装	A12-244	定	钢质防火门安装		m2	KWWMJ	KWWMJ<框外围面积>	1102.56		饰	☑
4		钢质防火门制作	MC1-68	定	钢质防火门 双扇(甲级)		m2	KWWMJ	KWWMJ<框外围面积>	550		饰	☑
5	-	框外围面积		项			项						☐
6	-	门锁	010801006	项	门锁安装	塑钢门锁，单向	樘	SL	SL<数量>			建筑工程	☑
7		门锁	A12-276	定	门锁安装 (单向)		樘	SL	SL<数量>	1652.58		饰	☑

图 3-58　M-3 清单与定额套用结果

【第五步】矩形门的绘制。单击工具栏中的"绘图"按钮，进入绘图窗口。门的画法有两种，一种是"点"画，另一种是"精确布置"画。采用"精确布置"画更快，故本书主讲"精确布置"画。

单击工具栏中的"精确布置"按钮，查看首层平面图上 M-1 所在的位置，单击门所在的墙（Ⓐ轴墙），单击Ⓐ轴与③轴的交点，在弹出的对话框中填入相应的偏移值"－150"，如图 3-59 所示，②～③轴间的门 M-1 就画好了。按同样的办法画①～②轴间的 M-1，单击门所在的墙（Ⓐ轴墙），单击Ⓐ轴与②轴的交点，在弹出的对话框中填入相应的偏移值"－260"，M-1 即绘制完成。同样运用"精确布置"画，将 M-2、M-3 按图纸所示位置绘制好。

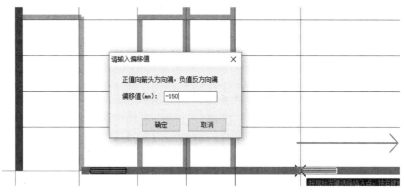

图 3-59　偏移值输入

2. 新建矩形窗

新建矩形窗的操作步骤如下。

【第一步】矩形窗构件建立。选择"模块导航栏"中"门窗洞"下的"窗",打开"构件列表"下的"新建"下拉列表框,选择"新建矩形窗",进入矩形窗的属性编辑设置。

【第二步】矩形窗的属性编辑。在属性编辑框中的"名称"栏填写"C-1","类别"栏选择"普通窗","洞口宽度(mm)"栏填写"3000","洞口高度(mm)"栏填写"2400","离地高度(mm)"栏填写"900"(根据立面图确定),其他的选择默认。

【第三步】清单与定额做法套用。

① 编辑量表。

a. 单击工具栏中的"定义"按钮,出现清单与定额表格。再单击屏幕上方的"编辑量表"按钮,弹出"编辑量表–窗"对话框,取消选中"窗"清单所在行。

b. 添加第一个清单与定额。选择"添加清单工程量",选择"查询清单工程量",选择"洞口面积",然后再单击屏幕下方的"添加"按钮,新的清单进入编辑表中;将其中的"洞口面积"改为"铝合金窗"。接着再选择"添加定额工程量",选择"查询定额工程量",选择"框外围面积",然后单击"添加"按钮两次,生成两行定额;把其中一行的"框外围面积"改为"铝合金窗安装",另一行的"框外围面积"改为"铝合金窗制作"。

② 清单与定额套用。

a. 清单套用。单击铝合金窗清单"项"所对应的"编码"栏,再选择下方的"查询匹配清单",双击"金属(塑钢、断桥)窗"清单编码,清单套用完毕;然后在"项目特征"中填入"铝合金四扇推拉窗90系列 无上亮"。

b. 定额套用。单击铝合金窗制作定额行所对应的"编码"栏,再选择"查询定额",选择"建筑构件半成品"章节,选择"铝合金窗制作",找到右侧"铝合金四扇推拉窗90系列 无上亮"定额子目,双击定额编码。然后单击铝合金窗安装定额行,找到下方定额库中的"门窗工程"章节,选择"铝合金窗,全玻璃门安装",找到右侧"推拉窗安装 不带亮"定额子目,双击定额编码。定额套用完毕,其结果如图3–60所示。

🔧选择量表 📝编辑量表 🗑删除 🔍查询▾ 🔲选择代码 📋项目特征 ✏换算▾ 做法刷 做法查询 🗂当前构件自动套用做法 📕五金手册

		工程量名称	编码	类别	项目名称	项目特征	单位	工程量表	表达式说明	单价	综合单	专业	是否手动
1	−	**窗**											
2	−	铝合金窗	010807001	项	金属(塑钢、断桥)窗	铝合金四扇推拉窗90系列 无上亮	m2	DKMJ	DKMJ〈洞口面积〉			建筑工程	☑
3		铝合金窗安装	A12-259	定	推拉窗安装 不带亮		m2	KWWMJ	KWWMJ〈框外围面积〉	7529.41		饰	☑
4		铝合金窗制作	MC1-96	定	铝合金四扇推拉窗90系列 无上亮		m2	KWWMJ	KWWMJ〈框外围面积〉	210		饰	☑

图3–60 铝合金窗清单与定额套用结果

【第四步】复制生成其他矩形窗属性并编辑相应量表。

① 单击"构件列表"下的"复制"按钮,自动生成新的窗,逐个修改其名称为C-2、C-3,并修改相应属性。C-2窗的"洞口宽度(mm)"栏填写"1200","洞口高度(mm)"栏填写"2400",其他不变;C-3窗"类别"选择"百叶窗","洞口宽度(mm)"栏填写"1500","洞口高度(mm)"栏填写"600","离地高度(mm)"填写"880",其他不变。

② C-3 的清单与定额重新套用。其中的清单项套用"金属百叶窗"，铝合金窗安装定额套用"铝合金框百叶窗 铝合金百叶窗"，铝合金制作定额套用"全铝合金百叶窗"，如图 3-61 所示。C-2 的清单与定额同 C-1。

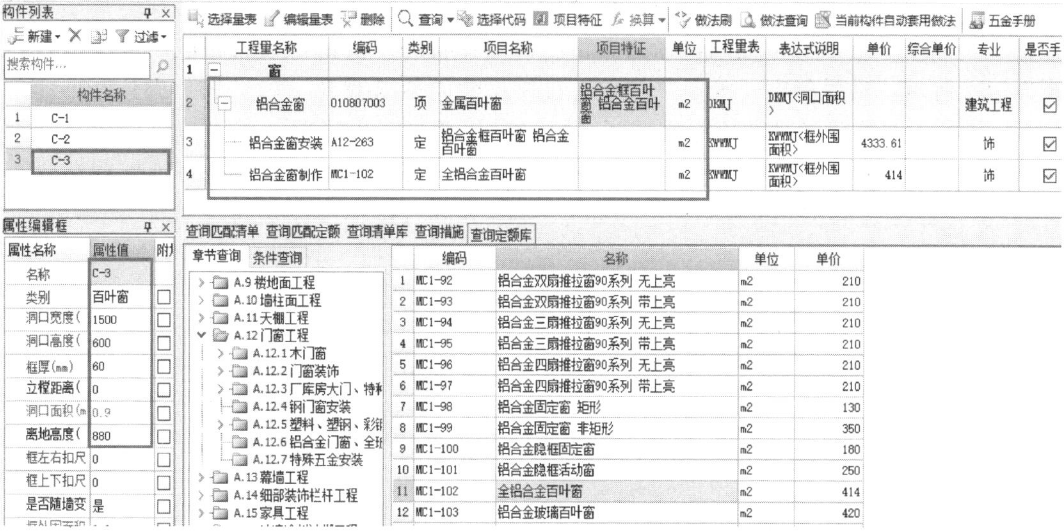

图 3-61　C-3 清单与定额套用结果

【第五步】矩形窗的绘制。单击工具栏中的"绘图"按钮，进入绘图窗口。窗的画法也有两种，一种是"点"画，另一种是"精确布置"画，这里仍主讲精确布置。

单击"精确布置"按钮，查看首层平面图上 C-1 所在的位置，单击窗所在的墙，单击一个交点为精确布置的起点，在弹出的编辑栏中填入相应的偏移值，该数值为窗到焦点的距离，再单击"确定"按钮，完成窗的绘图操作。运用"精确布置"工具将 C-1、C-2、C-3 按图纸所示位置绘制好，其平面效果如图 3-62 所示，三维效果如图 3-63 所示。

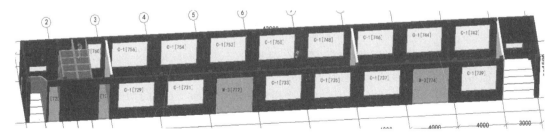

图 3-62　门窗完成后的平面效果

图 3-63　门窗完成后的三维效果

【新建过梁】

3. 新建过梁

新建过梁的操作步骤如下。

【第一步】过梁构件建立。选择"模块导航栏"中"门窗洞"下的"过梁",单击绘图窗口上方的"自动生成过梁"按钮,出现"自动生成过梁"布置编辑框,单击上面的"新建"按钮,输入相应的范围值,如图 3-64 所示,然后单击"确定"按钮。过梁尺寸详见图纸 JG-01"三、砌体"下的第 6 项。其中的钢筋砖过梁就不必设置了,这里只设置混凝土过梁。由于首层门窗宽度大于 1200mm,有宽 1500mm 和 3000mm 两种尺寸;过梁高度为 1500mm/8 = 187.5mm(按模度系数考虑取 180mm)和 3000mm/8 = 375mm(按模度系数考虑取 400mm),如图 3-64 所示。

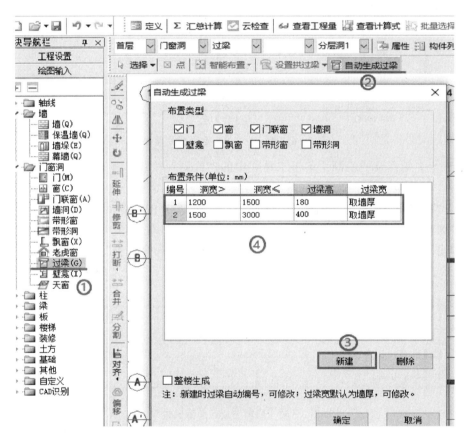

图 3-64 自动生成过梁的设置

【第二步】绘图。框选图上所有门窗,右击弹出"过梁生成成功"对话框,单击"确定"按钮即可。所有过梁即自动生成。

【第三步】过梁清单与定额套用。选择"模块导航栏"中"门窗洞"下的"过梁",单击工具栏中的"定义"按钮,再单击"选择量表"按钮,弹出量表框,选中过梁商品混凝土并单击"确定"按钮,量表生成。再单击"当前构件自动套用做法"按钮,清单就自动套用完毕。然后手动套清单与定额,套用结果如图 3-65 所示。

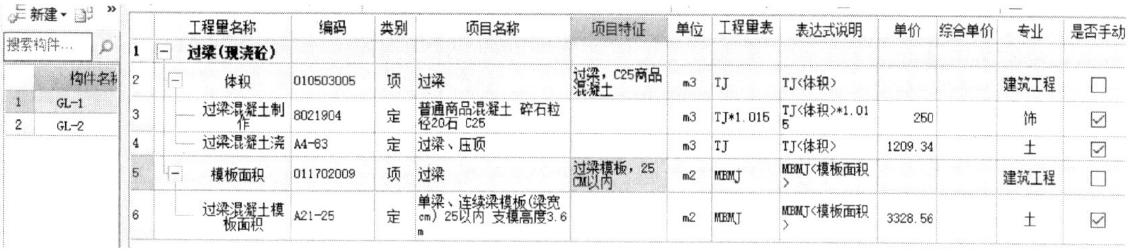

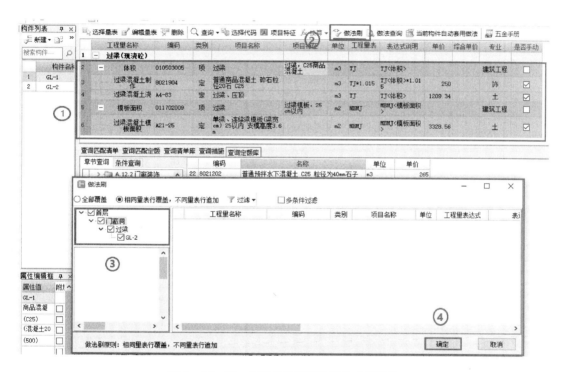

图 3 - 65 GL - 1 清单与定额套用结果

再选中所有清单与定额行,单击上方"做法刷"按钮,弹出"做法刷"对话框,选中其左侧的"GL - 2",单击"确定"按钮,GL - 2 的清单与定额即自动套用完毕。操作过程如图 3 - 66 所示。

图 3 - 66 GL - 2 清单与定额套用格式刷操作

3.5.3 成果统计与报表预览

所有门窗及过梁的三维算量模型建立后,可进行汇总计算,查看并核对工程量,最后进行清单与定额报表预览。门窗及过梁的清单与定额汇总表见表 3 - 5。

表 3 – 5　门窗及过梁的清单与定额汇总表

序号	编码	项目名称	项目特征	单位	工程量	备注
1	010801001001	木质门	木质夹板门，单扇，无纱、带亮	m²	5.94	实体项目
	A12 – 49	无纱镶板门、胶合板门安装 带亮		100m²	0.0594	
	A12 – 15	杉木无纱胶合板门制作 带亮 单向		100m²	0.0594	
2	010801006001	门锁安装	木门门锁，单向	套	2	实体项目
	A12 – 276	门锁安装（单向）		100套	0.02	
3	010801006002	门锁安装	塑钢门门锁，单向	套	2	实体项目
	A12 – 276	门锁安装（单向）		100套	0.02	
	A12 – 244	钢质防火门安装		100m²	0.198	
	MC1 – 68	钢质防火门 双扇（甲级）		m²	19.8	
4	010807001001	金属铝合金	铝合金四扇推拉窗 90 系列 无上亮	m²	103.8	实体项目
	A12 – 259	推拉窗安装 不带亮		100m²	10.38	
	MC1 – 96	铝合金四扇推拉窗 90 系列 无上亮		m²	10.38	
5	010807003001	金属百叶窗	铝合金框百叶窗 铝合金百叶窗	m²	1.8	实体项目
	A12 – 263	铝合金框百叶窗 铝合金百叶窗		100m²	0.018	
	MC1 – 102	全铝合金百叶窗		m²	1.8	
6	011401001001	木门油漆	木门油漆	m²	5.94	实体项目
	A16 – 1	木材面油调和漆底油一遍调和漆二遍 单层木门		100m²	0.0594	
7	010503005001	过梁	过梁，C25 商品混凝土	m³	1.0728	实体项目
	8021904	普通商品混凝土碎石粒径20 石 C25		m³	1.0889	
	A4 – 83	过梁、压顶		10m³	0.1073	
8	011702009001	过梁模板	过梁模板，5cm 以内	m²	20.56	措施项目
	A21 – 25	单梁、连续梁模板（梁宽 cm）25 以内 支模高度 3.6m		100m²	0.2056	

3.5.4　技能拓展

下面讲解飘窗的一些画法。以图 3 – 67 所示矩形飘窗为例，绘建其三维算量模型。其中飘窗上下飘板厚 100mm，长 3400mm，飘板突出墙外 600mm；飘板边缘离窗框边距离为 100mm，窗框宽 100mm；飘窗洞口尺寸为 3000mm×2400mm，离地高度 700mm，外墙厚 180mm。

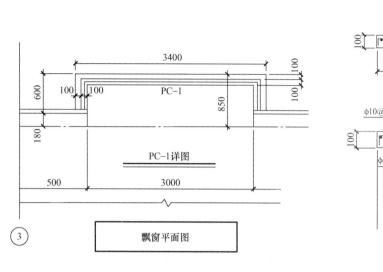

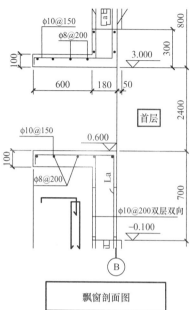

图 3-67 飘窗详图

新建飘窗的操作步骤如下。

【新建飘窗】

【第一步】矩形飘窗构件建立。选择"模块导航栏"中"门窗洞"下的"飘窗"，打开"构件列表"下的"新建"下拉列表框，选择"新建参数化飘窗"，弹出"选择参数化图形"窗口，选择其左上侧的"矩形飘窗"，单击"确定"按钮，进入参数设置。

【第二步】飘窗的属性编辑。根据飘窗平面图及剖面图尺寸进行飘窗参数设置，具体如图 3-68 所示。设置完成后，单击工具栏中的"保存退出"按钮，再在属性编辑框中修改"离地高度（mm）"为"700"。

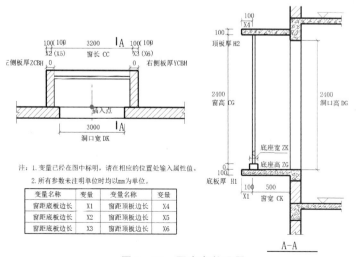

图 3-68 飘窗参数设置

【第三步】飘窗绘制。与普通窗绘制方法相同，采用"精确布置"画。首先把原来③~④轴间的窗删除；单击工具栏中的"精确布置"按钮，单击Ⓑ轴墙，单击③轴与Ⓑ轴的交点，在对话框中输入"500"，飘窗就画好了。其三维效果如图3-69所示。

图3-69 飘窗三维效果

3.6 首层楼梯及梯柱三维算量模型建立

3.6.1 建模准备

1. 任务目标

① 完成首层楼梯的三维算量模型建立。

② 报表统计，查看本层楼梯的清单与定额工程量。

2. 任务准备

① 首先查看图纸JG-06的楼梯详图与梯表，了解首层楼梯踏步级数（12级）、踏步宽与高（300mm×158mm）、梯梁截面尺寸（200mm×400mm）；再看图纸J-02了解休息平台顶标高，也即是梯梁与梯柱顶标高（1.88m）；然后根据图纸JG-01找出楼梯等的混凝土强度等级（C30），等等。

② 熟悉楼梯的清单列项与工程量计算规则。

③ 熟悉楼梯的定额工程量计算规则与定额套用。

④ 观看楼梯的三维算量模型建立演示视频，了解建模程序。

3.6.2 软件实际操作

BIM 软件将楼梯按照截面分为楼梯、参数化楼梯和组合楼梯三种类型，其中楼梯又可按照截面分为普通楼梯、直形楼梯和螺旋楼梯三种。

1. 新建楼梯

新建楼梯的操作步骤如下。

【第一步】楼梯构件建立。选择"模块导航栏"中"楼梯"下的"楼梯"，打开"单击构件列表"下的"新建"下拉列表框，选择"新建参数化楼梯"，弹出"选择参数化图形"对话框，如图 3-70 所示，选择其中的"标准双跑 1"，再单击"确定"按钮，弹出"编辑图形参数设置"界面，如图 3-71 所示。

【新建楼梯】

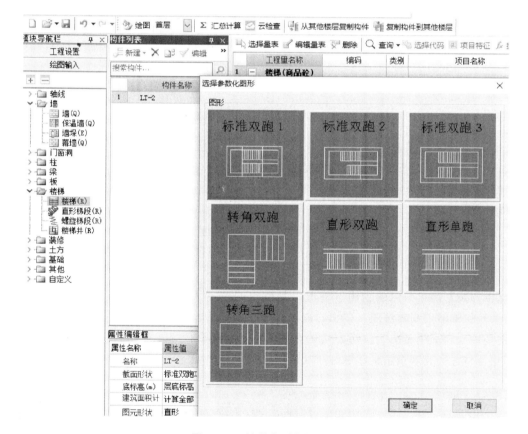

图 3-70　楼梯类型参数选择

【第二步】楼梯的参数设置。

① 界面左上角表格内参数设置。首先设置梯梁，查看图 3-71 右边示意图，可知 TL1 和 TL3 是平台休息梁，TL2 是楼梯与楼板相连接的梁。查看图纸 JG-06 中楼梯表，可知平台休息梁尺寸都是 200mm×400mm；而楼梯与楼板相连接的梁在本图纸中是用 KL4 兼作的，因此没有 TL2，其尺寸设置为宽度是 0，高度也是 0；梯井宽度是 120mm（查看首

标准双跑楼梯 I

属性名称	属性值	属性名称	属性值
TL1宽度 TL1KD	200	TL1高度 TL1GD	400
TL2宽度 TL2KD	0	TL2高度 TL2GD	0
TL3宽度 TL3KD	200	TL3高度 TL3GD	400
梯井宽度 TJKD	120	栏杆距边 LGJB	100
踢脚线高度 TJXGD	150	板搁置长度 BGZCD	100
梁搁置长度 LGZCD	100		

注：梁顶标高同板顶
楼梯水平投影面积不扣除小于 500 的楼梯井

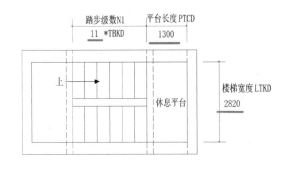

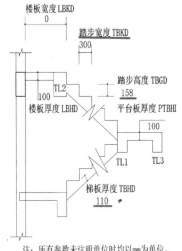

注：所有参数未注明单位时均以mm为单位。

图 3-71 楼梯参数设置界面

层平面图），踢脚线高度是 150mm（图纸 J-00A 建筑统一说明中），栏杆距边是 100mm（通长设置），梁搁置长度和板搁置长度按 100mm 设置（通长设置）。

② 楼梯水平投影图参数设置。踏步级数是 11，平台长度是 1300mm，楼梯宽度是 2820mm。

③ 楼梯剖面图参数设置。楼板宽度是 0，楼板厚度是 100mm，踏步宽度是 300mm，踏步高度是 158mm，平台厚度是 100mm，楼梯底板厚度是 1100mm。最后单击工具栏中的"保存退出"按钮。

【第三步】清单与定额套用。单击工具栏中的"定义"按钮，出现清单与定额表格。单击工具栏中的"编辑量表"按钮，取消选中"水平投影面积"并确定。单击工具栏中的"当前构件自动套用做法"按钮，然后在楼梯清单自动套用完毕后，再手动套用定额，并填写项目特征。其套用结果如图 3-72 所示。

	工程量名称	编码	类别	项目名称	项目特征	单位	工程量表达	表达式说明	单价	综合单	专业	是否手动
1	─ 楼梯（商品砼）											
2	─ 楼梯砼体积	010506001	项	直形楼梯	直形楼梯；C30商品混凝土	m3	TTJ	TTJ〈砼体积〉			建筑工程	☑
3	── 楼梯砼浇捣体	A4-20	定	直形楼梯		m3	TTJ	TTJ〈砼体积〉	918.62		土	☑
4	楼梯砼制作体积	8021905	定	普通商品混凝土 碎石粒径20石 C30		m3	TTJ*1.01	TTJ〈砼体积〉*1.01	260		土	☑
5	─ 模板	011702024	项	楼梯	直形楼梯模板	m2	TYMJ	TYMJ〈水平投影面积〉			建筑工程	☑
6	── 模板面积	A21-62	定	楼梯模板 直形		m2	TYMJ	TYMJ〈水平投影面积〉	10520.47		土	☑

图 3-72 楼梯清单与定额套用结果

【第四步】楼梯绘制。单击绘图工具栏中的"点"按钮，再单击②轴与Ⓐ轴的交点，楼梯就画好了。另一边楼梯采用镜像即可。其三维效果如图 3-73 所示。

图 3-73 楼梯三维效果

2. 新建梯柱

梯柱的画法与前面普通柱的画法类似，其中梯柱的截面尺寸见图纸 JG-06 中的楼梯表（200mm×300mm），梯柱的顶标高（1.88m）见图纸 J-02 中的楼梯剖面图。

新建梯柱的操作步骤如下。

【第一步】梯柱构件建立与属性编辑。选择"模块导航栏"中"柱"下的"柱"，单击"构件列表"下的"复制"按钮，生成新的柱，修改下方属性编辑框内的"名称"为"梯柱"；修改"截面宽度（mm）"为"200"，"截面高度（mm）"为"300"，"顶标高（m）"为"1.88"，其余不变。

【第二步】修改清单与定额中的项目特征。其填写结果如图 3-74 所示。

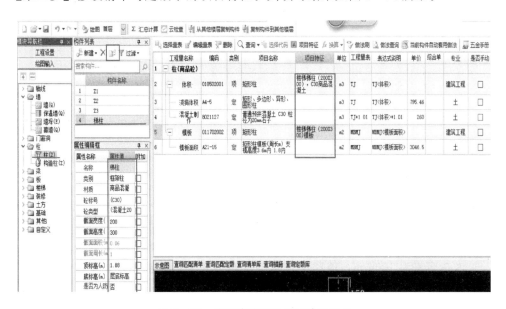

图 3-74 楼梯清单项目特征填写结果

【第三步】梯柱的绘制。用"点"绘制，再进行对齐编辑，其平面效果如图 3-75 所示，三维效果如图 3-76 所示。

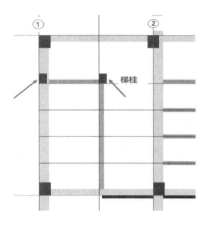

图 3-75 梯柱平面效果

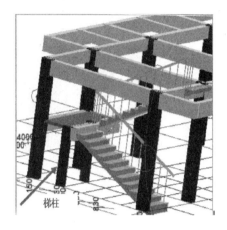

图 3-76 梯柱三维效果

3.6.3 成果统计与报表预览

楼梯与梯柱三维算量模型完成后，进行汇总计算，查看并核对工程量，最后进行清单与定额报表预览。楼梯的清单与定额汇总表见表 3-6。

表 3-6 楼梯的清单与定额汇总表

序号	编码	项目名称	项目特征	单位	工程量	绘图输入	备注
1	010502001002	矩形柱[楼梯梯柱]	楼梯梯柱（200×300），C30 商品混凝土	m³	0.228	0.228	实体项目
2	010506001001	直形楼梯	直形楼梯，C30 商品混凝土	m³	5.2214	5.2214	实体项目
3	011702024001	楼梯	直形楼梯模板	m²	26.7016	26.7016	措施项目
4	011702002002	梯柱模板	楼梯梯柱（200×300）模板	m²	3.646	3.646	措施项目

3.6.4 技能拓展

下面讲解旋转楼梯的一些画法。

以图 3-77 和图 3-78 所示的旋转楼梯为例。本建筑有 3 层，层高为首层 2.5m，第 2 层 3.5m，第 3 层 3m，基础层 3m；所有的柱截面为 400mm×400mm，墙厚 200mm；①轴轴线与柱左边距离为 100mm，墙和梁左边与柱左边齐平；Ⓓ轴轴线位于柱中心线，同时也是墙和梁的中心线；①轴梁为 KL5（250mm×500mm），②轴梁为 KL6（250mm×500mm），轴线是中心线，Ⓓ轴梁为 KL2（200mm×400mm）。

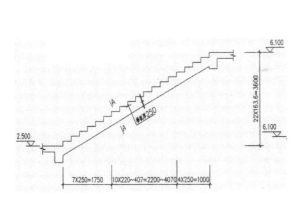

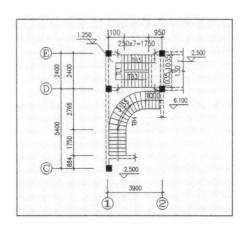

图 3-77 旋转楼梯梯段详图 图 3-78 旋转楼梯平面尺寸

图 3-78 所示楼梯由三部分组成，其中左下部为直形梯段，右上部也为直形梯段，中间段为弧形梯段，一起组合成旋转楼梯。

新建旋转楼梯的操作步骤如下。

【第一步】直形梯段构件建立。选择"模块导航栏"中"楼梯"下的"楼梯"，双击其中"直形梯段"，然后打开"构件列表"下的"新建"下拉列表框，选择"新建直形梯段"，进入属性编辑设置。

【第二步】直形梯段的属性编辑。在属性编辑框中修改相关信息，"名称"改为"直形梯段"，"踏步总高（mm）"填写"1145.2"，"踏步高度（mm）"填写"163.6"，"梯板厚度（mm）"填写"250"，其他保持默认，然后按 Enter 键。

【第三步】清单与定额套用。单击工具栏中的"定义"按钮，出现清单与定额表格。把光标放入第一行"项"左侧编码空白处，单击下方"查询匹配清单"按钮，找到"直形楼梯"混凝土与模板相应清单并双击；再单击"查询匹配定额"按钮，分别套用定额，最后填写项目特征。其套用结果如图 3-79 所示。重复操作生成直形梯段 2，修改其中"踏步总高（mm）"为"655"，"底标高（mm）"填写"5.28"（6.1-0.164×5=5.28），其他不变。

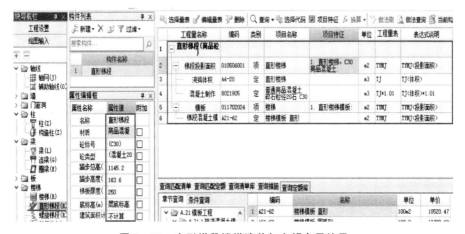

图 3-79 直形梯段楼梯清单与定额套用结果

【第四步】直形梯段绘制。在画梯段之前先做辅助轴线，从ⓒ轴向上做出"884"和"1750"两条轴线，再采用"矩形"工具绘制梯段。

单击工具栏中的"矩形"按钮，把鼠标指针放在①轴与辅助轴线"884"的交点处，按住 Shift 键单击，弹出对话框，在"X＝"后填写"100"，单击"确定"按钮；再把鼠标指针放在①轴与辅助轴线"1750"的交点处，按住 Shift 键单击，弹出对话框，在"X＝"后填写"1350"，再单击"确定"按钮即可。

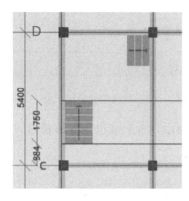

图 3-80　直形梯段平面图

按同样办法绘制直形梯段 2。把鼠标指针放在②轴与①轴的交点处，按住 Shift 键单击，弹出对话框，在"X＝"后填写"－125"，"Y＝"后填写"－100"，单击"确定"按钮；再把鼠标指针放在②轴与①轴的交点处，按住 Shift 键单击，弹出对话框，在"X＝"后填写"－1125"，"Y＝"后填写"－1350"，单击"确定"按钮；梯段 2 也绘制好了。直形梯段平面图如图 3-80 所示。

【第五步】螺旋梯段构件建立。选择"模块导航栏"中"楼梯"下的"螺旋梯段"，然后打开"构件列表"下的"新建"下拉列表框，选择"新建螺旋梯段"，进入属性编辑设置。

【第六步】螺旋梯段的属性编辑。在构件名称下方"属性编辑框"中修改相关信息，"名称"改为"螺旋梯段"，"踏步总高（mm）"填写"1700"，"梯段宽度（mm）"填写"1250"，"踏步高度（mm）"填写"164"，"梯板厚度（mm）"填写"250"，"内半径（mm）"填写"1416"，"旋转角度（°）"填写"90"，"旋转方向"选择"顺时针"，"底标高（m）"选择"层底标高＋1.146"，其他保持默认，然后按 Enter 键。

【第七步】清单与定额套用。单击工具栏中的"定义"按钮，出现清单与定额表格。把光标放入第一行"项"左侧编码空白处，单击"查询匹配清单"按钮，找到"弧形楼梯"混凝土与模板相应清单并双击，然后分别套用定额，填写项目特征。其套用结果如图 3-81 所示。

图 3-81　螺旋梯段清单与定额套用结果

【第八步】弧形梯段绘制。在画梯段之前同样先做辅助轴线。

① 画辅助轴线。选择"模块导航栏"中的"轴线"下的"辅助轴线",单击工具栏中的"平行"按钮,单击①轴轴线,输入"725",再单击②轴轴线,输入"－1250",再单击①轴轴线,输入"－725"。然后选择"辅轴"菜单下的"圆心起点终点",单击图3-82所示的1、2、3点,即绘出辅助轴线和曲线了。

② 画弧形梯段。单击工具栏中的"旋转点"按钮,单击屏幕下方旋转点左侧小方框,在其右侧填入"180",单击图3-82所示"1"点,弧形梯段就绘制好了。最后的三维效果如图3-83所示。

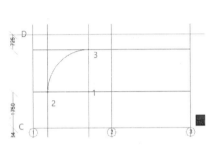

图3-82 画辅助轴线

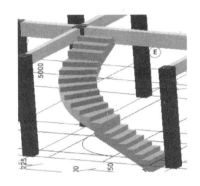

图3-83 弧形梯段三维效果

3.7 首层台阶及散水三维算量模型建立

3.7.1 建模准备

1. 任务目标

① 完成台阶及散水的三维算量模型建立。

② 报表统计,查看台阶及散水的清单与定额工程量。

2. 任务准备

① 首先查看图纸,了解台阶及散水的材质和厚度,混凝土强度等级等。在图纸J-00A中可以了解到本工程散水为60mm厚C15混凝土散水,台阶为C25混凝土台阶。

② 熟悉台阶及散水的清单列项与工程量计算规则。

③ 熟悉台阶及散水的定额工程量计算规则与定额套用。

④ 观看台阶及散水的三维算量模型建立演示视频,了解建模程序。

3.7.2　软件实际操作

【新建台阶】

1. 新建台阶

新建台阶的操作步骤如下。

【第一步】台阶构件建立。选择"模块导航栏"中"其他"下的"台阶",然后打开"构件列表"下的"新建"下拉列表框,选择"新建台阶",进入属性编辑。

【第二步】台阶的属性编辑。在构件名称下方的属性编辑框中修改相关信息,"台阶高度(mm)"填写"300","踏步个数"填写"3",其他保持默认,然后按 Enter 键。

【第三步】清单与定额套用。单击工具栏中的"定义"按钮,出现清单与定额表格。单击上方"编辑量表"按钮,弹出"编辑量表-台阶"对话框,把原来清单后面的"√"取消选中;单击上方"添加清单"按钮,选择"查询清单工程量",选择"台阶整体水平面积",单击下方"添加"按钮,将其名称改为"块料地面台阶";再单击"添加定额"按钮,选择"查询定额工程量",选择"台阶整体水平投影面积",单击"添加"按钮,将其名称改为"块料地面台阶";第一个清单与定额量表即编辑完成。接着添加第二个清单与相应定额。单击"添加清单"按钮,选择"查询清单工程量",选择"体积",单击"添加"按钮,将其名称改为"混凝土台阶";再单击"添加定额"按钮,选择"查询定额工程量",选择"体积",单击"添加"按钮两次;将其中定额第一行名称改为"混凝土浇筑",第二行名称改为"混凝土制作",第二个清单与定额量表即编辑完成。再添加第三个清单与相应定额。单击"添加清单"按钮,选择"查询清单工程量",选择"台阶整体水平面积",单击"添加"按钮,将其名称改为"台阶模板";再单击"添加定额"按钮,选择"查询定额工程量",选择"台阶整体水平投影面积",单击"添加"按钮,将其名称改为"台阶模板";第三个清单与定额量表也编辑完成。然后套用相应清单与定额,填写项目特征。其套用结果如图 3-84 所示。

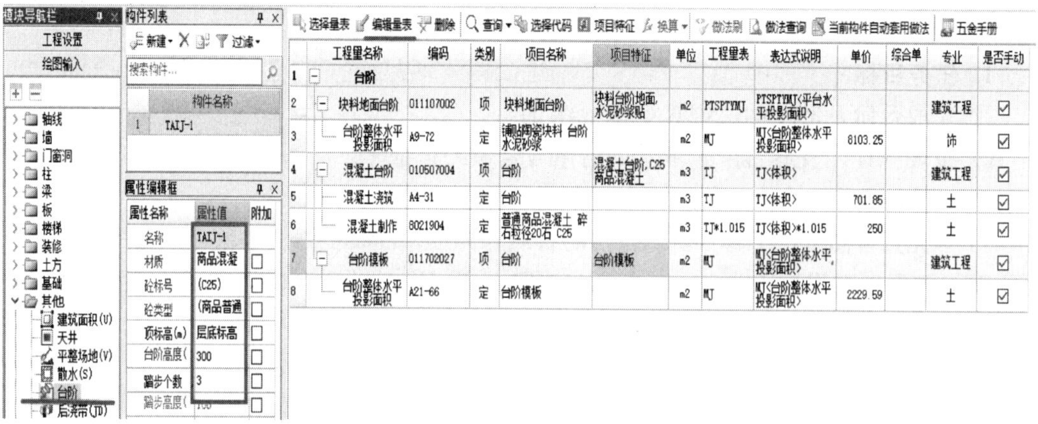

图 3-84　台阶清单与定额套用结果

【第四步】台阶绘制。单击工具栏中的"绘图"按钮，进入绘图窗口。

① 画辅助轴线。选择"模块导航栏"中的"轴线"下的"辅助轴线"，单击工具栏中的"平行"按钮。单击Ⓐ轴轴线，弹出对话框，"偏移距离（mm）"填写为"－1200"；再单击①轴轴线，"偏移距离（mm）"填写为"－300"；再单击⑫轴轴线，"偏移距离（mm）"填写为"300"。

② 画台阶。台阶有两种画法，一种是直线工具，另一种是矩形工具。本工程采用后者。单击工具栏中的"矩形"按钮，单击Ⓐ轴与左侧辅助轴线的交点，再单击右侧辅助轴线与下方辅助轴线的交点，台阶绘制完成。

③ 设置台阶踏步边。单击工具栏中的"设置台阶踏步边"按钮，单击台阶外侧的三条边，右击弹出对话框，"踏步宽（mm）"填写为"300"，单击"确定"按钮完成绘制。其三维效果如图 3-85 所示。

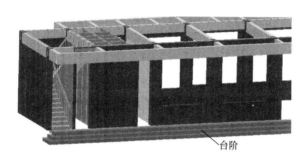

图 3-85 台阶三维效果

2. 新建散水

新建散水的操作步骤如下。

【第一步】散水构件建立。选择"模块导航栏"中"其他"下的"散水"，然后打开"构件列表"下的"新建"下拉列表框，选择"新建散水"，进入属性编辑。

【新建散水】

【第二步】散水的属性编辑。在构件名称下方的属性编辑框中修改相关信息，在"厚度（mm）"栏填写"60"，"砼标号"栏填写"C15"，其他不变，然后按 Enter 键。

【第三步】清单与定额套用。单击工具栏中的"定义"按钮，出现清单与定额表格。单击"编辑量表"按钮，弹出"编辑量表-散水"对话框，把原来清单中的名称"面积"改为"混凝土散水"，把原来定额中的名称"面积"改为"散水"，并修改工程量表达式为"MJ＊0.06"；再单击"添加定额"按钮，选择"查询定额工程量"，选择"面积"，单击"添加"按钮，将其名称改为"混凝土制作"，修改工程量表达式为"MJ＊0.06＊1.015"，单击"确定"按钮。然后添加第二个清单"散水模板"与其定额，再套用清单与定额并填写项目特征。其套用结果如图 3-86 所示。

【第四步】散水绘制。单击工具栏中的"绘图"按钮，进入绘图窗口。

① 画虚墙。选择"模块导航栏"中"墙"下的"墙"，打开"构件列表"下的"新建"下拉列表框，选择"新建虚墙"，在属性编辑"厚度（mm）"栏填写"180"，其余不变，也不需套用清单与做法。再用"直线"工具画好Ⓐ轴左边缺少的墙和右侧楼梯口处的墙。

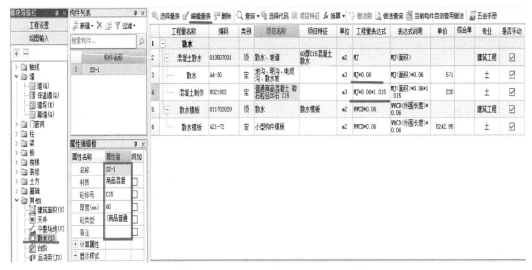

图 3-86　散水清单与定额套用结果

② 画散水。单击"智能布置"按钮，选择"外墙外边线"，框选整处外墙，弹出"散水宽度（mm）"对话框，输入"1000"，散水即自动生成，然后删除虚墙。散水绘制完成后的平面图如图 3-87 所示。

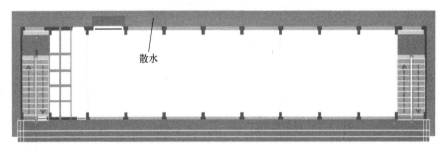

图 3-87　散水绘制完成后的平面图

3.7.3　成果统计与报表预览

台阶及散水的三维算量模型完成后，进行汇总计算，查看并核对工程量，最后进行清单与定额报表预览。台阶及散水的清单与定额汇总表见表 3-7。

表 3-7　台阶及散水的清单与定额汇总表

序号	编码	项目名称	项目特征	单位	工程量	备注
1	010507001001	散水、坡道	60 厚 C15 混凝土散水	m²	49.5	实体项目
	8021902	普通商品混凝土 碎石粒径 20 石 C15		m³	2.97	
	A4-30	地沟、明沟、电缆沟、散水坡		10m³	0.3015	

续表

序号	编码	项目名称	项目特征	单位	工程量	备注
2	010507004001	台阶	混凝土台阶，C25 商品混凝土	m³	17.064	实体项目
	A4 – 31	台阶		10m³	1.7064	
	8021904	普通商品混凝土 碎石 粒径 20 石 C25		m³	17.064	
3	011107002001	块料地面台阶	块料台阶地面，水泥砂浆贴	m²	26.28	实体项目
	A9 – 72	铺贴陶瓷块料 台阶 水泥砂浆		100m²	0.7749	
4	011702027001	台阶	台阶模板	m²	26.28	措施项目
	A21 – 66	台阶模板		100m²	0.2628	

3.8 首层室内装饰工程三维算量模型建立

3.8.1 建模准备

1. 任务目标

① 完成首层所有房间室内装饰的三维算量模型建立。

② 报表统计，查看本层楼地面工程、墙柱面工程、天棚及油漆和涂料等的清单与定额工程量。

2. 任务准备

① 查看图纸 J – 00A 上楼地面、墙柱面、天棚等的装饰构造要求。

② 熟悉楼地面工程、墙柱面工程、天棚及油漆和涂料等的清单列项与工程量计算规则。

③ 熟悉楼地面工程、墙柱面工程、天棚及油漆和涂料等的定额工程量计算规则与定额套用。

④ 观看楼地面工程、墙柱面工程、天棚及油漆和涂料等的三维算量模型建立演示视频，了解建模程序。

3.8.2 软件实际操作

BIM 软件绘制室内装饰工程是按房间来进行建模的。一般是先定义设置好楼地面、墙柱面、踢脚线、墙裙、天棚及吊顶等各单元体，然后各房间由这些单元体进行组合即可。

【新建室内装饰】

1. 新建楼地面

新建楼地面的操作步骤如下。

【第一步】 楼地面构件建立。选择"模块导航栏"中"装修"下的"楼地面"，打开"构件列表"下的"新建"下拉列表框，选择"新建楼地面"，进入属性编辑设置。

查看图纸 J-00A，根据楼地面说明，统计楼地面有两种类型，一种是厕所，采用防滑无釉砖，另一种是其余房间，都采用灰白色抛光砖，下做 150mm 厚 C25 素混凝土垫层。

【第二步】 楼地面的属性编辑。在属性编辑处，修改板"名称"为"地面 1-厕所"，在"块料厚度（mm）"栏填写"8"，其他不变。

【第三步】 清单与定额做法套用。单击工具栏中的"定义"按钮，出现清单与定额表格。

① 选择量表。单击工具栏中的"选择量表"按钮，弹出新的量表，选择"块料地面"，让其左方框内出现"√"并单击"确定"按钮。

② 编辑量表。单击工具栏中的"编辑量表"按钮，弹出"编辑量表-楼地面"对话框，取消选中原来块料地面清单下的"垫层"和"防水层"。再添加第二个清单。单击"添加清单"按钮，选择"查询清单工程量"，选择"地面积"，单击"添加"按钮，将其名称改为"垫层"，将工程量表达式改为"DMJ * 0.15"，单位选择为"m3"；再单击"添加定额"按钮，选择"查询定额工程量"，选择"地面积"，单击"添加"按钮两次，将其中定额第一行名称改为"混凝土浇筑"，工程量表达式改为"DMJ * 0.15"，单位选择为"m3"，第二行名称改为"混凝土制作"，工程量表达式改为"DMJ * 0.15 * 1.015"，单位选择为"m3"；然后单击"确定"按钮即可。

③ 清单与定额套用。套用相应的清单与定额，再填写项目特征。第一个清单项目特征为"块料地面，8 厚防滑无釉面砖 200 * 200，20 厚 1∶3 水泥砂浆找平"，其余略。其套用结果如图 3-88 所示。

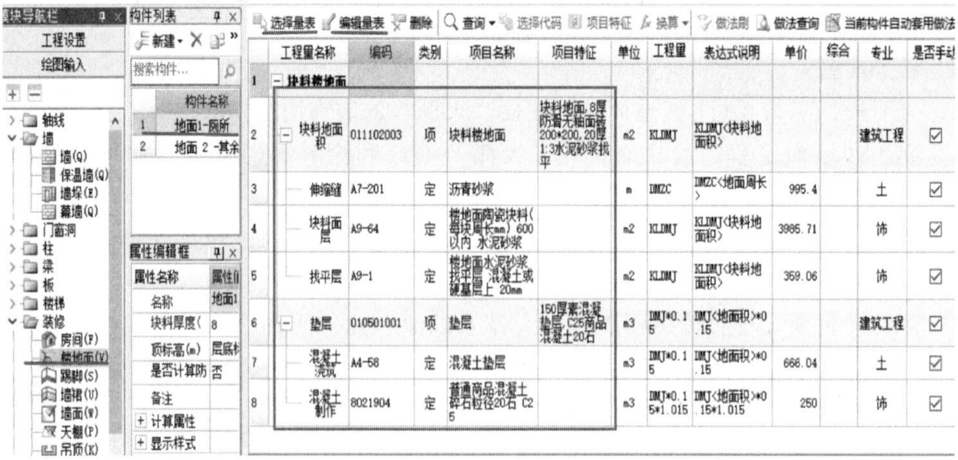

图 3-88　楼地面清单与定额套用结果

【第四步】复制生成"地面 2 -其余房间"属性。单击"构件列表"下的"复制"按钮，自动生成新的地面，修改其名称为"地面 2 -其余房间"，其他不变。取消选中块料地面清单中的"伸缩缝"，再重新填写项目特征为"块料地面，8 厚灰白色抛光砖 600 * 600，20 厚 1:2.5 水泥砂浆找平"。

2. 新建踢脚线

新建踢脚线的操作步骤如下。

【第一步】踢脚线构件建立。选择"模块导航栏"中"装修"下的"踢脚"，打开"构件列表"下的"新建"下拉列表框，选择"新建踢脚线"，进入属性编辑设置。

查看图纸 J - 00A，根据踢脚线说明，可知本工程采用水泥砂浆踢脚线，做法为 20mm厚 1:1:6 水泥石灰砂浆打底，3mm 厚 1:1 水泥细砂浆（或建筑胶）纯水泥浆扫缝，高 120mm。

【第二步】踢脚线的属性编辑。在属性编辑框处的"块料厚度（mm）"栏填写"0"，"高度（mm）"栏填写"120"，其他不变。

【第三步】清单与定额套用。单击工具栏中的"定义"按钮，出现清单与定额表格。把光标放入清单项编码空白处，选择"查询匹配清单"，找到水泥砂浆踢脚线清单并双击，清单项便套好了。再把光标放入定额编码空白处，单击"查询匹配定额"按钮，找到"水泥砂浆整体面层 踢脚线 12＋8mm"定额并双击，定额便套好了。其套用结果如图 3 - 89所示。

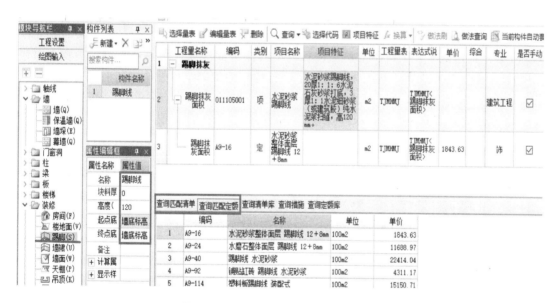

图 3 - 89 踢脚线清单与定额套用结果

3. 新建内墙面

新建内墙面的操作步骤如下。

【第一步】内墙面构件建立。选择"模块导航栏"中"装修"下的"墙面"，打开"构件列表"下的"新建"下拉列表框，选择"新建内墙面"，进入属性编辑设置。

查看图纸 J - 00A，根据墙面说明，可知室内墙柱面有两种类型：一种是女儿墙处内墙，采用 15mm 厚 1:1:6 水泥石灰砂浆打底，5mm 厚 1:0.5:3 水泥石灰砂浆抹面，刷石灰水两遍；另一种是其余房间内墙，都采用 15mm 厚 1:1:6 水泥石灰砂浆打底，5mm 厚 1:0.5:3 水泥石灰砂浆粉光，乳胶腻子刮面，扫象牙白色高级乳胶漆两遍。

【第二步】内墙面的属性编辑。在属性编辑框处，修改内墙面"名称"为"房间内墙1"，在"块料厚度（mm）"栏填写"0"，其他不变。

【第三步】清单与定额套用。单击工具栏中的"定义"按钮，出现清单与定额表格。

① 编辑量表。单击工具栏中的"编辑量表"按钮，弹出"编辑量表-墙面抹灰"对话框，取消选中原来墙面抹灰面积清单下的"基层处理"和"墙面涂料"。再添加第二个清单。单击"添加清单"按钮，选择"查询清单工程量"，选择"墙面抹灰面积（不分材质）"，单击"添加"按钮，把其名称改为"墙面油漆"；再单击"添加定额"按钮，选择"查询定额工程量"，选择"墙面抹灰面积（不分材质）"，单击"添加"按钮两次，把其中定额第一行名称改为"抹灰面油漆"，第二行名称改为"墙面刮腻子"，再单击"确定"按钮即可。

② 清单与定额套用。把光标放入第一行清单项编码空白处，单击下方"查询匹配清单"按钮，找到墙面一般抹灰清单并双击即可。再把光标放入定额编码空白处，单击"查询定额库"按钮，找到一般抹灰定额 A10-8（各种墙面　水泥石灰砂浆底　石灰砂浆面 15＋5）并双击，该定额便套好了。然后填写项目特征（内墙都采用 15 厚 1:1:6 水泥石灰砂浆打底，5 厚 1:0.5:3 水泥石灰砂浆粉光）。再把光标放入第二个清单项编码空白处，选择"查询清单库"，找到油漆、涂料、裱糊工程章节中的抹灰面油漆，再双击右侧抹灰面油漆清单，清单便套好了；随后把光标放入此清单下的定额编码空白处，选择"查询定额库"按钮，找到油漆、涂料、裱糊工程章节中的抹灰面油漆，再找到刮腻子，双击右侧"刮腻子 一遍"定额即可，再把光标放入下一行的定额编码空白处，找到下方乳胶漆，双击右侧第一个定额即可，然后填写项目特征（乳胶腻子刮面，扫象牙白色高级乳胶漆两遍）。其套用结果如图 3-90 所示。

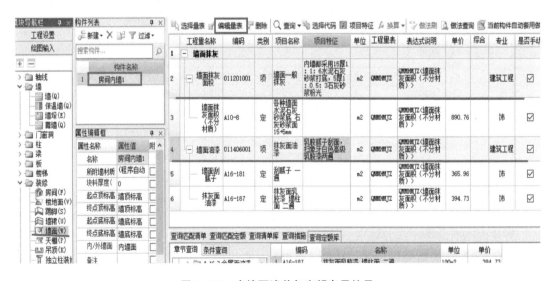

图 3-90　内墙面清单与定额套用结果

【第四步】复制生成"内墙面 2 - 女儿墙"属性。单击"构件列表"下的"复制"按钮，自动生成新的内墙面，修改其名称为"内墙面 2 - 女儿墙"，其他不变。在第一个清单下添加一个定额"刷石灰水"，再套用定额 A16 - 259 即可，然后填写项目特征（内墙都采用 15 厚 1:1:6 水泥石灰砂浆打底，5 厚 1:0.5:3 水泥石灰砂浆粉光，刷石灰水两遍）。其套用结果如图 3 - 91 所示。

		构件名称			墙面抹灰								
1		房间内墙1		2	□	墙面抹灰面积	011201001	项	墙面一般抹灰	内墙都采用15厚1:1:6水泥石灰砂浆打底,5厚1:0.5:3水泥石灰砂浆粉光,刷石灰水两遍	m2	QMMHMJTZ	QMMHMJTZ<墙面抹灰面积(不分材质)>		建筑工程	☑
2		内墙2-女儿墙		3		刷石灰水	A16-259	定	刷石灰大白浆二遍		m2	QMMHMJTZ	QMMHMJTZ<墙面抹灰面积(不分材质)>	110.34	饰	☑
				4		墙面抹灰面积(不分材质)	A10-6	定	各种墙面水泥砂浆底 石灰砂浆面15+5mm		m2	QMMHMJTZ	QMMHMJTZ<墙面抹灰面积(不分材质)>	890.76	饰	☑

图 3 - 91　女儿墙内墙面清单与定额套用结果

【第五步】复制生成厕所内墙。从图纸 J - 00A 中的墙裙说明可知，厕所的墙裙是陶瓷块料，但贴到顶，其实是内墙，因此我们在内墙中设置即可，不用做墙裙了。

单击"构件列表"下的"复制"按钮，自动生成新的内墙面，修改其名称为"厕所内墙"，"块料厚度（mm）"填写"5"，其他不变。再单击"选择量表"，选择其中的"块料"并单击"确定"按钮即可。然后编制量表，添加"立面砂浆找平"清单与定额，再套清单与定额，填写项目特征。其套用结果如图 3 - 92 所示。

	工程量名称	编码	类别	项目名称	项目特征	单位	工程量表	表达式说明	单价	综合	专业	是否手动
1	**墙面抹灰**											
2	□ 墙面块料											
3	□ 墙面块料面积(不分材质)	011204003	项	块料墙面	厕所内墙做法:3厚1:1水泥砂浆贴5厚彩色瓷砖,白水泥扫缝	m2	QMKLMJTZ	QMKLMJTZ<墙面块料面积(不分材质)>			建筑工程	☑
4	墙面块料面积	A10-147	定	墙面镶贴陶瓷面砖 密缝 1:2水泥砂浆 块料周长2100内		m2	QMKLMJTZ	QMKLMJTZ<墙面块料面积(不分材质)>	4918.07		饰	☑
5	□ 立面砂浆找平	011201004	项	立面砂浆找平层	厕所内墙:20水泥砂浆找底	m2	QMMHMJT	QMMHMJT<墙面抹灰面积>			建筑工程	☑
6	墙面底层	A10-1	定	底层抹灰 各种墙面15mm		m2	QMMHMJT	QMMHMJT<墙面抹灰面积>	720.25		饰	☑

图 3 - 92　厕所内墙面清单与定额套用结果

4. 新建天棚

新建天棚的操作步骤如下。

【第一步】天棚构件建立。选择"模块导航栏"中"装修"下的"天棚"，打开"构件列表"下的"新建"下拉列表框，选择"新建天棚"，进入属性编辑设置。

查看图纸 J - 00A，根据天棚说明，可知其为抹灰天棚。具体做法为：10mm 厚 1:1:6 水泥石灰砂浆打底扫毛，3mm 厚木质纤维素灰罩面，刷乳胶漆两遍。

【第二步】天棚的属性编辑。属性不用修改。

【第三步】清单与定额做法套用。单击工具栏中的"定义"按钮，出现清单与定额表格。

① 选择量表。选择天棚抹灰并单击"确定"按钮即可。

② 编辑量表。单击工具栏中的"编辑量表"按钮，弹出"编辑量表-天棚抹灰"对话框，取消选中原来天棚面抹灰面积清单下的"基层处理"和"墙面涂料"，再添加第二个清单。单击"添加清单"按钮，选择"查询清单工程量"，选择"天棚抹灰面积"，单击"添加"按钮，把名称改为"天棚油漆"；再单击"添加定额"按钮，选择"查询定额工程量"，选择"天棚抹灰面积"，单击"添加"按钮，把名称改为"天棚油漆"，然后单击"确定"按钮即可。

③ 清单与定额套用。把光标放入第一行清单项编码空白处，单击下方"查询匹配清单"按钮，找到"天棚抹灰"清单并双击即可。再把光标放入天棚脚手架清单编码空白处，找到"满堂脚手架"清单并双击。再把光标放入天棚油漆清单编码空白处，单击"查询清单"按钮，找到油漆、涂料、裱糊工程章节中的抹灰面油漆，再双击右侧"抹灰面油漆"清单，清单便套用好了。再把光标放入此清单下的定额编码空白处，单击"查询定额库"按钮，找到油漆、涂料、裱糊工程章节中的抹灰面油漆，再找到乳胶漆，双击右侧"抹灰面乳胶漆 天棚面 二遍"定额即可；再把光标放入其他清单下某一行的定额编码空白处，找到相应的定额并套好定额即可，然后填写项目特征。其套用结果如图 3-93 所示。

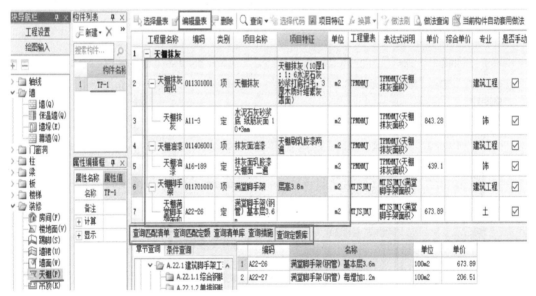

图 3-93 天棚清单与定额套用结果

5. 新建房间装修

新建房间装修的操作步骤如下。

【第一步】房间构件建立。双击"模块导航栏"中"装修"下的"房间"，打开"构件列表"下的"新建"下拉列表框，选择"新建房间"，进入属性编辑设置。

查看图纸 J-00A，根据说明，组合房间具体做法为：10mm 厚 1:1:6 水泥石灰砂浆打底扫毛，3mm 厚木质纤维素灰罩面，刷乳胶漆两遍。

【第二步】房间的属性编辑。首先修改房间名称为"厨房"，单击右侧"构件类型"下的"楼地面"，再单击"添加依附构件"按钮，选择其下方构件名称下的"地面 1 - 厕所"；再单击"构件类型"下的"踢脚"，单击"添加依附构件"按钮，选择构件名称下的"踢脚线"；再单击"构件类型"下的"墙面"，单击"添加依附构件"按钮，选择构件名称下的"房间内墙 1"；再单击"构件类型"下的"天棚"，单击"添加依附构件"按钮，选择构件名称下的"TP - 1"；再单击"构件类型"下的"房心回填"，单击右侧"新建"按钮，下方出现"FXHT - 1"，然后在属性编辑框"厚度（mm）"栏填写"120"，其他不变。其属性编辑结果如图 3 - 94 所示。按同样办法再新建"厕所"与"其他房间"。

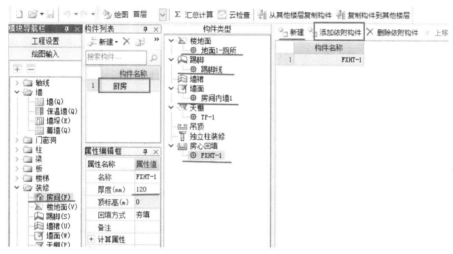

图 3 - 94　房间属性编辑结果

【第三步】房间绘制与墙面编辑。画房间等采用"点"画。

① 单击工具栏中的"绘图"按钮，进入绘图窗口。再单击"点"按钮，根据图纸 J - 01 中餐厅、厨房、厕所和楼梯间的位置来画图。选择上方"其他房间"，在③～⑧轴间的墙内任一处单击一下，餐厅的所有装饰即生成（包括地面、墙面、踢脚线和天棚）；再选择"厨房"，在⑧～⑪轴间的墙内任一处单击，厨房的所有装饰也生成了；再选择"厕所"，按图纸 J - 01 中厕所的位置，在①～③轴间的墙内按对应位置单击，厕所的所有装饰也生成了。

② 把②轴左侧⑧轴上的内墙面在②轴处打断。选择②轴左边的墙面，单击上方"属性"按钮，修改"起点顶标高（m）"与"终点顶标高（m）"为"1.78"，按 Enter 键即可。同样修改①轴厕所内墙"顶标高（m）"为"1.78"。

③ 删除②轴上左边内墙面，然后在"构件列表"处复制一个厕所内墙，在属性编辑处修改"名称"为"厕所内墙 2"，修改"起点顶标高（m）"为"3.68"，"终点顶标高（m）"为"1.78"，按 Enter 键。再用"两点"画好②轴上左边厕所的墙面，然后在"构件列表"处复制一个房间内墙，在属性编辑处修改"名称"为"房间内墙 2"，修改"起点顶标高（m）"为"3.78"，"终点顶标高（m）"为"1.88"，按 Enter 键。再用"点"画出②轴左边上部的墙面。其三维效果如图 3 - 95 所示。

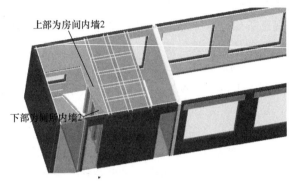

图 3 - 95　房间完成后三维效果

④ 用"点"画出①轴右侧内墙面，然后在楼地面中补画楼梯间地面，并在设置好的楼梯清单量表中挂接楼梯底天棚抹灰及楼地面清单与定额。具体操作见新建室内装饰视频。

3.8.3　成果统计与报表预览

房间装修三维算量模型完成后，进行汇总计算，查看并核对工程量，最后进行清单与定额报表预览。其中楼地面及墙柱面等装修工程的清单与定额汇总表见表 3 - 8。

表 3 - 8　楼地面及墙柱面等装修工程的清单与定额汇总表

序号	编码	项目名称	项目特征	单位	工程量	备注
1	010501001001	垫层	150 厚素混凝土垫层，C25 商品混凝土 20 石	m³	30.0996	实体项目
	A4 - 58	混凝土垫层		10m³	3.01	
	8021904	普通商品混凝土 碎石粒径 20 石 C25		m³	30.5511	
2	011102003001	块料楼地面	块料地面，8 厚防滑无釉面砖 200×200，20 厚 1:3 水泥砂浆找平	m²	83.7315	
	A7 - 201	沥青砂浆		100m	0.101	
	A9 - 64	楼地面陶瓷块料（每块周长 mm）600 以内 水泥砂浆		100m²	0.8473	
	A9 - 1	楼地面水泥砂浆找平层 混凝土或硬基层上 20mm		100m²	0.8473	
3	011102003002	块料楼地面	其他房间块料地面，8 厚灰白色抛光砖 600×600，20 厚 1:2.5 水泥砂浆找平	m²	115.9328	
	A9 - 68	楼地面陶瓷块料（每块周长 mm）2600 以内 水泥砂浆		100m²	1.1593	
	A9 - 1	楼地面水泥砂浆找平层 混凝土或硬基层上 20mm		100m²	1.1593	

序号	编码	项目名称	项目特征	单位	工程量	备注
4	011106002001	块料楼梯面层（楼梯）	块料地面，8厚灰白色抛光砖600×600，20厚1:2.5水泥砂浆找平	m²	25.7094	实体项目
	A9-4	水泥砂浆找平层 楼梯 20mm		100m²	0.2571	
	A9-71	铺贴陶瓷块料 楼梯 水泥砂浆		100m²	0.2571	
5	011105003001	块料踢脚线	楼梯踢脚线为水泥砂浆踢脚线，20厚1:1:6水泥石灰砂浆打底，3厚1:1水泥细砂浆（或建筑胶）纯水泥浆扫缝，高120mm	m²	10.3571	
	A9-73	铺贴陶瓷块料 踢脚线 水泥砂浆		100m²	0.0589	
6	011105001001	水泥砂浆踢脚线	水泥砂浆踢脚线，20厚1:1:6水泥石灰砂浆打底，3厚1:1水泥细砂浆（或建筑胶）纯水泥浆扫缝，高120mm	m²	12.9986	
	A9-16	水泥砂浆整体面层 踢脚线 12+8mm		100m²	0.13	
7	011201001001	墙面一般抹灰	内墙都采用15厚1:1:6水泥石灰砂浆打底，5厚1:0.5:3石灰砂浆粉光	m²	281.5001	
	A10-7	各种墙面 水泥石灰砂浆底 石灰砂浆面 15+5mm		100m²	2.815	
8	011201004001	立面砂浆找平层	厕所内墙：20厚水泥砂浆找底	m²	178.7461	
	A10-1	底层抹灰 各种墙面 15mm		100m²	1.7875	
9	011204003001	块料墙面	厕所内墙做法：3厚1:1水泥砂浆贴5厚彩色瓷砖，白水泥扫缝	m²	182.1697	
	A10-147	墙面镶贴陶瓷面砖密缝1:2水泥砂浆 块料周长2100内		100m²	1.8217	
10	011301001001	天棚抹灰	天棚抹灰（10厚1:1:6水泥石灰砂浆打底扫毛，3厚木质纤维素灰罩面）	m²	179.939	
	A11-3	水泥石灰砂浆底 纸筋灰面 10+3mm		100m²	1.7994	

续表

序号	编码	项目名称	项目特征	单位	工程量	备注
11	011406001001	抹灰面油漆	墙柱面乳胶腻子刮面，扫象牙白色高级乳胶漆两遍	m²	281.5001	
	A16-181	刮腻子 一遍		100m²	2.815	
	A16-187	抹灰面乳胶漆 墙柱面 二遍		100m²	2.815	
12	011406001002	抹灰面油漆	天棚刷乳胶漆两遍	m²	179.939	
	A16-189	抹灰面乳胶漆 天棚面 二遍		100m²	1.7994	实体项目
13	011301001002	楼梯底天棚抹灰	楼梯天棚抹灰（10厚1:1:6水泥石灰砂浆打底扫毛，3厚木质纤维素灰罩面）	m²	30.3224	
	A11-3	水泥石灰砂浆底 纸筋灰面 10+3mm		100m²	0.3032	
14	011406001002	楼梯底抹灰面油漆	楼梯天棚刷乳胶漆两遍	m²	30.3224	
	A16-189	抹灰面乳胶漆 天棚面 二遍		100m²	0.3032	
15	010103001001	回填方	房心回填土，人工夯实	m³	23.5433	
	A1-145	回填土 人工夯实		100m³	0.2354	

3.9 首层室外装饰三维算量模型建立

3.9.1 建模准备

1. 任务目标

① 完成首层所有室外装饰的三维算量模型建立。

② 报表统计，查看本层室外装饰的清单与定额工程量。

2. 任务准备

① 室外装饰包括外墙面装饰、外墙防水与墙面保温隔热等，但本工程只有外墙面装饰。首先查看图纸J-00A，了解外墙装饰做法是：15厚1:1:6水泥石灰砂浆打底，5厚1:1:4水泥石灰砂浆批面，打底油一道。

② 熟悉外墙面的清单列项与工程量计算规则。

③ 熟悉外墙面的定额工程量计算规则与定额套用。

④ 观看外墙面装饰的三维算量模型建立演示视频，了解建模程序。

3.9.2　软件实际操作

新建外墙面装饰的操作步骤如下。

【第一步】外墙面构件建立。选择"模块导航栏"中"装修"下的"墙面"，打开"构件列表"下的"新建"下拉列表框，选择"新建外墙面"，进入属性编辑设置。

【第二步】外墙面属性编辑。在属性编辑框处，修改外墙面"名称"为"wqzs"，在"块料厚度（mm）"栏填写"0"，其他不变。

【第三步】清单与定额套用。单击工具栏中的"定义"按钮，出现清单与定额表格。先编辑量表，单击工具栏中的"编辑量表"按钮，弹出"编辑量表-墙面抹灰"对话框，取消选中原来墙面抹灰面积清单下的"基层处理"和"墙面涂料"，再添加一个清单。单击"添加清单"按钮，选择"查询清单工程量"，选择"墙面抹灰面积（不分材质）"，单击"添加"按钮，将其名称改为"外墙面涂料"；再单击"添加定额"按钮，选择"查询定额工程量"，选择"墙面抹灰面积（不分材质）"，单击"添加"按钮，将其名称改为"外墙面涂料"，再取消选中原来油漆清单下的刮腻子定额。接着套用相应清单与定额，其结果如图3-96所示。

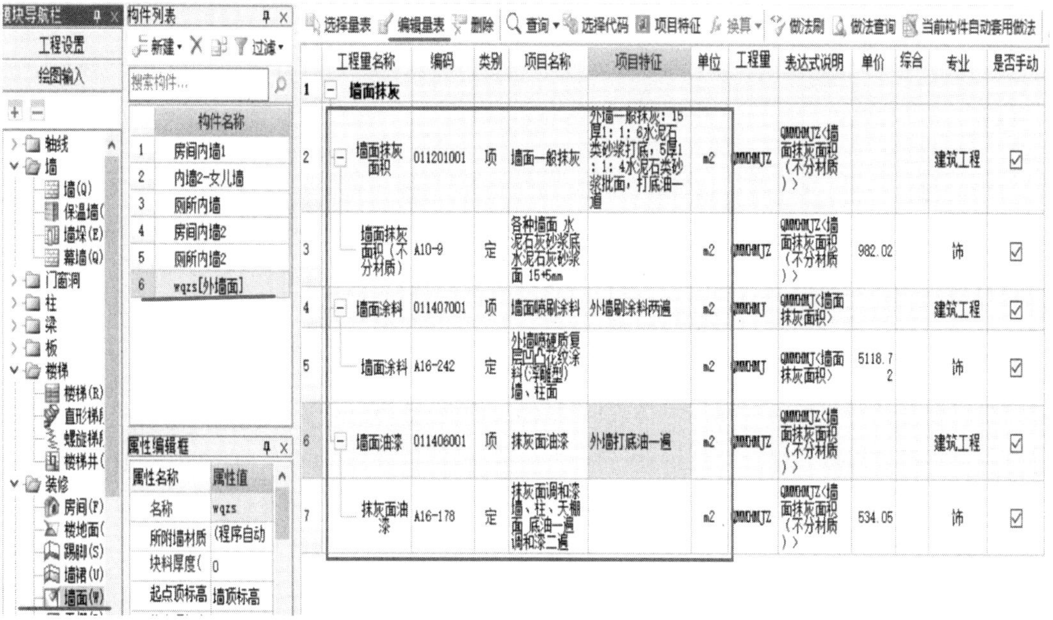

图3-96　外墙面装饰清单与定额套用结果

【第四步】外墙面装饰绘制。单击"绘图"按钮，进入绘图窗口。单击工具栏中的"点"按钮，再分别单击四周外墙，外墙装饰就画好了，其三维效果如图3-97所示。

图 3 - 97　外墙面装饰三维效果

3.9.3　成果统计与报表预览

外墙面装饰三维算量模型完成后，进行汇总计算，查看并核对工程量，最后进行清单与定额报表预览。外墙面装饰的清单与定额汇总表见表 3 - 9。

表 3 - 9　外墙面装饰的清单与定额汇总表

序号	编码	项目名称	项目特征	单位	工程量	备注
1	011201001002	墙面一般抹灰	外墙一般抹灰，15 厚 1:1:6 水泥石灰砂浆打底，5 厚 1:1:4 水泥石灰砂浆批面，打底油一道	m²	201.0514	实体项目
	A10 - 9	各种墙面 水泥石灰砂浆底 水泥石灰砂浆面 15＋5mm		100m²	2.0105	
2	011406001003	抹灰面油漆	外墙打底油一遍	m²	201.0514	
	A16 - 178	抹灰面调和漆 墙、柱、天棚面 底油一遍 调和漆二遍		100m²	2.0105	
3	011407001001	墙面喷刷涂料	外墙刷涂料两遍	m²	201.0514	
	A16 - 242	外墙喷硬质复层凹凸花纹涂料（浮雕型）墙、柱面		100m²	2.0105	

◖ 本章小结 ◗

本章是图形算量软件应用的核心内容，主要讲解构建柱、梁、板、墙及楼梯的算量模型，以及室内外装饰与台阶等零星项目的算量模型。学习后可为其他层建立图形算量模型打下坚实基础，因为其他层只是在本层的基础上进行个别修改或增补。

　　用 BIM 算量软件构建首层各工程三维算量模型的具体操作，可概括为四大步骤：一是构件建立与属性编辑，二是清单与定额套用，三是图形绘制，四是汇总计算与报表预览。

　　本章的难点是装饰工程的清单与定额套用，应熟悉相应构件的清单与定额内容，否则将不知如何编辑量表。

◀◀　习　　题　▶▶

　　1. 柱的画法有哪几种？异形柱如何绘制？偏心柱与变截面柱如何设置？

　　2. 梁的绘制方法有哪几种？如何设置变截面的纯悬挑梁（如 $300 \times 500/300$）？

　　3. 与楼板联系在一起的梁套用什么清单与定额？

　　4. 如何让梁随板生成斜面梁？

　　5. 虚墙的作用是什么？墙的绘制方法有哪几种？

　　6. 如何设置门窗？木质门的清单有哪几个？门的清单工程量与定额工程量有何区别？

　　7. 楼梯参数如何设置？楼梯图形算量包括哪几部分？楼梯参数设置中未包括的平台梁需要单独设置，此时应该套用什么清单与定额？

　　8. 建筑面积应挂接哪些清单与定额？

　　9. 如何计算楼梯底天棚抹灰？需要单独绘制吗？

　　10. 散水如何绘制？

第**4**章　基础层工程量计算

教学目标

　　熟练运用操作软件进行楼层的复制，基础的三维算量模型建立（包括独立基础、条形基础、筏板基础和桩承台基础）和基础梁的三维算量模型建立，基坑土方、沟槽土方和大开挖土方的自动生成及手动生成，垫层的绘制等，并掌握其清单和定额的套用。

教学要求

知识要点	能力要求	相关知识
楼层复制	能建立相同楼层构件	(1) 选择与批量选择； (2) 楼层复制； (3) 块存盘与提取
基础 BIM 算量模型建立	(1) 能正确建立各种基础、地梁及垫层等三维算量模型； (2) 能自动或手动生成土方三维算量模型	(1) 看图分析，了解基础类型、地梁与垫层等要求； (2) 基础、地梁及垫层等构件列表及属性设置，清单与定额套用； (3) 土方及属性设置，清单与定额套用
报表	能汇总计算，生成各种预算报表	(1) 各构件工程量； (2) 工程量清单、定额汇总表等各种报表

4.1 **楼层的复制**

4.1.1　建模准备

1. 任务目标

把首层柱、墙复制到基础层。

2. 任务准备

① 查看基础平面图 JG–04，对比首层柱的类型、截面形状与尺寸，柱的分布情况，确定是否复制首层柱到基础层。同理，再对比首层墙与基础层墙，确定有哪些墙要复制到基础层。

② 观看楼层复制三维算量模型建立演示视频，了解建模程序。

4.1.2　软件实际操作

对比首层与基础层，可发现首层的柱与基础层完全相同，首层的外墙和 180 内墙与基础层也基本相同，因此可把这两部分内容复制到基础层。

1. 楼层复制

楼层复制的操作步骤如下。

【楼层复制】

【第一步】单击工具栏中的"选择"按钮，再打开"批量选择"下拉列表框，选中"墙"，取消选中内墙 120，再选中"柱"并单击"确定"按钮，墙与柱就全部选中了。接着打开"楼层"菜单，出现下拉列表，选择"复制选定图元到其他楼层"，弹出"复制选定图元到其他楼层"对话框，选中"基础层"并单击"确定"按钮即可。

【第二步】打开工具栏中的"首层"下拉列表框，如图 4–1 所示，选择"基础层"，则整个绘图窗口就进入基础层了。

图 4–1　选择楼层示意

2. 部分构件图元修改

部分构件图元修改的操作步骤如下。

【第一步】编辑墙属性。选择"模块导航栏"中"墙"下的"墙",再单击工具栏中的"选择"按钮,接着单击"批量选择"按钮,出现下拉列表,选中"墙"并单击"确定"按钮;随后单击工具栏中的"属性"按钮,弹出属性编辑框,修改"起点底标高（m）"与"终点底标高（m）"都为"−0.8","起点顶标高（m）"与"终点顶标高（m）"都为"0",修改"砂浆标号"为"M7.5","砂浆类型"为"水泥砂浆",按 Enter 键即可。

【第二步】编辑柱的底标高。选择"模块导航栏"中"柱"下的"柱"选项,再单击工具栏中的"选择"按钮,接着单击"批量选择"按钮,出现下拉列表,选中"柱"并单击"确定"按钮;随后单击工具栏中的"属性"按钮,弹出属性编辑框,修改"底标高（m）"为"−0.8",按 Enter 键即可。

4.2 基础三维算量模型建立

4.2.1 建模准备

1. 任务目标

① 完成基础层所有基础的三维算量模型建立。

② 报表统计,查看基础的清单与定额工程量。

2. 任务准备

① 查看基础详图,了解基础的截面形状、尺寸、标高,统计基础类型;查看基础的平面布置图,了解基础的分布情况。

② 熟悉基础的清单列项与工程量计算规则。

③ 熟悉基础的定额工程量计算规则与定额套用。

④ 观看基础的三维算量模型建立演示视频,了解建模程序。

4.2.2 软件实际操作

BIM 软件把基础按大类分为独立基础、筏板基础、条形基础与桩承台等。本章主要讲解与本工程相关的桩承台。

【新建桩承台】

新建桩承台建模的操作步骤如下。

【第一步】桩承台构件建立。选择"模块导航栏"中"基础"下的"桩承台",打开"构件列表"下的"新建"下拉列表框,选择"新建桩承台",修改名称为"ZJ2"。再打开"构件列表"下的"新建"下拉列表框,选择"新建矩形桩承台单元",则构件生成。接着进入桩承台属性编辑。

【第二步】桩承台的属性编辑。在属性编辑框的"长度（mm）"栏填写"900"，"宽度（mm）"栏填写"1800"，"高度（mm）"栏填写"1200"，其他不变。

【第三步】清单与定额套用。单击工具栏中的"定义"按钮，出现清单与定额表格，单击"编辑量表"按钮，取消选中砖胎模清单；再选择"当前构件自动套用做法"，然后在基础清单"项"这一行所对应的"项目特征"中填入"桩承台：900 * 1800 * 1200，C30 商品混凝土"，在模板清单对应的"项目特征"处填入"桩承台模板（900 * 1800 * 1200）"。其结果如图 4 - 2 所示。

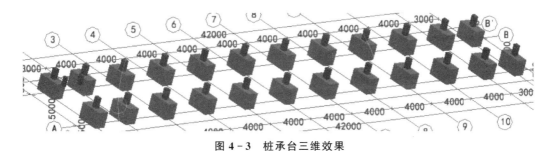

图 4 - 2 桩承台清单与定额套用结果

【第四步】桩承台的绘制。单击工具栏中的"绘图"按钮，进入绘图窗口。桩承台的画法有两种，一种是"点"画，另一种是用"智能布置"画。采用"智能布置"画更快，故本节主讲"智能布置"画。

单击绘图窗口工具栏中的"智能布置"按钮，出现下拉列表，选择"柱"，再框选所有的框架柱（包括 Z1、Z2、Z3），右击结束，所有的桩承台即自动生成，其三维效果如图 4 - 3 所示。

图 4 - 3 桩承台三维效果

4.2.3 　成果统计与报表预览

桩承台三维算量模型完成后，进行汇总计算，查看并核对工程量，最后进行清单与定额报表预览。桩承台的清单与定额汇总表见表 4 - 1。

表 4-1　桩承台的清单与定额汇总表

序号	编码	项目名称	项目特征	单位	工程量	备注
1	010501005001	桩承台基础	桩承台：900×1800×1200，C30 商品混凝土	m³	46.656	实体项目
	A4-2	其他混凝土基础		10m³	4.6656	
	8021127	普通预拌混凝土 C30 粒径为 20mm 石子		m³	47.1226	
2	011702001001	基础	桩承台模板（900×1800×1200）	m²	154.52	措施项目
	A21-13	桩承台模板		100m²	1.5552	

4.2.4　技能拓展

　　基础的技能拓展主要讲解参数化独立基础、砖基础、条形基础等的建模，具体操作详见参数化独立基础及新建砖基础视频，且以图 4-4～图 4-6 所示图纸为例，其中基础层高为 1.8m。

【参数化独立基础】

【新建砖基础】

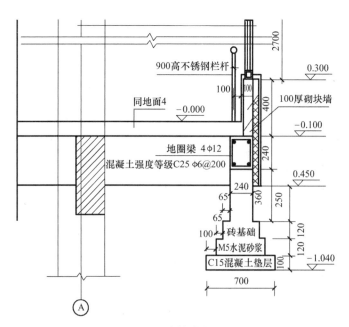

图 4-4　砖基础剖面图

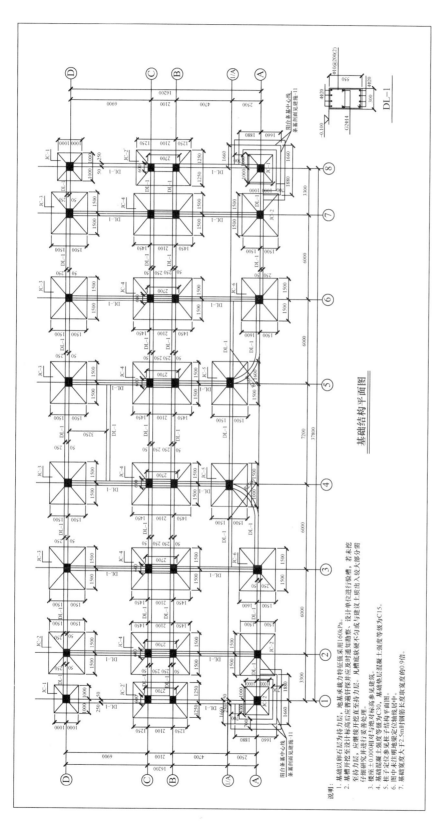

图 4-5 基础结构平面图

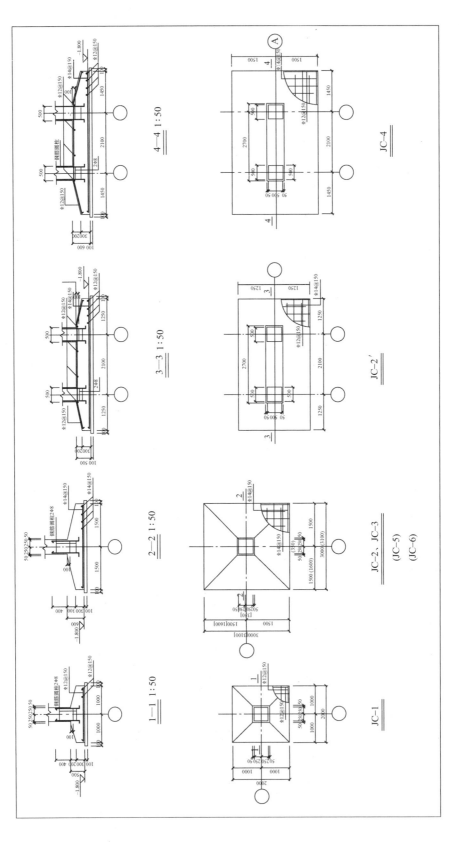

图 4-6　基础结构剖面详图

4.3　基础梁三维算量模型建立

4.3.1　建模准备

1. 任务目标

① 完成基础层所有基础梁（又称地梁）的三维算量模型建立。

② 报表统计，查看本层基础梁的清单与定额工程量。

2. 任务准备

① 查看基础平面图，了解基础梁的分布位置、基础梁的集中标注，统计基础梁的截面尺寸与主次分类等。

② 熟悉基础梁的清单列项与工程量计算规则。

③ 熟悉基础梁的定额工程量计算规则与定额套用。

④ 观看基础梁的三维算量模型建立演示视频，了解建模程序。

4.3.2　软件实际操作

BIM 软件把基础梁分为矩形基础梁、异形基础梁和参数化基础梁，本章主讲矩形基础梁。

建模前应先查看基础平面图中基础梁的尺寸，统计基础梁类型。

新建基础梁的操作步骤如下。

【第一步】基础梁构件建立。选择"模块导航栏"中"基础"下的"基础梁"，打开"构件列表"下的"新建"下拉列表框，选择"新建矩形基础梁"，则构件生成。接着进入属性编辑设置。

【新建基础梁】

【第二步】基础梁的属性编辑。在属性编辑框中"类别"选择"基础主梁"，"截面宽度（mm）"填写"200"，"截面高度（mm）"填写"400"，"起点顶标高（m）"与"终点顶标高（m）"改为"－0.8"，其他不变。

【第三步】清单与定额套用。单击工具栏中的"定义"按钮，出现清单与定额表格，单击"编辑量表"按钮，取消选中砖胎模清单。再单击"当前构件自动套用做法"，然后在基础梁清单"项"这一行所对应的项目特征处填入"基础框架梁200＊400，C30 商品混凝土"，在模板清单"项"这一行所对应的项目特征处填入"基础梁模板"。其套用结果如图 4 - 7 所示。

【第四步】复制生成其他基础梁。单击"构件列表"下的"复制"按钮，生成新的梁，修改其名称为"JKL2"；再单击"复制"按钮，又生成新的梁，修改其名称为"JL1"，并在属性编辑框中将"类别"修改为"非框架梁"。其他不变。

【第五步】基础梁的绘制。基础梁的绘制方法同首层梁，其三维效果如图 4 - 8 所示。

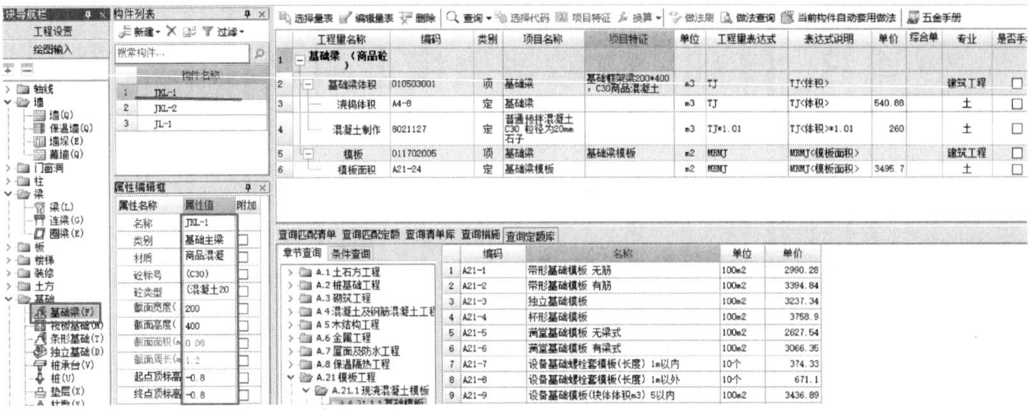

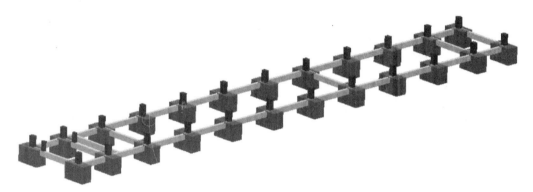

图 4-7 基础梁属性设置与定额套用结果

图 4-8 基础梁三维效果

4.3.3 成果统计与报表预览

基础梁三维算量模型完成后，进行汇总计算，查看并核对工程量，最后进行清单与定额报表预览。基础梁的清单与定额汇总表见表 4-2。

表 4-2 基础梁的清单与定额汇总表

序号	编码	项目名称	项目特征	单位	工程量	备注
1	010503001001	基础梁	基础框架梁 $200×400$，C30 商品混凝土	m³	1.344	实体项目
	A4-8	基础梁		10m³	0.1344	
	8021127	普通预拌混凝土 C30 粒径为 20mm 石子		m³	1.3574	
2	010503001002	基础梁	基础梁 $200×400$，C30 商品混凝土	m³	4.456	
	A4-8	基础梁		10m³	0.5456	
	8021127	普通预拌混凝土 C30 粒径为 20mm 石子		m³	4.5106	

续表

序号	编码	项目名称	项目特征	单位	工程量	备注
3	011702005001	基础梁	基础梁模板	m²	67.84	措施项目
	A21－24	基础梁模板		100m²	1.5552	

4.4 垫层三维算量模型建立

4.4.1 建模准备

1. 任务目标

① 完成基础层所有垫层的三维算量模型建立。

② 报表统计，查看基础层垫层的清单与定额工程量。

2. 任务准备

① 查看基础平面图，了解哪些部位有垫层的分布，以及垫层的厚度、出边距离、混凝土强度等级等。

② 熟悉垫层的清单列项与工程量计算规则。

③ 熟悉垫层的定额工程量计算规则与定额套用。

④ 观看垫层的三维算量模型建立演示视频，了解建模程序。

4.4.2 软件实际操作

BIM 软件把垫层分为面式垫层、线式垫层及点式垫层等类型。面式垫层一般适用于独立基础、桩承台及筏板基础等，而线式垫层一般适用于基础梁、条形基础及地沟等，点式垫层一般适用于独立基础和桩承台（点式基础构件）。下面主要介绍面式垫层和线式垫层。

1. 新建面式垫层

新建面式垫层的操作步骤如下。

【第一步】面式垫层建立。选择"模块导航栏"中"基础"下的"垫层"，打开"构件列表"下的"新建"下拉列表框，选择"新建面式垫层"，修改其名称为"面式垫层"，则构件生成。接着进入垫层属性编辑。

【新建垫层】

【第二步】垫层的属性编辑。所有属性保持默认，不用修改。

【第三步】清单与定额套用。单击工具栏中的"定义"按钮，出现清单与定额表格，选择"当前构件自动套用做法"，混凝土垫层自动套用完毕；再套相应垫层模板清单与定额，写上项目特征。其套用结果如图 4－9 所示。

工程量名称	编码	类别	项目名称	项目特征	单位	工程量表	表达式说明	单价	综合单	专业	是否手动
1 垫层（现浇砼）											
2 — 体积	010501001	项	垫层	桩承台混凝土垫层，C10商品混凝土	m3	TJ	TJ<体积>			建筑工程	□
3 浇捣体	A4-58	定	混凝土垫层		m3	TJ	TJ<体积>	666.04		土	□
4 混凝土制作	8021901	定	普通商品混凝土碎石粒径20石 C10		m3	TJ*1.015	TJ<体积>*1.015	220		土	☑
5 — 模板	011702001	项	基础	桩承台下垫层模板	m2	MBMJ	MBMJ<模板面积>			建筑工程	☑
6 模板面积	A21-12	定	基础垫层模板		m2	MBMJ	MBMJ<模板面积>	2096.21		土	☑

图 4 - 9　垫层的清单与定额套用结果

【第四步】垫层的绘制。单击"绘图"按钮，进入绘图窗口。在构件中选择"面式垫层"，单击"智能布置"下的"桩承台"，再框选全部桩承台后右击，弹出对话框，输入"出边距离（mm）"为"100"，单击"确定"按钮，全部桩承台下垫层生成。

2. 新建线式垫层

新建线式垫层的操作步骤如下。

【第一步】线式垫层建立。选择"模块导航栏"中"基础"下的"垫层"，打开"构件列表"下的"新建"下拉列表框，选择"新建线式垫层"，修改其名称为"线式垫层"，则构件生成。接着进入垫层属性编辑。

【第二步】垫层的属性编辑。所有属性保持默认，不用修改。

【第三步】清单与定额套用。单击工具栏中的"定义"按钮，出现清单与定额表格，选择"当前构件自动套用做法"，混凝土垫层自动套用完毕，然后套相应垫层模板清单与定额，在"项目特征"下填写"地梁下垫层"。其他同面式垫层。

【第四步】垫层的绘制。单击"绘图"按钮，进入绘图窗口。选择"线式垫层"，单击"智能布置"下的"梁中心线"，框选全部地梁后右击，弹出对话框，输入"出边距离（mm）"为"100"，单击"确定"按钮即可。全部垫层生成后的三维效果如图 4 - 10 所示。

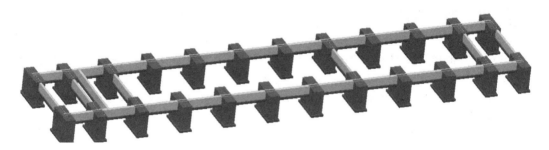

图 4 - 10　全部垫层生成后的三维效果

4.4.3　成果统计与报表预览

垫层三维算量模型完成后，进行汇总计算，查看并核对工程量，最后进行清单与定额报表预览。垫层的清单与定额汇总表见表 4 - 3。

表 4 - 3　垫层的清单与定额汇总表

序号	编码	项目名称	项目特征	单位	工程量	备注
1	010501001002	垫层	桩承台混凝土垫层，C10 商品混凝土	m³	4.28	实体项目
	A4 - 58	混凝土垫层		10m³	1.0639	
2	010501001003	垫层	地梁下混凝土垫层，C10 商品混凝土	m³	3.392	
	A4 - 58	混凝土垫层		10m³	0.6835	
3	011702001002	垫层模板	桩承台下垫层模板	m²	14.88	措施项目
	A21 - 12	基础垫层模板		100m²	0.1488	
4	011702001003	垫层模板	地梁下垫层模板	m²	16.88	
	A21 - 12	基础垫层模板		100m²	0.1688	

4.5　土方三维算量模型建立

4.5.1　建模准备

1. 任务目标

① 完成基础层所有土方的三维算量模型建立。

② 报表统计，查看基础层土方的清单与定额工程量。

2. 任务准备

① 了解基坑与基槽定义，查看基础平面图与基础详图，了解哪些部位生成基坑土方，哪些部位生成基槽土方。

② 熟悉土方的清单列项与工程量计算规则。

③ 熟悉土方的定额工程量计算规则与定额套用。

④ 观看基坑与基槽土方的三维算量模型建立演示视频，了解建模程序。

4.5.2　软件实际操作

BIM 软件把土方分为基坑土方、基槽土方、大开挖土方等，下面主要讲基坑土方和基槽土方。

1. 生成基坑土方

基坑土方生成有两种方法，一种是手动建模，另一种是在垫层画好的前提下自动生成。

【基坑土方与基槽土方】

生成基坑土方的操作步骤如下。

【第一步】自动生成基坑土方。单击绘图窗口上方的"自动生成土方"按钮，弹出对话框，选择"基坑土方"与"垫层底"，单击"确定"按钮，弹出"生成方式及相关属性"对话框，在其中"放坡系数"中填写"0.75"（本工程土方为二类土，采用机械开挖，坑上作业），单击"确定"按钮即可，所有基坑土方生成。

【第二步】删除地梁下基坑。按 F12 键，弹出对话框，只选中显示"基坑土方"并单击"确定"按钮。然后单击地梁下的基坑，右击后选择"删除"即可。基坑三维效果如图 4 - 11 所示。

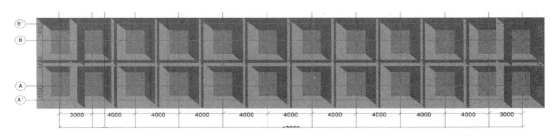

图 4 - 11　基坑三维效果

【第三步】清单与定额套用。单击工具栏中的"定义"按钮，出现基坑土方清单与定额表。再单击"编辑量表"按钮，添加回填土清单与定额，然后添加弃方外运清单与定额，单击"确定"按钮即可。最后套用清单与定额，填写相应项目特征，并用"做法刷"匹配到其他基坑即可。其套用结果如图 4 - 12 所示。

图 4 - 12　基坑土方清单与定额套用结果

2. 生成基槽土方

基槽土方生成方法同基坑土方，一种是手动建模，另一种是在垫层画好的前提下自动生成。

生成基槽土方的操作步骤如下。

【第一步】自动生成基槽。单击绘图窗口上方的"自动生成土方"按钮，弹出对话框，选择"基槽土方"与"垫层底"，单击"确定"按钮，弹出"生成方式及相关属性"对话框，在其中"放坡系数"中填写"0"，单击"确定"按钮即可，所有基槽土方生成。

【第二步】删除承台下的基槽。按 F12 键,弹出对话框,只选中显示"基槽土方"并确定。然后单击所有承台下的基槽,右击后选择"删除"即可。基槽三维效果如图 4-13 所示。

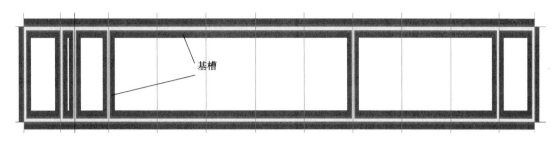

图 4-13 基槽三维效果

【第三步】清单与定额套用。单击工具栏中的"定义"按钮,出现基槽土方清单与定额表。再单击"编辑量表"按钮,添加回填土清单与定额,然后添加弃方外运清单与定额,单击"确定"按钮即可。最后套用清单与定额,填写相应项目特征,并用"做法刷"匹配到其他基槽即可。其套用结果如图 4-14 所示。

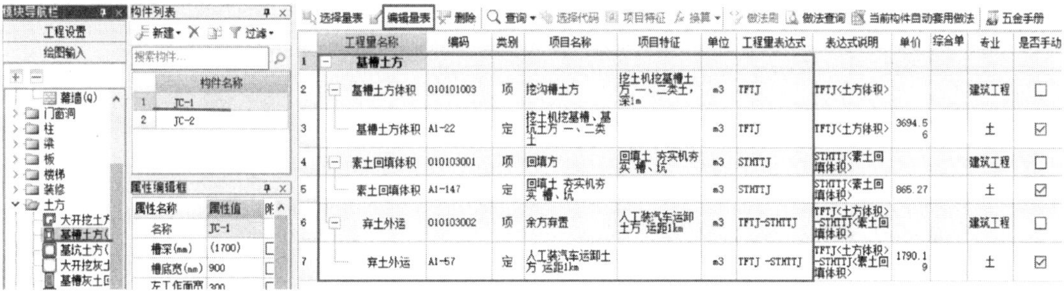

图 4-14 基槽土方清单与定额套用结果

4.5.3 成果统计与报表预览

土方三维算量模型完成后,进行汇总计算,查看并核对工程量,最后进行清单与定额报表预览。土方的清单与定额汇总表见表 4-4。

表 4-4 土方的清单与定额汇总表

序号	编码	项目名称	项目特征	单位	工程量	备注
1	010101003001	挖沟槽土方	挖土机挖基槽土方 一、二类土,深1m	m³	8.3771	实体项目
	A1-22	挖土机挖基槽、基坑土方 一、二类土		1000m³	0.0084	
2	010101004001	挖基坑土方	挖土机挖基坑土方 二类土,深1.6m	m³	520.6736	
	A1-22	挖土机挖基槽、基坑土方 一、二类土		1000m³	0.5467	

续表

序号	编码	项目名称	项目特征	单位	工程量	备注
3	010103001002	回填方	回填土 夯实机夯实 槽、坑	m³	447.9357	实体 项目
	A1－147	回填土 夯实机夯实 槽、坑		100m³	4.7217	
4	010103002001	余方弃置	人工装汽车运卸土方 运距 1km	m³	81.115	
	A1－57	人工装汽车运卸土方 运距 1km		100m³	0.829	

4.6 预制管桩三维算量模型建立

4.6.1 建模准备

1. 任务目标

① 完成基础层所有桩的三维算量模型建立。

② 报表统计，查看基础层预制管桩的清单与定额工程量。

2. 任务准备

① 查看桩基说明，了解桩的类型、截面形状和尺寸、桩顶标高、施打方式、桩尖类型、桩顶设计构造等；查看基础平面布置图，了解预制管桩的分布情况。

② 熟悉预制管桩的清单列项与工程量计算规则。

③ 熟悉预制管桩的定额工程量计算规则与定额套用。

④ 观看预制管桩的三维算量模型建立演示视频，了解建模程序。

4.6.2 软件实际操作

BIM 软件把桩按大类分为矩形桩、异形桩和参数化桩。下面主要介绍参数化桩中的预制管桩。

【新建预制管桩】

新建预制管桩的操作步骤如下。

【第一步】预制管桩构件建立。选择"模块导航栏"中"基础"下的"桩"，打开"构件列表"下的"新建"下拉列表框，选择"新建参数化桩"，弹出"选择参数化图形"属性编辑框，选择其中的"圆形桩"类型，并在右侧参数表中填入桩径"D（mm）"为"300"，设计桩长“H（mm）”为“12000”，设计桩尖长“H1（mm）”为“0”，如图 4－15所示。单击“确定”按钮，修改“名称”为“预制管桩”，则构件生成。接着进入预制管桩属性编辑。

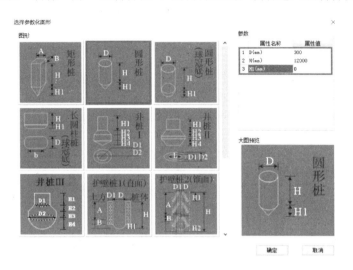

图 4－15　桩参数形式选择示意图

【第二步】预制管桩的属性编辑。在属性编辑框的“顶标高”中选择“基础底标高＋0.1”，其他不变。

【第三步】清单与定额套用。单击工具栏中的“定义”按钮，出现清单与定额表格，单击“选择量表”按钮，选择“桩”并单击“确定”按钮即可。再单击“编辑量表”按钮，把原来的清单与定额名称改为“钢桩尖”，再添加一个打预制管桩的清单，并添加相应定额。其套用结果如图 4－16所示。

选择量表　编辑量表　删除　查询　选择代码　项目特征　换算　做法刷　做法查询　当前构件自动套用做法　五

	工程量名称	编码	类别	项目名称	项目特征	单位	工程量表	表达式说明	单价	综合	专业	是否手动
1	－ 桩											
2	－ 钢桩尖	010301005	项	桩尖	钢桩尖制作安装	个	SL	SL<数量>			建筑工程	☑
3	数量	A2-27	定	钢桩尖制作安装		t	SL*0.01975	SL<数量>*0.01975[illegible]	6853.3		土	☑
4	－ 预制管桩（普通桩）	010301002	项	预制钢筋混凝土管桩	打普通预制管桩，D=300	m	CD	CD<长度>			建筑工程	☑
5	桩芯填混凝土	A2-31	定	预制混凝土管桩填芯 填混凝土		m3	TJ	TJ<体积>	717.54		土	☑
6	C30混凝土制作	8021905	定	普通商品混凝土 碎石粒径20石 C30		m3	TJ	TJ<体积>	260		土	☑
7	C25混凝土制作	8021904	定	普通商品混凝土 碎石粒径20石 C25					250		土	☑
8	打普通管	A2-9	定	打预制管桩 桩径(400mm)		m	CD	CD<长度>	11672.1		土	☑

图 4－16　预制管桩清单与定额套用结果

其中桩头插筋这个清单可以通过“表格输入”，其他试验桩与送桩两个清单可以在计价软件中再添加。

【第四步】预制管桩的绘制。单击工具栏中的“绘图”按钮，进入绘图窗口。桩承台的画法有两种，一种是“点”画，另一种是“智能布置”画。本工程的桩承台下有两个桩，只能采用“点”画。

①"点"画预制管桩。单击绘图窗口工具栏中的"点"按钮，按住 Shift 键单击①轴与⑧轴相交的桩承台上边中点，弹出对话框，在"X＝"后填入"0"，在"Y＝"后填入"－450"，单击"确定"按钮即可。同样按住 Shift 键单击①轴与⑧轴相交的桩承台下边中点，弹出对话框，在"X＝"后填入"0"，在"Y＝"后填入"450"，单击"确定"按钮即可。

② 预制管桩复制。单击工具栏中的"选择"按钮，框选已画好的两个预制管桩，右击后选择"复制"，单击①轴与⑧轴相交的桩承台左上角顶点，再单击其他桩承台的左上角顶点，所有预制管桩即全部生成，其三维效果如图 4-17 所示。

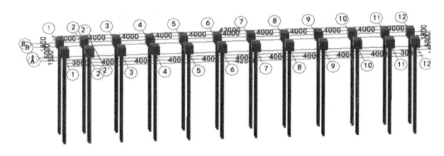

图 4-17 预制管桩三维效果

4.6.3 成果统计与报表预览

预制管桩三维算量模型完成后，进行汇总计算，查看并核对工程量，最后进行清单与定额报表预览。预制管桩的清单与定额汇总表见表 4-5。

表 4-5 预制管桩的清单与定额汇总表

序号	编码	项目名称	项目特征	单位	工程量	备注
1	010301002001	预制钢筋混凝土管桩	打普通预制管桩，$D=300$	m	576	实体项目
	A2-31	预制混凝土管桩填芯填混凝土		$10m^3$	4.08	
2	8021905	普通商品混凝土 碎石 粒径 20 石 C30		m^3	40.8	
	8021904	普通商品混凝土 碎石 粒径 20 石 C25		m^3	0	
3	A2-9	打预制管桩 桩径 (400mm)		100m	4.76	
	010301005001	桩尖	钢桩尖制作安装	个	48	
4	A2-27	钢桩尖制作安装		t	0.6768	

本章讲解了基础层的基础、基础梁、垫层、土方及预制管桩等三维算量模型的建立与量表编辑，也讲了一些操作命令，如楼层复制、不同楼层的构件复制、做法刷的应用等。

本章的易错点是基坑与基槽的一些细节处理技巧，不用单独画回填土与余土外运。本章的难点是预制管桩的清单量表编辑与定额换算。

习　题

1. 如何绘制砖基础？

2. 如何区别基坑及基槽？

3. 桩承台下土方的三维算量模型建立有哪几种方法？试用手动画法建立桩承台下基坑土方三维算量模型。

4. 如何设置基础层的柱底标高？

5. 如果本工程交付的场地标高为 0.5m，如何设置土方计算高度？

6. 如何确定预制管桩桩顶标高？

7. 预制管桩清单的计价内容为什么有两个混凝土制作（一个是 C30 混凝土制作，一个是 C25 混凝土制作）？

第 **5** 章

**第 2、3 层
工程量计算**

5.1 楼层的复制与构件修改

5.1.1 建模准备

1. 任务目标

把首层柱、梁、板、墙、楼梯与装饰等复制到第 2 层，并对部分构件按图纸进行修改。

2. 任务准备

① 查看图纸 JG-07 中第 2、3 层的结构平面图，对比首层的柱、梁、板的类型、截面形状与尺寸、分布情况，确定首层柱、梁、板哪些可复制到第 2 层；同理，查看图纸 JG-01 的第 2、3 层的建筑平面图，对比首层墙与第 2 层墙，确定哪些墙可复制到第 2 层。

② 修改第 2 层的Ⓑ轴外墙、楼梯参数、梯柱标高等。

③ 观看楼层复制三维算量模型建立演示视频。

5.1.2 软件实际操作

对比首层与第 2 层，可发现首层的柱、梁、板与第 2 层完全相同，首层的外墙和 180 内墙也与第 2 层部分相同，因此可把这些内容复制到第 2 层，然后对其中有差别的构件进行修改。

1. 楼层复制

楼层复制的操作步骤如下。

【第一步】复制首层柱、梁、板、180 内外墙及装饰到第 2 层。单击工具栏中的"选择"按钮，再单击"批量选择"按钮，出现下拉列表，选择"墙"，取消选中"内墙 120"，再选中所有"柱、梁、板及装

【楼层复制与部分构件修改】

饰"列项并确定；接着单击工具栏中的"楼层"按钮，出现下拉列表，选择"复制选定图元到其他楼层"，弹出"复制选定图元到其他楼层"对话框，选择"2 层"，再单击"确定"按钮即可。

【第二步】进入第 2 层绘图窗口。打开工具栏中"首层"的下拉列表框，选择"2 层"，整个绘图窗口就进入第 2 层了。

2. 部分构件修改

（1）墙的修改。

墙的修改的操作步骤如下。

【第一步】隐藏第 2 层部分构件。按 F12 键，弹出"构件图元显示"选择框，取消选中板、装饰、楼梯，单击"确定"按钮即可。

【第二步】墙的修改。

① Ⓑ轴外墙的修改。删除Ⓑ轴外墙，选择"模块导航栏"中"墙"下的"墙"，单击工具栏中的"选择"按钮，再单击Ⓑ轴外墙，右击后选择"删除"，单击"确定"按钮即可。再按第2层建筑平面图重画Ⓑ轴与Ⓑ'轴外墙（用直线绘图方法绘制）。

② Ⓐ轴外墙的修改。裁剪Ⓐ轴在①～②轴间的墙。最终的第2层外墙平面图如图5-1所示。

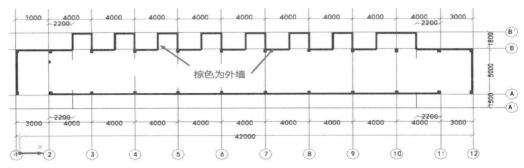

图5-1　最终的第2层外墙平面图

③ 内墙的修改。按图纸 J-01 中第2层建筑平面图中的内墙布置，补画③～⑪轴的内墙。第2层内外墙的三维效果如图5-2所示。

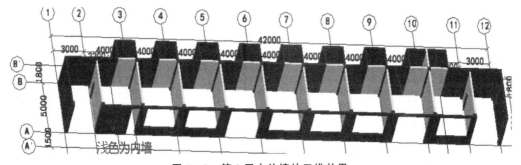

图5-2　第2层内外墙的三维效果

（2）楼梯及梯柱的修改。

根据图纸 JG-06 中梯表可知第2、3层楼梯梯板厚为 100mm，踏步尺寸为 300mm（宽）×159mm（高），踏步级数为 11；再根据图纸 J-02 中楼梯 T1 剖面图可知第2层休息平台宽 1800mm。其余不变。

相关修改的操作步骤如下。

【第一步】楼梯参数修改。选择"模块导航栏"中"楼梯"下的"楼梯"，单击"定义"按钮，单击属性编辑框中的"标准双跑I"，再单击其右边的"…"图标，如图5-3所示，弹出"楼梯编辑图形参数"对话框，修改其中的参数后如图5-4所示。

【第二步】梯柱顶标高修改。选择"模块导航栏"中"柱"下的"梯柱"，再单击绘图窗口上方的"选择"按钮，框选本层的4个梯柱，单击"属性"按钮，弹出"属性"编辑框，修改其

构件列表

	构件名称
1	LT-2[标准双跑I]

属性编辑框

属性名称	属性值	附加
名称	LT-2	
截面形状	标准双跑I	☑
底标高(m)	层底标高	
建筑面积	计算全部	
图元形状	直形	
备注		

图5-3　楼梯截面形状修改

标准双跑楼梯 I

属性名称	属性值	属性名称	属性值
TL1宽度 TL1KD	200	TL1高度 TL1GD	400
TL2宽度 TL2KD	0	TL2高度 TL2GD	0
TL3宽度 TL3KD	200	TL3高度 TL3GD	400
梯井宽度 TJKD	120	栏杆距边 LGJB	50
踢脚线高度 TJXGD	120	板搁置长度 BGZCD	100
梁搁置长度 LGZCD	100		

注：梁顶标高同板顶
楼梯水平投影面积不扣除小于 500 的楼梯井

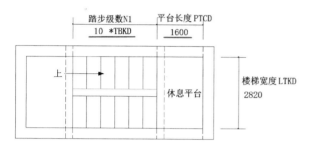

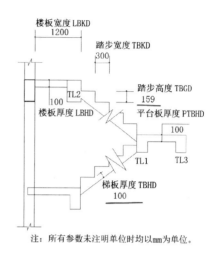

注：所有参数未注明单位时均以mm为单位。

图 5-4　楼梯参数修改结果

中的"顶标高（m）"为"5.53"，"底标高（m）"为"层底标高"，按 Enter 键即可。

（3）房间装饰修改。

① 删除所有房间装饰。单击"选择"按钮，再单击"批量选择"按钮，弹出"批量选择构件图元"对话框，选择其中的楼地面、踢脚、内墙面、天棚及房心回填，如图 5-5 所示，单击"确定"按钮，右击后选择"删除"，单击"确定"按钮即可。

图 5-5　批量选择设置

② "点"画房间装饰。首先取消选中原来所有地面的第二个清单"垫层"，然后选择左侧装修"房间"下的"其余房间"，单击"定义"按钮，将"房心回填"的依附构

件删除；再刷新所有房间装饰。随后用"点"画出所有Ⓐ～Ⓑ轴间的房间。再选择"厕所"房间，同样将"房心回填"的依附构件删除，"点"画所有卫生间的内装饰（注意，在①～②轴和⑪～⑫轴间外墙处先补画虚墙，画好房间后再删除）。房间装饰效果如图 5-6 所示。

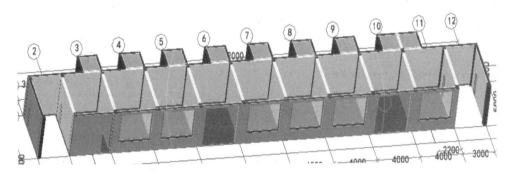

图 5-6　房间装饰效果

5.2　第 2 层新增构件三维算量模型建立

5.2.1　建模准备

1. 任务目标

完成第 2 层新增构件三维算量模型建立（包括门窗、阳台栏板、走廊栏板、栏杆扶手等）。

2. 任务准备

① 仔细查看图纸 J-01 中门窗名称及分布情况，并查看图纸 J-03 中的门窗表。

② 查看图纸补充说明中阳台栏板及走廊栏板的材质、高度和厚度等。

③ 观看楼层新增构件三维算量模型建立演示视频。

5.2.2　软件实际操作

【新建 2 层门窗】

1. 新建门窗

新建门窗的操作步骤如下。

【第一步】修改门属性及清单与定额套用。选择"模块导航栏"中"门窗洞"下的"门"，单击"定义"按钮，把"M-1"修改为"M-4"，并将属性编辑框中"洞口宽度（mm）"与"洞口高度（mm）"分别修改为“1000”和“3000”，其余不变；把“M－2”修改为“M－6”，并将属性编辑框中“洞口宽度（mm）”与“洞口高度（mm）”分别修改为“700”和“3000”。门清单与定额套用结果如图 5－7 所示。

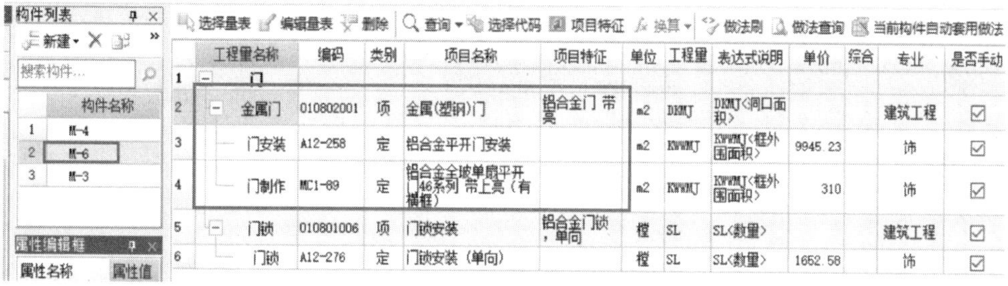

	工程量名称	编码	类别	项目名称	项目特征	单位	工程量	表达式说明	单价	综合	专业	是否手动
1	门											
2	金属门	010802001	项	金属(塑钢)门	铝合金门 带亮	m2	DKMJ	DKMJ<洞口面积>			建筑工程	☑
3	门安装	A12-258	定	铝合金平开门安装		m2	KWWMJ	KWWMJ<框外围面积>	9945.23		饰	☑
4	门制作	MC1-69	定	铝合金全玻单扇平开门46系列 带上亮（有横框）		m2	KWWMJ	KWWMJ<框外围面积>	310		饰	☑
5	门锁	010801006	项	门锁安装	铝合金门锁，单向	樘	SL	SL<数量>			建筑工程	☑
6	门锁	A12-276	定	门锁安装（单向）		樘	SL	SL<数量>	1652.58		饰	☑

图 5－7 门清单与定额套用结果

【第二步】修改窗属性及清单与定额套用。选择“模块导航栏”中“门窗洞”下的“窗”，单击“定义”按钮，选择“C－1”窗，单击“构件列表”下的“复制”按钮，修改“名称”为“C－5”，并修改属性编辑框中“洞口宽度（mm）”与“洞口高度（mm）”为“1500”和“2000”，“离地高度（mm）”修改为“1000”，再重新套铝合金窗制作定额（定额编码应修改为 MC1－96），其余不变；再单击“复制”按钮，修改“名称”为“C－6”，并将属性编辑框中“洞口宽度（mm）”与“洞口高度（mm）”分别修改为“1200”和“2000”，其他不变。窗清单与定额套用结果如图 5－8 所示。

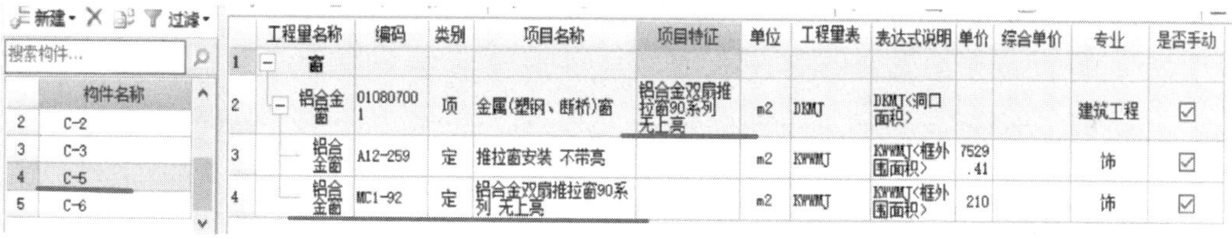

	工程量名称	编码	类别	项目名称	项目特征	单位	工程量表	表达式说明	单价	综合单价	专业	是否手动
1	窗											
2	铝合金窗	010807001	项	金属(塑钢、断桥)窗	铝合金双扇推拉窗90系列 无上亮	m2	DKMJ	DKMJ<洞口面积>			建筑工程	☑
3	铝合金窗	A12-259	定	推拉窗安装 不带亮		m2	KWWMJ	KWWMJ<框外围面积>	7529.41		饰	☑
4	铝合金窗	MC1-92	定	铝合金双扇推拉窗90系列 无上亮		m2	KWWMJ	KWWMJ<框外围面积>	210		饰	☑

图 5－8 窗清单与定额套用结果

【第三步】新建门联窗属性及清单与定额套用。选择“模块导航栏”中“门窗洞”下的“门联窗”，单击“构件列表”下的“新建”按钮，选择“新建门联窗”，修改“名称”为“门联窗”。进行门联窗属性编辑，在“洞口宽度（mm）”中填写“1600”，“洞口高度（mm）”中填写“3000”，“窗宽度（mm）”中填写“800”，“窗距门相对高度（mm）”中填写“1000”，“窗位置”选择“靠左”，其他不变。再单击“定义”按钮，进入清单与定额套用。单击“编辑量表”按钮，取消选中原来的清单，再添加门清单与定额、门锁清单与定额、窗清单与定额等。门联窗清单与定额套用结果如图 5－9 所示。

【第四步】绘制门窗。同样采用精确布置，画法同首层门窗。门窗绘制完成后的平面图如图 5－10 所示。

2. 新建阳台栏板、走廊栏板及栏杆扶手

第 2 层阳台栏板在图上没有标明。这里补充说明如下：阳台栏板下方为混凝土反檐，高 300mm，厚 180mm，C25 商品混凝土；上方为栏杆，不锈钢扶手；走廊栏板为 3/4 砖混栏板，厚 180mm，高 1000mm。

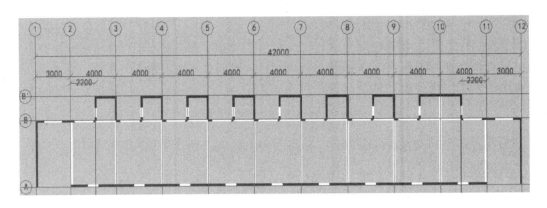

图 5-9　门联窗清单与定额套用结果

图 5-10　门窗绘制完成后的平面图

新建阳台栏板、走廊栏板及栏杆扶手的操作步骤如下。

【第一步】新建阳台栏板属性及清单与定额套用。选择"模块导航栏"中"其他"下的"栏板"，单击"构件列表"下的"新建"按钮，选择"新建栏板"，修改"名称"为"阳台栏板"；进行阳台栏板属性编辑，在其中"截面宽度（mm）"中填写"180"，"截面高度（mm）"中填写"300"，其他不变。再单击"定义"按钮，进入清单与定额套用，选择"当前自动套用构件做法"即可，再填写项目特征。单击"编辑量表"按钮，选择"添加清单工程量"，单击"查询清单"按钮，选择"中心线长度"，单击"添加"按钮，把"中心线长度"名称改为"栏杆扶手"；再选择"添加定额工程量"，单击"查询定额"按钮，选择"中心线长度"，单击"添加"按钮两次，然后把第一行定额名称"中心线长度"改为"扶手"，把第二行"中心线长度"改为"栏杆制安"，单击"确定"按钮即可。最后套用清单与定额并填写项目特征，其套用结果如图 5-11 所示。

【第二步】新建走廊栏板属性及清单与定额套用。单击"构件列表"下的"复制"按钮，修改"名称"为"走廊栏板"；进行走廊栏板属性编辑，在其中"截面宽度（mm）"中填写"180"，"截面高度（mm）"中填写"1000"，"材质"改为"砖混凝土混合"，其他

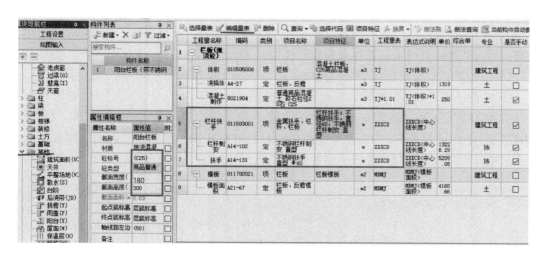

图 5 – 11 阳台栏板清单与定额套用结果

不变。再单击"定义"按钮，进入清单与定额套用。单击"编辑量表"按钮，取消选中原来的混凝土栏板与模板清单。再选择"添加清单工程量"，单击"查询清单"按钮，选择"中心线长度"，单击"添加"按钮，把清单名称"中心线长度"改为"砖混栏板"；再选择"添加定额工程量"，单击"查询定额"按钮，选择"中心线长度"，单击"添加"按钮，把定额名称"中心线长度"改为"砖混栏板"，然后单击"确定"按钮即可。最后套用清单与定额并填写项目特征，其套用结果如图 5 – 12 所示。

图 5 – 12 走廊栏板清单与定额套用结果

【第三步】新建栏杆扶手属性。选择"模块导航栏"中"其他"下的"栏杆扶手"，单击"构件列表"下的"新建"按钮，选择"新建栏杆扶手"，修改"名称"为"阳台栏杆扶手"；进行栏杆扶手属性编辑，在"扶手截面形式"中选择"圆形"，"扶手半径（mm）"中填写"60"，"栏杆截面形式"中选择"圆形"，"栏杆半径（mm）"中填写"10"，"栏杆高度（mm）"中填写"700"，其他不变。再单击"复制"按钮，修改"名称"为"走廊栏杆扶手"，进行栏杆扶手属性编辑，在"栏杆半径（mm）"中填写"20"，"栏杆高度（mm）"中填写"100"，"栏杆间距（mm）"中填写"500"，其他不变。也无须再套清单与定额，因这两处栏杆扶手已挂接在相应栏板处。

【第四步】栏板与栏杆扶手绘制。

① 栏板。用"直线"画阳台栏板与走廊栏板，并对齐。

② 栏杆扶手。用"智能布置"画栏杆扶手。单击"智能布置"按钮，出现下拉列表，选择"墙、压顶、栏板"，单击已画好的阳台栏板，栏杆扶手就生成了；用同样的办法绘制走廊栏杆扶手。栏板与栏杆扶手绘制效果如图 5-13 所示。

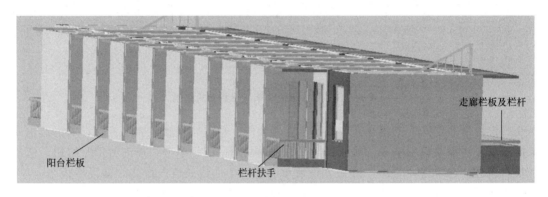

图 5-13　栏板与栏杆扶手绘制效果

3. 装饰

由于第 2 层Ⓑ轴外墙发生变化并新增了阳台及走廊，所以应补画其中的装饰。所有栏板外装饰做法同外墙，但颜色改为浅粉色；内装饰同其他房间内墙做法。

【补画部分装饰】

补画装饰操作步骤如下。

【第一步】补画墙面装饰。

① 补画Ⓑ轴及Ⓑ轴外墙装饰。选择"模块导航栏"中"装修"下的"墙面"，选择绘图窗口上方的"外墙面"，用"点"画出外墙装饰。

② 补画走廊外墙面装饰及内墙面装饰。

③ 补画阳台栏板外墙面装饰和内墙面装饰。

【第二步】补画楼面装饰。

用"点"画出阳台楼地面及走廊楼地面。

5.3　第2层成果统计与报表预览

第 2 层所有修改部分及新增构件三维算量模型完成后，进行汇总计算，查看并核对工程量，最后进行清单与定额报表预览。第 2 层所有构件的清单与定额汇总表见表 5-1。

表 5-1　第 2 层所有构件的清单与定额汇总表

序号	编码	项目名称	项目特征	单位	工程量	备注
1	010401008001	填充墙	蒸压灰砂砖外墙 墙体厚180，M5 混合砂浆砌筑	m³	45.2018	
	A3-69	蒸压灰砂砖外墙 墙体厚度 17.5cm	蒸压灰砂砖外墙 墙体厚度 17.5cm	10m³	4.5202	
2	010401008002	填充墙	蒸压灰砂砖内墙 墙体厚度180，M5 混合砂浆	m³	31.1338	
	A3-71	蒸压灰砂砖内墙 墙体厚度 17.5cm	蒸压灰砂砖内墙 墙体厚度 17.5cm	10m³	3.1134	
3	010502001001	矩形柱	矩形框架柱（300×400），C30 商品混凝土	m³	10.08	
	A4-5	矩形、多边形、异形、圆形柱	矩形、多边形、异形、圆形柱	10m³	1.008	
	8021127	普通预拌混凝土 C30 粒径为 20mm 石子	普通预拌混凝土 C30 粒径为 20mm 石子	m³	10.1808	
4	010502001002	矩形柱	楼梯梯柱（200×300），C30 商品混凝土	m³	0.42	实体项目
	A4-5	矩形、多边形、异形、圆形柱	矩形、多边形、异形、圆形柱	10m³	0.042	
	8021127	普通预拌混凝土 C30 粒径为 20mm 石子	普通预拌混凝土 C30 粒径为 20mm 石子	m³	0.4242	
5	010505001001	有梁板	C30 商品混凝土	m³	24.513	
	A4-14	平板、有梁板、无梁板	平板、有梁板、无梁板	10m³	2.4513	
	8021127	普通预拌混凝土 C30 粒径为 20mm 石子	普通预拌混凝土 C30 粒径为 20mm 石子	m³	24.7581	
6	010505001002	有梁板	有梁板，C30 商品混凝土	m³	28.783	
	A4-14	平板、有梁板、无梁板	平板、有梁板、无梁板	10m³	2.8783	
	8021127	普通预拌混凝土 C30 粒径为 20mm 石子	普通预拌混凝土 C30 粒径为 20mm 石子	m³	29.0708	
7	010505006001	栏板	阳台混凝土栏板，C25 商品混凝土	m³	1.1664	
	A4-27	栏板、反檐	栏板、反檐	10m³	0.1166	
	8021904	普通预拌混凝土 C25 粒径为 20mm 石子	普通预拌混凝土 C25 粒径为 20mm 石子	m³	1.1781	
8	010505006002	栏板	走廊砖砌栏板 厚度 3/4 砖	m³	44.64	
	A3-122	砖砌栏板 厚度 3/4 砖	砖砌栏板 厚度 3/4 砖	100m	0.4464	

工程造价软件应用与实践

续表

序号	编码	项目名称	项目特征	单位	工程量	备注
9	010506001001	直形楼梯	直形楼梯, C30 商品混凝土	m³	4.8022	
	A4-20	直形楼梯	直形楼梯	10m³	0.4802	
	8021905	普通商品混凝土 碎石粒径 20 石 C30	普通商品混凝土 碎石粒径 20 石 C30	m³	4.8502	
10	010801001001	木质门	木质夹板门, 带亮	m²	26.73	
	A12-49	无纱镶板门、胶合板门安装 带亮 单扇	无纱镶板门、胶合板门安装 带亮 单扇	100m²	0.2673	
	A12-15	杉木无纱胶合板门制作 带亮 单扇	杉木带纱胶合板门制作 带亮 单扇	100m²	0.2673	
11	010801006001	门锁安装	木门门锁, 单向	套	9	
	A12-276	门锁安装 (单向)	门锁安装 (单向)	100 套	0.09	
12	010801006003	门锁安装	铝合金门锁, 单向	套	9	
	A12-276	门锁安装 (单向)	门锁安装 (单向)	100 套	0.09	
13	010802001002	金属 (塑钢) 门	铝合金门 带亮	m²	18.9	实体项目
	A12-258	铝合金平开门安装	铝合金平开门安装	100m²	0.189	
	MC1-89	铝合金全玻单扇平开门 46 系列 带上亮 (有横框)	铝合金全玻单扇平开门 46 系列 带上亮 (有横框)	m²	18.9	
14	010802001003	金属 (铝合金) 门	铝合金全玻单扇平开门 46 系列 带上亮 (有横框)	m²	21.6	
	A12-258	铝合金平开门安装	铝合金平开门安装	100m²	0.216	
	MC1-89	铝合金全玻单扇平开门 46 系列 带上亮 (有横框)	铝合金全玻单扇平开门 46 系列 带上亮 (有横框)	m²	21.6	
15	010807001002	金属 (塑钢、断桥)	铝合金双扇推拉窗 90 系列 无上亮	m²	6	
	A12-259	推拉窗安装 不带亮	推拉窗安装 不带亮	100m²	0.06	
	MC1-92	铝合金双扇推拉窗 90 系列 无上亮	铝合金双扇推拉窗 90 系列 无上亮	m²	6	
16	010807001003	金属 (塑钢、断桥) 窗	铝合金双扇平开窗 38 系列 带上亮	m²	14.4	
	A12-265	平开窗安装	平开窗安装	100m²	0.144	
	MC1-106	铝合金双扇平开窗 38 系列 带上亮	铝合金双扇平开窗 38 系列 带上亮	m²	14.4	

续表

序号	编码	项目名称	项目特征	单位	工程量	备注
17	011102003001	块料楼地面	块料地面，8厚防滑无釉面砖200×200，20厚1:3水泥砂浆找平	m²	26.892	
	A7-201	沥青砂浆	沥青砂浆	100m²	0.6358	
	A9-64	楼地面陶瓷块料（每块周长mm）600以内水泥砂浆	楼地面陶瓷块料（每块周长mm）600以内水泥砂浆	100m²	0.2689	
	A9-1	楼地面水泥砂浆找平层混凝土或硬基层上20mm	楼地面水泥砂浆找平层混凝土或硬基层上20mm	100m²	0.2689	
18	011102003002	块料楼地面	块料地面，8厚灰白色抛光砖600×600，20厚1:2.5水泥砂浆找平	m²	276.3516	
	A9-68	楼地面陶瓷块料（每块周长mm）2600以内 水泥砂浆	楼地面陶瓷块料（每块周长mm）2600以内水泥砂浆	100m²	2.7635	
	A9-1	楼地面水泥砂浆找平层 混凝土或硬基层上20mm	楼地面水泥砂浆找平层混凝土或硬基层上20mm	100m²	2.7635	实体项目
19	011105001001	水泥砂浆踢脚线	水泥砂浆踢脚线，20厚1:1:6水泥石灰砂浆打底，3厚1:1水泥细砂浆（或建筑胶）纯水泥浆扫缝，高120mm	m²	12.7656	
	A9-16	水泥砂浆整体面层踢脚线12+8mm	水泥砂浆整体面层踢脚线12+8mm	100m²	0.1277	
20	011105003001	块料踢脚线	楼梯踢脚线：水泥砂浆踢脚线，20厚1:1:6水泥石灰砂浆打底，3厚1:1水泥细砂浆（或建筑胶）纯水泥浆扫缝，高120mm	m²	10.0689	
	A9-73	铺贴陶瓷块料踢脚线水泥砂浆	铺贴陶瓷块料踢脚线水泥砂浆	100m²	0.0572	
21	011106002001	块料楼梯面层	楼梯块料地面，8厚灰白色抛光砖600×600，20厚1:2.5水泥砂浆找平	m²	26.0568	
	A9-4	水泥砂浆找平层楼梯20mm	水泥砂浆找平层楼梯20mm	100m²	0.2606	
	A9-71	铺贴陶瓷块料楼梯 水泥砂浆	铺贴陶瓷块料楼梯 水泥砂浆	100m²	0.2606	

工程造价软件应用与实践

续表

序号	编码	项目名称	项目特征	单位	工程量	备注
22	011201001001	墙面一般抹灰	内墙都采用15厚1:1:6水泥石灰砂浆打底，5厚1:0.5:3石灰砂浆粉光	m²	582.7046	实体项目
	A10-8	各种墙面 水泥石灰砂浆底 石灰砂浆面 15+5mm	各种墙面 水泥石灰砂浆底 石灰砂浆面 15+5mm	100m²	5.827	
23	011201001002	墙面一般抹灰	外墙一般抹灰：15厚1:1:6水泥石类砂浆打底，5厚1:1:4水泥石类砂浆批面，打底油一道	m²	348.6275	
	A10-9	各种墙面 水泥石灰砂浆底 水泥石灰砂浆面 15+5mm	各种墙面 水泥石灰砂浆底 水泥石灰砂浆面 15+5mm	100m²	3.4863	
24	011201004001	立面砂浆找平层	厕所内墙：20厚水泥砂浆找底	m²	192.125	
	A10-1	底层抹灰 各种墙面 15mm	底层抹灰 各种墙面 15mm	100m²	1.9213	
25	011204003001	块料墙面	厕所内墙做法：3厚1:1水泥砂浆贴5厚彩色瓷砖，白水泥扫缝	m²	196.0769	
	A10-147	墙面镶贴陶瓷面砖密缝1:2水泥砂浆 块料 周长2100mm内	墙面镶贴陶瓷面砖密缝1:2水泥砂浆 块料 周长2100mm内	100m²	1.9608	
26	011301001001	天棚抹灰	天棚抹灰（10厚1:1:6水泥石灰砂浆打底扫毛，3厚木质纤维素灰罩面）	m²	187.4196	
	A11-3	水泥石灰砂浆底 纸筋灰面 10+3mm	水泥石灰砂浆底 纸筋灰面 10+3mm	100m²	1.8742	
27	011301001002	天棚抹灰	楼梯天棚抹灰	m²	29.7022	
	A11-3	水泥石灰砂浆底 纸筋灰面 10+3mm	水泥石灰砂浆底 纸筋灰面 10+3mm	100m²	0.297	
28	011301001004	天棚抹灰	阳台及走廊天棚抹灰（10厚1:1:6水泥石灰砂浆打底扫毛，3厚木质纤维素灰罩面）	m²	164.3435	
	A11-3	水泥石灰砂浆底 纸筋灰面 10+3mm	水泥石灰砂浆底 纸筋灰面 10+3mm	100m²	1.6434	

续表

序号	编码	项目名称	项目特征	单位	工程量	备注
29	011401001001	木门油漆	木门油漆：底油一遍调和漆二遍 单层木门	m²	26.73	
	A16-1	木材面油调和漆 底油一遍调和漆二遍 单层木门	木材面油调和漆 底油一遍调和漆二遍 单层木门	100m²	0.2673	
30	011406001001	抹灰面油漆	乳胶腻子刮面，扫象牙白色高级乳胶漆两遍	m²	582.7046	
	A16-181	刮腻子 一遍	刮腻子 一遍	100m²	5.827	
	A16-187	抹灰面乳胶漆墙柱面 二遍	抹灰面乳胶漆墙柱面 二遍	100m²	5.827	
31	011406001002	抹灰面油漆	天棚刷乳胶漆两遍	m²	187.4196	
	A16-189	抹灰面乳胶漆天棚面 二遍	抹灰面乳胶漆天棚面 二遍	100m²	1.8742	
32	011406001003	抹灰面油漆	外墙打底油一遍	m²	348.6275	实体项目
	A16-178	抹灰面调和漆 墙、柱、天棚面 底油一遍调和漆二遍	抹灰面调和漆 墙、柱、天棚面 底油一遍调和漆二遍	100m²	3.4863	
33	011406001005	抹灰面油漆	阳台及走廊天棚：刷乳胶漆两遍	m²	164.3435	
	A16-189	抹灰面乳胶漆天棚面 二遍	抹灰面乳胶漆天棚面 二遍	100m²	1.6434	
34	011407001001	墙面喷刷涂料	外墙刷涂料两遍	m²	348.6275	
	A16-242	外墙喷硬质复层凹凸花纹涂料（浮雕型）墙、柱面	外墙喷硬质复层凹凸花纹涂料（浮雕型）墙、柱面	100m²	3.4863	
35	011503001001	金属扶手、栏杆、栏板	不锈钢扶手（D=60），带栏杆	m	66.24	
	A14-102	不锈钢栏杆制安 直型	不锈钢栏杆制安 直型	100m	0.6624	
	A14-131	不锈钢扶手直型 Φ60	不锈钢扶手直型 Φ60	100m	0.6624	

5.4 第 3 层新增构件三维算量模型建立

第 3 层与第 2 层全部相同，把第 2 层所有构件图元全部复制到第 3 层即可。复制方法

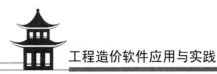

有两种，一种是楼层复制（与前面讲解的楼层复制相同），另一种是块存盘与块提取。这里讲解第二种方法。

① 块存盘。选择"楼层"菜单下的"块存盘"，框选第 2 层所有构件，再单击①轴与Ⓐ轴的交点作为基准点（看屏幕下方状态栏提示，选取基点），弹出"另存为"对话框，将其保存在桌面即可，文件名为"2 层所有构件"；单击"保存"按钮，最后弹出"块存盘成功"对话框，单击"确定"按钮即可。

② 块提取。单击绘图窗口上方"首层"的下三角按钮，选择"第 3 层"。再选择"楼层"菜单下的"块提取"，弹出"打开"对话框，选择刚保存的块名"2 层所有构件"，单击"打开"按钮，再单击①轴与Ⓐ轴的交点作为基准点，直到出现"块提取成功"对话框，单击"确定"按钮即可。这样第 2 层的所有构件就全部复制到第 3 层了，接着即可查看三维效果。

本章小结

本章主要讲解楼层复制及第 2 层部分构件的修改（包括外墙、楼梯、梯柱及房间装饰的修改等），并讲解门窗、阳台栏板、走廊栏板及栏杆扶手等构件的三维算量模型的建立，以及块存盘与块提取操作命令的应用。

本章的易错点是Ⓑ轴外墙位置变化，以及栏杆和扶手的清单与定额要挂接在栏板中。本章的难点是门联窗的设置，以及如何从立面图中找到阳台栏板与走廊栏板的高度。

习 题

1. 如何确定门联窗的洞口宽度？怎样确定窗相对于门的高度？
2. 如何操作块存盘与块提取？
3. 走廊地面可以用房间布置吗？
4. 阳台栏板内侧的装饰是外墙装饰还是内墙装饰？

第6章 顶层工程量计算

6.1 楼层的复制与构件修改

6.1.1 建模准备

1. 任务目标

把第3层Z1柱、180外墙及外墙装饰复制到第4层（即顶层），并对其进行修改。

2. 任务准备

① 查看图纸JG-08，对比第3层柱的类型、形状与尺寸，以及分布情况，确定哪些柱可以复制到第4层；再查看图纸JG-05，看柱截面是否发生改变。同理，查看图纸J-02，看有哪些墙可以复制到第4层。

② 修改复制过来的柱与墙的位置、标高等属性。

③ 观看楼层复制三维算量模型建立演示视频。

【楼层复制与部分
构件图元修改】

6.1.2 软件实际操作

1. 楼层复制

楼层复制的操作步骤如下。

【第一步】复制第3层Z1柱、180外墙及外墙装饰到第4层。单击工具栏中的"选择"按钮，单击"批量选择"按钮，出现下拉列表，选择"墙"下的"180外墙"（注意不要选择"内墙"），再选择所有"柱"下的"Z1"和"装饰"下的"外墙面装饰"，单击"确定"按钮；接着选择"楼层"菜单下的"复制选定图元到其他楼层"，弹出"复制选定图元到其他楼层"对话框，选择"第4层"，再单击"确定"按钮即可。

【第二步】进入第4层绘图窗口。单击工具栏中"3层"右侧的下三角按钮，选择"4层"，整个绘图窗口就进入第4层了。

2. 部分构件修改

（1）柱的修改。

柱的修改的操作步骤如下。

【第一步】修改第4层Z1柱的截面属性。选择"模块导航栏"中"柱"下的"柱"，在属性编辑框中把Z1的"截面宽度（mm）"改为"200"，"柱顶标高（m）"改为"层顶标高-0.2"，按Enter键即可。

【第二步】柱位置对齐编辑。单击绘图窗口工具栏中"对齐"按钮下的"多对齐"，框选①轴的两个Z1柱，右击后再单击①轴轴线，①轴的两个Z1柱左边缘就与①轴轴线对齐了；同理再把②轴的Z1柱左边缘与②轴轴线对齐，把⑪轴和⑫轴的Z1柱右边缘与其轴线对齐即可。

（2）墙的修改。

墙的修改的操作步骤如下。

【第一步】复制外墙生成女儿墙属性。选择"模块导航栏"中"墙"下的"墙"，单击"构件列表"下的"复制"按钮，生成新的外墙，修改其"名称"为"女儿墙"；在属性编辑框中把"起点顶标高（m）"与"终点顶标高（m）"都修改为"12.3"，再把原来的外墙"WQ-180"的"顶标高（m）"修改为"13.4"，按 Enter 键即可。

【第二步】Ⓑ轴及Ⓑ'轴外墙的修改。先删除Ⓑ轴及Ⓑ'轴所有外墙，单击工具栏中的"选择"按钮，再框选Ⓑ轴及Ⓑ'轴外墙，右击后选择"删除"，单击"确定"按钮即可。然后按图纸 J-02 重画Ⓑ轴外墙与Ⓑ'轴女儿墙，并对齐。

【第三步】延伸①轴、⑫轴外墙到Ⓐ轴。单击绘图窗口工具栏中的"延伸"按钮，然后单击Ⓐ轴轴线，再单击①轴墙和⑫轴墙，右击结束。这两处墙就延伸到Ⓐ轴轴线了。

【第四步】绘制②轴与⑪轴楼梯间外墙并对齐（注：此处外墙在Ⓑ轴与Ⓐ轴之间）。

【第五步】绘制②轴与⑪轴女儿墙并对齐（注：此处女儿墙在Ⓑ轴与Ⓑ'轴之间）。

【第六步】删除Ⓐ轴所有外墙，补画Ⓐ轴外墙与Ⓐ轴女儿墙。单击工具栏中的"选择"按钮，再框选Ⓐ轴外墙，右击后选择"删除"，单击"确定"按钮即可。再按图纸 J-02 重画Ⓐ轴外墙与Ⓐ轴女儿墙，然后对齐。

（3）外墙面装饰的修改。

外墙面装饰的修改的操作步骤如下。

【第一步】删除外墙面装饰。选择"模块导航栏"中"装修"下的"墙面"，单击"选择"按钮，再单击"批量选择"按钮，选中"装修"下的"外墙面"，单击"确定"按钮，再按 Delete 键即可。

【第二步】补画外墙面装饰。单击绘图工具栏中的"点"按钮，再单击所有外墙和女儿墙外侧，画好外墙面装饰。其三维效果如图 6-1 所示。

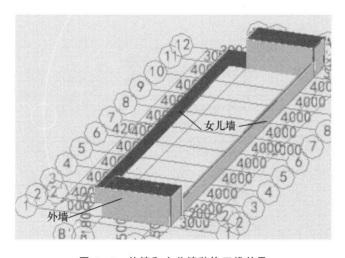

图6-1　外墙和女儿墙装饰三维效果

6.2　顶层新增构件三维算量模型建立

6.2.1　建模准备

1. 任务目标

完成顶层新增构件（包括梯屋顶梁及梯屋顶板、屋顶楼梯间内装饰及女儿墙内墙面装饰、主楼屋面构造柱及横杆、梯屋顶反挑檐、屋面门窗工程、屋面防水及保温工程等）三维算量模型的建立。

2. 任务准备

① 仔细查看图纸 J-02 中的屋面平面图，了解屋面架构分布（即构造柱及横杆分布）、屋顶门窗名称和分布，并查看门窗表。

② 观看相应的三维算量模型建立演示视频。

【梯屋顶梁及梯屋顶板建模】

6.2.2　软件实际操作

1. 梯屋顶梁及梯屋顶板

梯屋顶梁及梯屋顶板建模的操作步骤如下。

【第一步】梯屋顶梁及梯屋顶板构件复制。先回到第 3 层，选择"构件"菜单下的"复制构件到其他楼层"，弹出"复制构件到其他楼层"对话框，选中"梁"下的"KL1（1A）"和"L1（1）"及"板"下的"XB-100"，再选中目标楼层中的"第 4 层"，如图 6-2 所示，单击"确定"按钮即可。

图 6-2　将梁、板构件复制到其他楼层

【第二步】修改所有梁属性。选择"模块导航栏"中"梁"下的"梁",单击"定义"按钮,把"KL1（1A）"名称修改为"WKL1（1A）","截面宽度（mm）"修改为"200","截面高度（mm）"修改为"400",按 Enter 键即可。单击"构件列表"下的"复制"按钮,把梁"名称"修改为"WKL2（1）";再单击"复制"按钮,把梁名称修改为"WKL3（1）",把原来的"L1"名称修改为"WL1（1）","截面高度（mm）"修改为"400",按 Enter 键;接着单击"复制"按钮,把梁名称修改为"WL3（1）","截面高度（mm）"修改为"350",按 Enter 键即可。

【第三步】画梁并对齐。按照图纸 JG-08 上的梯屋顶梁钢筋图,分别画出各种梁。梯屋顶梁三维效果如图 6-3 所示。

图 6-3　梯屋顶梁三维效果

【第四步】画板并编辑板的属性。

① 画板。按照图纸 JG-08 上的梯屋顶板钢筋图,用"点"分别画出 WB1、WB2 及 WB3 板（注：这些板都是用"XB-100"画的）。梯屋顶板平面图如图 6-4 所示。

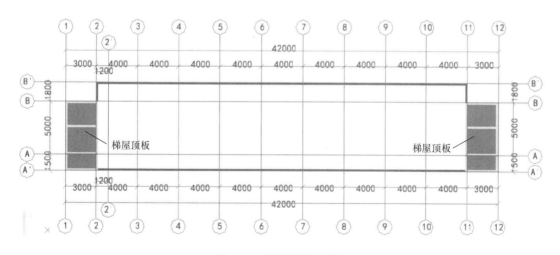

图 6-4　梯屋顶板平面图

② 编辑板。单击左侧"合并"按钮,单击选择画好的三块板,右击弹出"是否合并当前所选择图元"对话框,单击"是"按钮,弹出"合并成功"对话框,单击"确定"按钮;再单击左侧"偏移"按钮,右击弹出"选择偏移方式"对话框,单击"多边偏移"按钮并确定。随后单击板的下边缘,右击后向下移动鼠标,填入"600"（从梁中心到板边缘距离为600mm）;单击板的右边缘,单击该边的"夹点",右击后向右移动鼠标,填入"600";单击板上边的"夹点",向上移动鼠标,填入"600";单击板左边的"夹点",向左移动鼠标,填入"600";最后按 Enter 键即可。梯屋顶板偏移后平面图如图 6-5 所示。

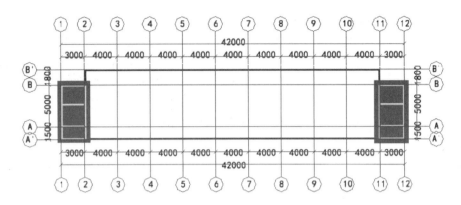

图 6-5　梯屋顶板偏移后平面图

【屋顶楼梯间内
装饰及女儿墙内
墙面装饰建模】

2. 屋顶楼梯间内装饰及女儿墙内墙面装饰

屋顶楼梯间内装饰及女儿墙内墙面装饰建模的操作步骤如下。

【第一步】装修构件复制。回到第 3 层，选择"构件"菜单下的"复制构件到其他楼层"，弹出"复制构件到其他楼层"对话框，选择其中"装修"下的"房间内墙面"，再选择目标楼层中的"第 4 层"，单击"确定"按钮即可。

【第二步】画左、右楼梯间房间装饰。选择"模块导航栏"中"装修"下的"房间"中的"其他房间"，用"点"画出房间装饰。

【第三步】女儿墙内装饰。单击"模块导航栏"中"装修"下的"墙面"，选择"构件列表"下的"房间内墙面 1"；单击"构件列表"下的"复制"按钮，生成新的内墙面，修改其"名称"为"女儿墙内墙面"；单击"编辑量表"按钮，取消选中其中的"墙面油漆"清单；用"点"画出女儿墙内装饰，其效果如图 6-6 所示。

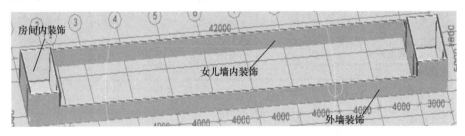

图 6-6　女儿墙内装饰效果

【主楼屋面构造柱
及横杆建模】

3. 主楼屋面构造柱及横杆

（1）构造柱。

构造柱建模的操作步骤如下。

【第一步】构造柱属性设置。选择"模块导航栏"中"柱"下的"柱"，单击"构件列表"下的"复制"按钮，生成新的柱，修改"名称"为"GZ"，"类别"为"普通柱"，"截面高度（mm）"为"600"，"顶标高（m）"为"12.3"。构造柱重新套定额，并修改其清单项目特征等。

【第二步】绘制构造柱。单击绘图工具栏中的"点"按钮，把鼠标指针放在Ⓐ轴与③

轴的交点处，按住 Shift 键单击，在偏移框"X＝"后填入"－300"，③轴左边的柱即画好了；同理，把鼠标指针放在Ⓐ轴与③轴的交点处，按住 Shift 键单击，在偏移框"X＝"后填入"300"，③轴右边的柱也画好了。然后让构造柱的下边缘与Ⓐ轴对齐。

【第三步】生成全部构造柱。单击工具栏中的"选择"按钮，框选画好的两个构造柱，右击后选择"复制"，确定后单击Ⓐ轴与③轴的交点作为基准点，再依次单击Ⓐ轴与④轴的交点、与⑤轴的交点……，直到全部构造柱画好。

（2）横杆。

横杆建模的操作步骤如下。

【第一步】横杆属性设置与量表套用。选择"模块导航栏"中"梁"下的"圈梁"，单击"构件列表"下的"新建"按钮并选择"新建矩形圈梁"，修改"名称"为"上横杆"，"截面宽度（mm）"为"600"，"截面高度（mm）"为"150"，"起点顶标高（m）"与"终点顶标高（m）"都为"12.3"；再自动套用做法，填写项目特征，其套用结果如图 6－7 所示。单击"构件列表"下的"复制"按钮，生成新的横杆，其"名称"为"中横杆"，修改"起点顶标高（m）"与"终点顶标高（m）"都为"11.8"，其他不变；再单击"构件列表"下的"复制"按钮，修改其"名称"为"下横杆"，"起点顶标高（m）"与"终点顶标高（m）"都为"11.3"，其他不变。

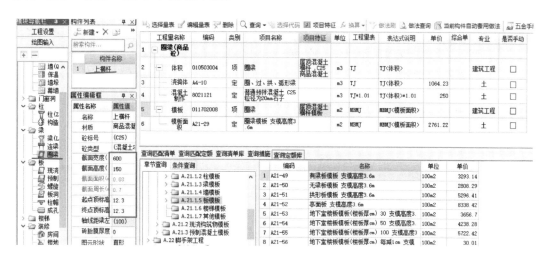

图 6－7　横杆属性设置与量表套用结果

【第二步】设置板。选择"模块导航栏"中"板"下的"现浇板"，单击"构件列表"下的"新建"按钮并选择"新建现浇板"，修改"名称"为"上横杆"，"厚度（mm）"为"150"，"顶标高（m）"为"12.3"，"是否楼板"为"否"；再按上文圈梁设置的"上横杆"的清单与定额套用量表；然后复制生成中横杆与下横杆，修改"顶标高（m）"分别为"11.8"和"11.3"，其他不变。

【第三步】绘制横杆。首先选择圈梁下的横杆，用直线工具画出Ⓑ轴的全部横杆，Ⓐ轴上③～⑪轴间的横杆；再选择板的横杆，用直线工具画出Ⓐ轴上②～③轴间和⑪～⑫轴间的横杆，然后对齐。横杆绘制效果如图 6－8 所示。

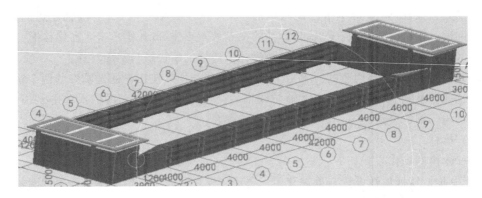

图 6 - 8　横杆绘制效果

4. 梯屋顶反檐

梯屋顶反檐在图纸上没有，这里补充说明：反檐为 C25 商品混凝土，高度为 200mm，矩形截面尺寸为 100mm×200mm。

【梯屋顶反檐建模】

梯屋顶反檐建模的操作步骤如下。

【第一步】反檐设置。选择"模块导航栏"中"其他"下的"挑檐"，单击"构件列表"下的"新建"按钮并选择"新建线式异形挑檐"，弹出"多边编辑器"窗口，选择"定义轴网"，在"水平方向间距（mm）"填入"100"，在"垂直方向间距（mm）"填入"200"，再按图画出矩形图，单击"确定"按钮即可。在属性编辑框中修改"名称"为"反檐"，"起点顶标高（m）"与"终点顶标高（m）"选择"层顶标高"。

【第二步】反檐清单与定额套用。单击工具栏中的"定义"按钮，出现反檐量表，选择"当前构件自动套用做法"，再填写项目特征。其套用结果如图 6-9 所示。

图 6 - 9　反檐清单与定额套用结果

【第三步】绘制反檐。用直线工具沿左侧梯屋顶板边四周绘制，然后对齐，再镜像到右侧即可。反檐效果如图 6-10 所示。

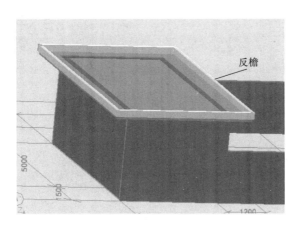

图 6-10 反檐效果

5. 屋面门窗工程

查看图纸 J-02 中的屋面平面图，可以看到还有一个从楼梯间进到主楼屋顶的门 M-7，再查看门窗表，可知该门是铝合金门。因此可把第 3 层类似的铝合金门 M-6 复制到第 4 层，再修改其名称和属性，"门宽度（mm）"填写"1000"，"门高度（mm）"填写"2100"，其他不变。然后按屋面平面图中 M-7 的位置，用"精确布置"画图即可。

6. 屋面防水及保温工程

主楼及梯屋顶的屋面防水及保温工程都按图纸 J-00A 中屋面要求设置。其做法分别是：①面批 20mm 厚 1:2.5 水泥砂浆找平层，聚氨酯涂膜防水 2mm 厚，上做 20mm 厚 1:2.5 水泥砂浆保护层，其上捣 40mm 厚 C20 细石混凝土（内配 φ4mm 钢筋，双向中距 200mm）随手抹平；②做 15mm 厚 1:2:9 水泥石灰砂浆，坐砌陶粒轻质隔热砖（305mm×305mm×63mm），1:2.5 水泥砂浆灌缝，纯水泥浆抹缝。

屋面防水及保温工程建模的操作步骤如下。

【第一步】屋面设置。选择"模块导航栏"中"其他"下的"屋面"，单击"构件列表"下的"新建"按钮并选择"新建屋面"，修改"名称"为"主楼屋面"，"顶标高（m）"选择"层底标高"。

【屋面防水及保温工程建模】

【第二步】屋面清单与定额套用。单击"定义"按钮，出现屋面量表；单击"编辑量表"按钮，弹出"编辑量表-屋面"对话框，取消选中"卷边长度"清单与定额，把原来"面积"清单与定额名称改为"屋面隔热"，把原来"防水面积"清单与定额的"工程量表达式"都改为"FSMJ＋JBMJ"。选择"添加清单工程量"，选择"查询清单工程量"，选择"面积"并单击"添加"按钮，生成新的清单"面积"，把清单"面积"名称改为"屋面找平"；再选择"添加定额工程量"，选择"查询定额工程量"，选择"面积"，然后单击"添加"按钮 3 次，出现 3 行"面积"定额，把第一行定额名称改为"屋面砂浆找平"，第二行定额名称改为"屋面砂浆保护层"，第三行定额名称改为"屋面细石混凝土"，单击"确定"按钮。随后套用清单与定额，填写相应项目特征。其套用结果如图 6-11 所示。

【第三步】复制生成"梯屋面"，修改"标高（m）"为"顶板顶标高"。

【第四步】绘制屋面。首先选择"主楼屋面"，单击绘图工具栏中的"点"按钮，单击

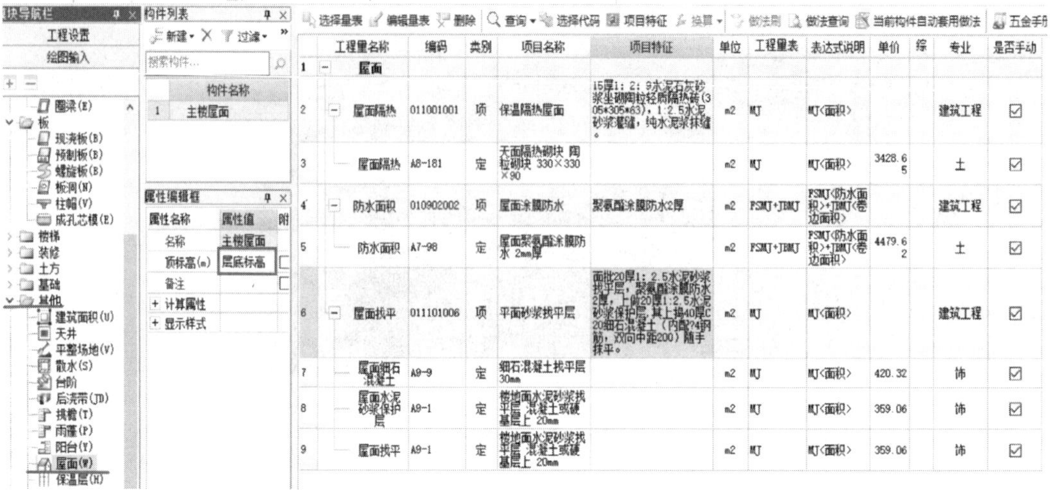

工程量名称	编码	类别	项目名称	项目特征	单位	工程量表	表达式说明	单价	综	专业	是否手动
1 — 屋面											
2 屋面隔热	011001001	项	保温隔热屋面	15厚1：2：9水泥石灰砂浆坐砌陶粒轻质隔热砖（305×305×63），1：2.5水泥砂浆灌缝，纯水泥浆�	m2	MJ	MJ<面积>			建筑工程	☑
3 屋面隔热	A8-181	定	天面隔热砌块 周粒砌块 330×330×90		m2	MJ	MJ<面积>	3428.65		土	☑
4 防水面积	010902002	项	屋面涂膜防水	聚氨酯涂膜防水2厚	m2	FSMJ+JBMJ	FSMJ<防水面积>+JBMJ<卷边面积>			建筑工程	☑
5 防水面积	A7-98	定	屋面聚氨酯涂膜防水 2mm厚		m2	FSMJ+JBMJ	FSMJ<防水面积>+JBMJ<卷边面积>	4479.62		土	☑
6 屋面找平	011101006	项	平面砂浆找平层	面层20厚1：2.5水泥砂浆找平层，聚氨酯涂膜防水2厚，上翻150；1：2.5水泥砂浆保护层，上1油40厚C20细石混凝土（内配φ4钢筋，双向中距200）随手抹平。	m2	MJ	MJ<面积>			建筑工程	☑
7 屋面细石找平土	A9-9	定	细石混凝土找平层 30mm		m2	MJ	MJ<面积>	420.32		饰	☑
8 屋面水泥砂浆保护层	A9-1	定	楼地面水泥砂浆找平层 混凝土或硬...		m2	MJ	MJ<面积>	359.06		饰	☑
9 屋面找平	A9-1	定	楼地面水泥砂浆找平层 混凝土上 20mm		m2	MJ	MJ<面积>	359.06		饰	☑

图 6-11　屋面清单与定额套用结果

主楼屋面上任一点，屋面就布置好了。接着单击"定义屋面卷边"按钮，出现下拉列表，选择"设置所有边"，再单击已画好的屋面，右击弹出对话框，在屋面"卷边高度（mm）"中填写"150"，单击"确定"按钮即可。随后选择"查看卷边高度"，看画好的卷边高度是否为150mm。接着选择"梯屋面"，单击"智能布置"下的"现浇板"，右击后梯屋面就生成了。屋面效果如图 6-12 所示。

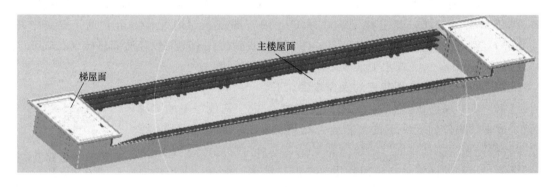

图 6-12　屋面效果

6.3　顶层成果统计与报表预览

顶层（即第4层）所有修改部分及新增构件三维算量模型完成后，进行汇总计算，查看并核对工程量，最后进行清单与定额报表预览。顶层所有构件的清单与定额汇总表见表 6-1。

表 6 - 1 顶层所有构件的清单与定额汇总表

序号	编码	项目名称	项目特征	单位	工程量	备注
1	010401003001	实心砖墙	180 灰砂砖外墙，M5 混合砂浆砌筑	m³	26.6563	
2	010502001003	矩形柱	矩形框架（2200×400），C30 商品混凝土	m³	1.664	
3	010502001004	矩形柱	矩形构造柱（200×600），C25 商品混凝土	m³	6.5664	
4	010505001001	有梁板	C30 商品混凝土	m³	3.5728	
5	010505001002	有梁板	有梁板，C30 商品混凝土	m³	5.2751	
6	010505007001	天沟（檐沟）、挑檐板	梯屋顶反檐，C25 商品混凝土	m³	0.9272	
7	010507007001	其他构件	屋顶混凝土横杆，C25 商品混凝土	m³	22.8564	
8	010802001002	金属（塑钢）门	铝合金门 带亮	m²	4.2	
9	010801006003	门锁安装	铝合金门锁，单向	套	2	
10	010902002001	屋面涂膜防水	聚氨酯涂膜防水 2 厚	m²	371.5606	实体项目
11	011001001001	保温隔热屋面	15 厚 1:2:9 水泥石灰砂浆坐砌陶粒轻质隔热砖（305×305×63），1:2.5 水泥砂浆灌缝，纯水泥浆抹缝	m²	345.4126	
12	011101006001	平面砂浆找平层	面批 20 厚 1:2.5 水泥砂浆找平层，聚氨酯涂膜防水 2 厚，上做 20 厚 1:2.5 水泥砂浆保护层，其上捣 40 厚 C20 细石混凝土（内配φ4 钢筋，双向中距 200）随手抹平	m²	345.4126	
13	011102003002	块料楼地面	块料地面，8 厚灰白色抛光砖 600×600，20 厚 1:2.5 水泥砂浆找平	m²	35.7348	
14	011105001001	水泥砂浆踢脚线	水泥砂浆踢脚线，20 厚 1:1:6 水泥石灰砂浆打底，3 厚 1:1 水泥细砂浆（或建筑胶）纯水泥浆扫缝，高 120mm	m²	3.7392	
15	011201001001	墙面一般抹灰	内墙都采用 15 厚 1:1:6 水泥石灰砂浆打底，5 厚 1:0.5:3 石灰砂浆粉光	m²	89.8836	
16	011201001002	墙面一般抹灰	外墙一般抹灰，15 厚 1:1:6 水泥石类砂浆打底，5 厚 1:1:4 水泥石类砂浆批面，打底油一道	m²	206.6761	
17	011201001003	墙面一般抹灰	女儿墙内墙都采用 15 厚 1:1:6 水泥石灰砂浆打底，5 厚 1:0.5:3 石灰砂浆粉光	m²	288.5431	

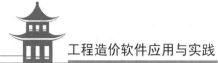

序号	编码	项目名称	项目特征	单位	工程量	备注
18	011301001001	天棚抹灰	天棚抹灰（10厚1:1:6水泥石灰砂浆打底扫毛，3厚木质纤维素灰罩面）	m²	40.7648	实体项目
19	011406001001	墙面油漆	乳胶腻子刮面，扫象牙白色高级乳胶漆两遍	m²	89.8836	
20	011406001002	天棚抹灰面油漆	天棚刷乳胶漆两遍	m²	40.7648	
21	011406001003	抹灰面油漆	外墙打底油一遍	m²	206.6761	
22	011407001001	墙面喷刷涂料	外墙刷涂料两遍	m²	206.6761	
23	011701010001	满堂脚手架	层高3.8m	m²	34.6296	措施项目
24	011702002003	矩形柱模板	矩形框架（200×400），层高3.6m以内	m²	24.192	
25	011702002004	矩形柱模板	矩形构造柱（200×600）	m²	86.922	
26	011702008001	圈梁模板	屋顶混凝土横杆模板	m²	171.8062	
27	011702014001	有梁板模板	有梁板，层高3.8m	m²	93.247	
28	011702022001	天沟、檐沟模板	梯屋顶反檐模板	m²	4.636	

本章小结

　　本章主要讲解了楼层复制及第4层外墙、梯柱及房间装饰的修改等，新增了女儿墙、构造柱及横杆等构件的三维算量模型建立。

　　本章的易错点是②～③轴及⑪～⑫轴间变宽度横杆的处理设置（由板来处理，但套清单与定额时仍然套用其他构件清单与定额）及梯屋顶线式反檐的设置等。本章的难点为防水清单与定额量表中"工程量表达式"的设置需要加入卷边面积，画完屋面后，还要进行卷边高度设置，否则防水面积将计算不全。

习　题

　　1. 屋面防水与屋面隔热要分别画吗？如果不是，应如何处理？

　　2. 主楼屋顶架构②～③轴间变宽度的横杆如何设置？如何套清单与定额？

　　3. 屋面防水卷边图纸没有明确规定卷边高度时，如何设置其高度？卷边需要单独套清单与定额吗？

　　4. 如何设置梯屋顶四周反檐？用什么绘图命令来操作？

第**7**章

其他工程量计算

7.1 建筑面积布置与清单、定额挂接

7.1.1 建模准备

1. 任务目标

完成建筑面积三维算量模型建立，并挂接所有以建筑面积为工程量的分项工程的清单与定额。

2. 任务准备

① 查看建筑面积计算的相关规范。

② 找出哪些分项工程的工程量是以建筑面积来计算的。

③ 观看相应的三维算量模型建立演示视频。

7.1.2 软件实际操作

工程量凡是以建筑面积计算的，都可以按下述方法采用清单与定额挂接算出工程量，比如平整场地、里脚手架和垂直运输计算等。

【新建建筑面积】

新建建筑面积的操作步骤如下。

【第一步】建筑面积构件建立与属性编辑。选择"模块导航栏"中"其他"下的"建筑面积"，然后在"构件列表"下单击"新建"按钮，在下拉列表中选择"新建建筑面积"，生成"JZMJ-1"，进入属性编辑。这里对属性不做任何修改。

【第二步】清单与定额套用。单击工具栏中的"定义"按钮，出现清单与定额表格。单击"编辑量表"按钮，弹出"编辑量表-建筑面积"对话框，把原来清单名称"面积"改为"平整场地"，把原来定额名称"面积"改为"平整场地"。再选择"添加清单工程量"，选择"查询清单工程量"，选择"面积"，单击"添加"按钮；接着选择"添加定额工程量"，选择"查询定额工程量"，选择"面积"，单击"添加"按钮；把清单与定额名称都改为"里脚手架"并单击"确定"按钮。按同样方法再增加一个"垂直运输清单与定额"，并套用相应清单与定额，填写项目特征。其套用结果如图7-1所示。

【第三步】复制生成阳台及走廊建筑面积属性。单击"构件列表"下的"复制"按钮，生成新的建筑面积名称，修改"名称"为"阳台及走廊建筑面积"。再修改属性编辑框中"建筑面积计算方式"为"计算一半"，其他不变。

【第四步】首层建筑面积绘制。单击工具栏中的"绘图"按钮，进入绘图窗口。再单击"点"按钮，选择"JZMJ-1"，在画好的墙内任意处单击一下，建筑面积即生成（注：若出现诸如"不能在封闭区域布置……"提示框时，在Ⓐ轴两处楼梯口补画虚墙即可）。

图 7 - 1 建筑面积挂接清单与定额套用结果

首层建筑面积绘制效果如图 7 - 2 所示。

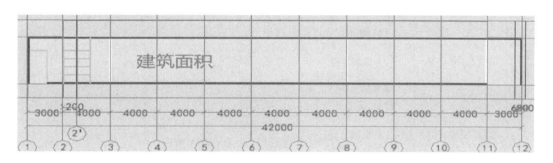

图 7 - 2 首层建筑面积绘制效果

然后切换到第 2 层，在构件列表下选择"JZMJ - 1"，再单击"编辑量表"按钮，取消选中其中的"平整场地清单与定额"。随后用"点"画出所有房间及厕所的建筑面积，再选择"阳台及走廊建筑面积"，用"矩形"画出阳台及走廊建筑。第 2 层建筑面积绘制效果如图 7 - 3 所示。

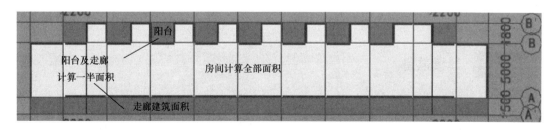

图 7 - 3 第 2 层建筑面积绘制效果

接下来把第 2 层复制到第 3 层，不做任何修改。再切换到第 4 层，选择"JZMJ - 1"，同样用"点"画出两边的楼梯间即可。

7.1.3 成果统计与报表预览

建筑面积三维算量模型完成后，进行汇总计算，查看并核对工程量，最后进行清单与定额报表预览。

以建筑面积为工程量的工程项目（平整场地、里脚手架及垂直运输项目）的清单与定额汇总表见表 7-1。

表 7-1 以建筑面积为工程量的工程项目的清单与定额汇总表

序号	编码	项目名称	项目特征	单位	工程量	备注
1	010101001001	平整场地	平整场地，三类土，弃土运距 1km	m²	210	实体项目
	A1-1	平整场地		100m²	2.1	
2	011701011001	里脚手架	里脚手架，层高 3.6m 内	m²	634.332	措施项目
	A22-28	里脚手架（钢管）民用建筑 基本层 3.6m		100m²	6.3433	
3	011701011003	里脚手架	里脚手架，层高 3.6m 内（首层）	m²	105	
	A22-28	里脚手架（钢管）民用建筑 基本层 3.6m		100m²	1.05	
4	011703001001	垂直运输	垂直运输，建筑物 20m 以内，现浇框架结构	m²	844.332	
	A23-2	建筑物 20m 以内的垂直运输 现浇框架结构		100m²	7.4433	

7.2 综合脚手架及首层单排脚手架布置

7.2.1 建模准备

1. 任务目标

完成本工程综合脚手架及首层单排脚手架的三维算量模型建立，并挂接清单与定额。

2. 任务准备

① 查看综合脚手架计算规则（注意：广东的综合脚手架与国标的计算规则不同）。

② 分析各层建筑平面图，了解本层建筑特征。

③ 找出哪些部位需要计算单排脚手架，并查看其计算规则。

④ 观看三维算量模型建立演示视频。

7.2.2 软件实际操作

本工程案例建筑特征是上层飘出，下层缩入。根据相应的计算规则，综合脚手架应按上层飘出建筑的外墙外边线来计算长度，再乘以相应高度；在下层缩入部分，应按垂直投影面积计算单排脚手架。

1. 综合脚手架

回到首层进行操作（也可在任意一层操作）。

综合脚手架建模的操作步骤如下。

【第一步】综合脚手架构件建立与属性编辑。选择"模块导航栏"中"自定义"下的"自定义线"，然后在"构件列表"下单击"新建"

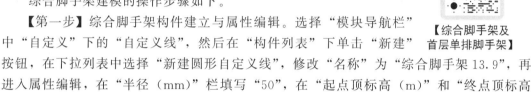

【综合脚手架及首层单排脚手架】

按钮，在下拉列表中选择"新建圆形自定义线"，修改"名称"为"综合脚手架13.9"，再进入属性编辑，在"半径（mm）"栏填写"50"，在"起点顶标高（m）"和"终点顶标高（m）"栏都填写"层顶标高"，其他不变。

【第二步】清单与定额套用。单击工具栏中的"定义"按钮，出现清单与定额表格。单击"选择量表"按钮，选择"脚手架"，单击"确定"按钮即可。再单击"编辑量表"按钮，弹出"编辑量表-自定义线"对话框，把原来清单名称"长度"及其下的定额名称都改为"综合钢脚手架"，再修改其计算表达式为"CD * 13.9"，单击"确定"按钮即可。接着套用相应清单与定额，其套用结果如图7-4所示。复制生成新的综合脚手架，修改其名称为"综合脚手架12.6"，修改量表中的计算式为"CD * 12.6"；同理再生成"综合脚手架2.8"，并相应修改其计算表达式。

图 7-4 综合脚手架清单与定额套用结果

【第三步】绘制自定义线。

①"构件名称"选择"综合脚手架13.9"，单击绘图工具栏中的"直线"按钮，依次单击Ⓑ轴与②轴的交点、Ⓑ轴与①轴的交点、Ⓐ轴与①轴的交点、Ⓐ轴与②轴的交点，按Enter键即可。同理画出右侧楼梯间外墙外边线。

②"构件名称"选择"综合脚手架12.6",单击"直线"按钮,依次单击Ⓑ轴与②轴的交点、Ⓑ'轴与②轴的交点、Ⓑ'轴与⑪轴的交点、Ⓑ轴与⑪轴的交点,按 Enter 键即可。同理画出走廊处外栏板外边线。随后单击"直线"按钮,依次单击Ⓐ轴与②轴的交点、Ⓐ轴与⑪轴的交点,按 Enter 键即可。

③"构件名称"选择"综合脚手架2.8",单击"直线"按钮,依次单击Ⓑ轴与②轴的交点、Ⓐ轴与②轴的交点,按 Enter 键即可。同理,单击"直线"按钮,依次单击Ⓐ轴与⑪轴的交点、Ⓑ轴与⑪轴的交点,按 Enter 键即可。画好的自定义线如图 7-5 所示。

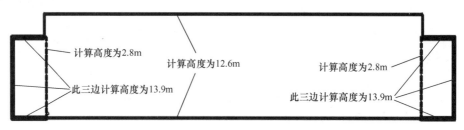

图 7-5　画好的自定义线

2. 首层单排脚手架

首层单排脚手架的处理有两种方法:第 1 种方法不用画图,而是直接在首层外墙的量表中挂接单排脚手架的清单与定额;第 2 种方法与综合脚手架处理方法一样,即在自定义线中定义做法,并挂接清单与定额。

首层单排脚手架建模的操作步骤如下。

【第一步】首层单排脚手架构件建立与属性编辑。选择"模块导航栏"中"自定义"下的"自定义线",然后在"构件列表"下单击"新建"按钮,在下拉列表中选择"新建圆形自定义线",修改"名称"为"单排脚手架",再进入属性编辑,在"半径(mm)"栏填写"50",在"起点顶标高(m)"和"终点顶标高(m)"栏都填写"层底标高",其他不变。

【第二步】清单与定额套用。单击工具栏中的"定义"按钮,出现清单与定额表格。单击"编辑量表"按钮,弹出"编辑量表-自定义线"对话框,把原来的一个综合脚手架的清单与定额复制粘贴过来,将清单与定额名称都修改为"单排钢脚手架",同时修改量表中的计算式为"CD*4.1",单击"确定"按钮即可。然后套用清单与定额,写上项目特征。其套用结果如图 7-6 所示。

	工程量名称	编码	类别	项目名称	项目特征	单位	工程量	表达式说	单价	综合单	专业	是否手动
1	▢ 脚手架											
2	脚手架面积	011701009	项	单排钢脚手架	单排钢脚手架 高度(m 以内)10	m2	CD*4.1	CD<长度>*			建筑工程	☑
3	脚手架面积	A22-22	定	单排钢脚手架 高度(m以内)10		m2	CD*4.1	CD<长度>*	434.13		土	☑

构件名称栏:
1 综合脚手架13.9
2 综合脚手架12.6
3 综合脚手架2.8
4 单排脚手架

图 7-6　单排脚手架清单与定额套用结果

【第三步】绘制自定义线。

"构件名称"选择"单排脚手架",单击"直线"按钮,依次单击Ⓑ轴与②轴的交点、

Ⓑ轴与⑪轴的交点，按 Enter 键即可；再依次单击Ⓐ轴与②轴的交点、Ⓐ轴与⑪轴的交点，按 Enter 键即可。画好的单排脚手架平面图如图 7 - 7 所示。

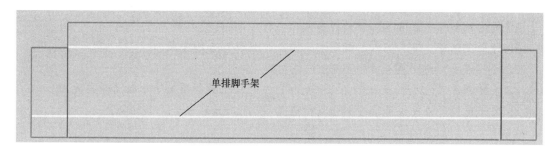

单排脚手架

图 7 - 7　画好的单排脚手架平面图

7.2.3　成果统计与报表预览

综合脚手架及首层单排脚手架三维算量模型完成后，进行汇总计算，查看并核对工程量，最后进行清单与定额报表预览。综合脚手架及首层单排脚手架工程的清单与定额汇总表见表 7 - 2。

表 7 - 2　综合脚手架及首层单排脚手架工程的清单与定额汇总表

序号	编码	项目名称	项目特征	单位	工程量	备注
1	011701008001	综合钢脚手架	综合钢脚手架 高度（m 以内）20.5	m²	1333.50	措施项目
	A22 - 3	综合钢脚手架 高度（m 以内）20.5		100m²	13.3350	
2	011701009001	单排钢脚手架	单排钢脚手架 高度（m 以内）10	m²	319.27	
	A22 - 22	单排钢脚手架 高度（m 以内）10		100m²	3.1927	

本章小结

本章主要讲解了综合脚手架和首层单排脚手架的设置与三维算量模型建立。

本章的难点是脚手架量表编辑中计算表达式的改写，在画线时选择不同计算高度的脚手架名称既是难点也是易错点。

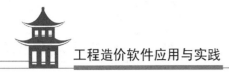

习　　题

1. 简述综合脚手架清单工程量计算规则。

2. 对上层飘出、下层缩入的建筑物，应如何计算综合脚手架？

3. 哪些地方需要计算单排脚手架？

4. 单排脚手架的处理方法有哪几种？如何在外墙中挂接单排脚手架清单与定额？

5. 突出屋顶的楼梯间有部分脚手架计算高度为 2.8m，应套什么定额？

第3篇

BIM钢筋算量软件应用

第**8**章
首层钢筋
工程量计算

教学目标

　　熟练运用软件建立柱、梁、板、砌体加筋、楼梯等的钢筋算量模型及进行其他特殊钢筋构件设置，掌握汇总计算，会查看各构件钢筋工程量。

教学要求

知识要点	能力要求	相关知识
钢筋工程新建与设置	能熟练找到钢筋工程新建与设置需要的信息	（1）从图纸说明中查找工程名称、设计依据、结构类型、设防烈度、抗震等级、混凝土标号、保护层厚度等内容信息； （2）通过看图分析，了解檐高、楼层设置等内容
首层柱、梁、板钢筋工程量算量	（1）能正确建立柱、梁、板等主体构件钢筋算量模型； （2）能理解哪些因素分别对柱、梁、板的钢筋算量有影响	（1）柱、梁、板的名称、截面尺寸、钢筋信息、标高等内容； （2）柱、梁、板构件列表及属性设置； （3）构件的绘制与编辑（包括"点"画、"直线"画、"智能布置"画，对齐、偏移、镜像等命令的运用）； （4）钢筋算量、钢筋计算式和导出报表
首层砌体结构钢筋工程量算量	能完成首层砌体墙结构的定义和绘制（圈梁、砌体加筋）	首层砌体墙结构（圈梁、构造柱、砌体加筋）的钢筋状况
首层楼梯梯板钢筋工程量算量	能完成首层楼梯梯板的钢筋计算	首层楼梯梯板的相关信息（如梯板厚度、钢筋信息）及楼梯的具体位置

8.1　钢筋工程新建与设置

8.1.1　建模准备

首先应明确本节的任务目标，查看图纸，熟悉图纸设计依据，为软件实际操作做准备。本案例图纸系采用 16G 平法和相应计算规则。

1. 任务目标

① 进行钢筋工程新建与设置。

② 将图形算量导入钢筋算量软件。

2. 任务准备

① 查看图纸说明，查找工程名称、设计依据、结构类型、设防烈度、抗震等级、混凝土标号、保护层厚度等内容信息。

② 看图分析，了解檐高、楼层设置等内容。

③ 熟悉 16G 平法图集，对工程计算进行设置。

④ 观看钢筋工程新建与设置演示视频。

8.1.2　软件实际操作

钢筋工程新建方式分为两种，一种是直接新建钢筋工程，另一种是将图形算量导入钢筋算量软件。

1. 新建钢筋工程

新建钢筋工程的操作步骤如下。

【第一步】打开软件。在分析图纸、了解本案例工程的基本概况后，双击桌面"广联达 BIM 钢筋算量软件"图标，进入"欢迎使用 GGJ2013"界面，如图 8-1 所示。

【新建钢筋工程】

图 8-1　"欢迎使用 GGJ2013"界面

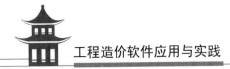
【第二步】新建工程。

（1）首先新建名称。

单击"新建向导"按钮，进入如图8-2所示界面进行工程名称设置。

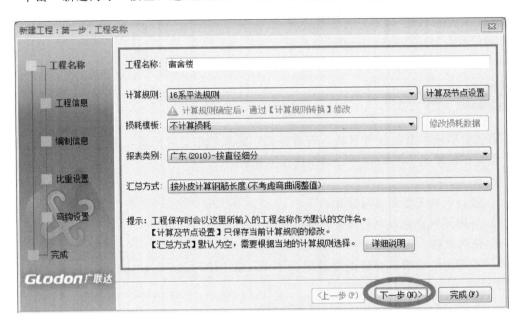

图8-2　工程名称设置

①　工程名称：按工程图纸名称输入，保存时会作为默认的文件名。本工程名称输入"宿舍楼"。

②　计算规则：BIM软件提供"03G101系列""00G101系列""11系平法规则""16系平法规则"四种选择，本工程以"16系平法规则"为准。

③　损耗模板：按实际工程需要选择，本工程以"不计算损耗"为例。

④　报表类别：按实际工程需要选择，本工程以"广东（2010）-按直径细分"为例。

⑤　汇总方式：软件提供两种汇总方式，一种是"按外皮计算钢筋长度（不考虑弯曲调整值）"，另一种是"按中轴线计算钢筋长度（考虑弯曲调整值）"。本工程选择"按外皮计算钢筋长度（不考虑弯曲调整值）"。

（2）新建工程信息。

单击"下一步"按钮，进入如图8-3所示界面进行工程信息设置。在工程信息中，结构类型、设防烈度和檐高决定建筑的抗震等级，而抗震等级影响钢筋的搭接和锚固数值，从而影响钢筋工程量的计算，因此需要按实际工程情况填写。

①　结构类型：根据图纸JG-01中设计依据可知，本工程是框架结构。

②　设防烈度：根据图纸JG-01中设计依据可知，本工程设防烈度为7度。

③　檐高(m)：根据图纸J-03可知，本建筑檐高以室外设计地坪标高作为计算起点，到顶板顶标高的距离为11.1m。

④　抗震等级：根据图纸JG-01中设计依据可知，本工程抗震等级是三级。

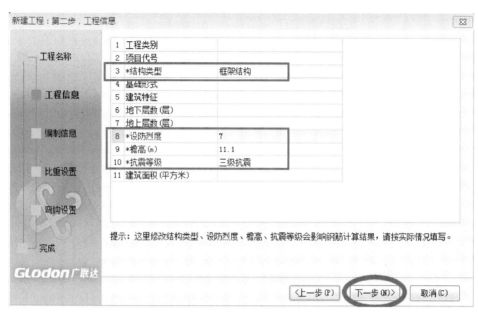

图 8 - 3　工程信息设置

（3）编制信息设置。

单击"下一步"按钮，进入如图 8 - 4 所示界面进行编制信息设置。该部分内容只起到标识的作用，对钢筋的计算没有任何影响，故可省略不填。

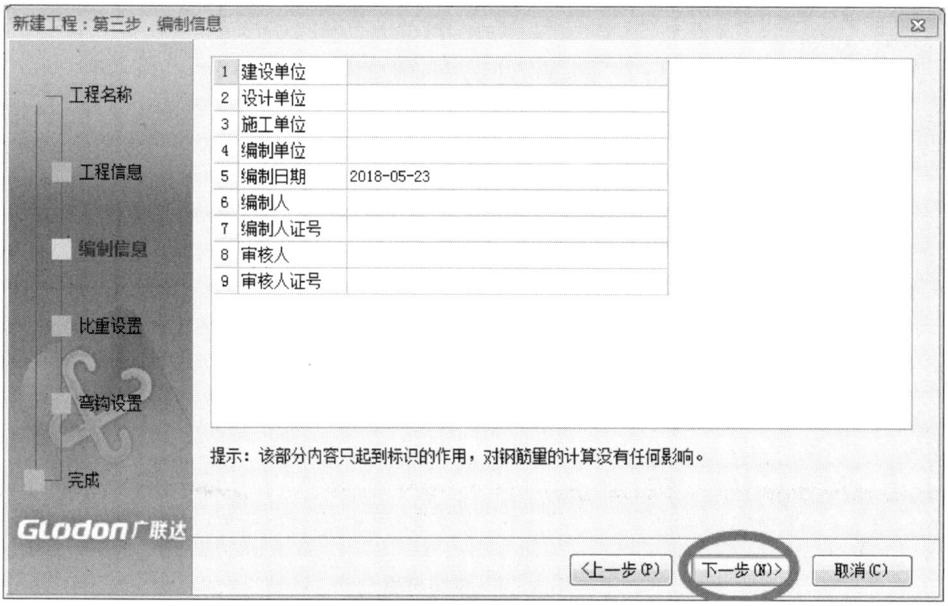

图 8 - 4　编制信息设置

（4）比重设置。

单击"下一步"按钮，进入如图 8 - 5 所示界面进行比重设置。把直径 6.5mm 的钢筋和直径 6mm 的钢筋比重（也称"相对密度"，是一个无量纲量）都改为 0.26，其他不变。

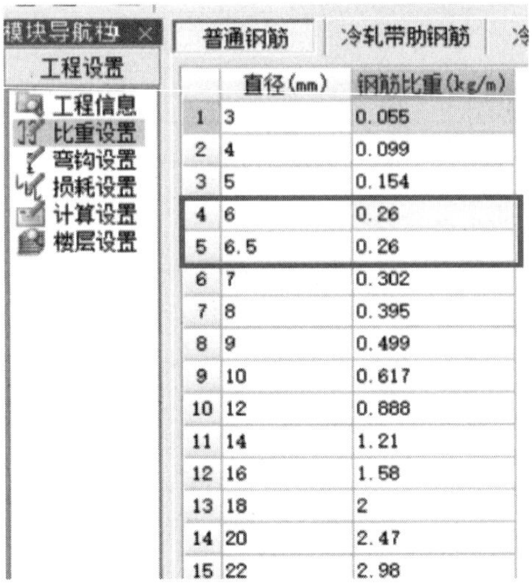

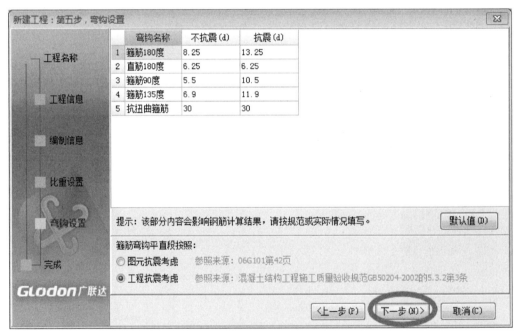

图 8 - 5　比重设置

（5）弯钩设置。

单击"下一步"按钮，进入如图 8 - 6 所示界面进行弯钩设置。可以根据需要对钢筋的弯钩进行设置，但本工程不做修改，默认按 16G 平法进行设置。

图 8 - 6　弯钩设置

（6）设置完成确认。

单击"下一步"按钮，进入"完成"界面，如图 8 - 7 所示，其中显示工程信息和编制信息。检查信息是否有误，若有误，单击"上一步"按钮返回修改；若无误，单击"完成"按钮，进入楼层设置。

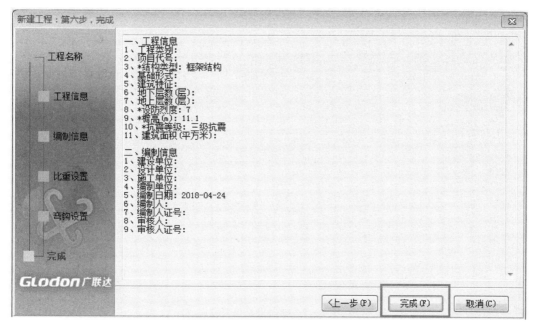

图 8 - 7 钢筋设置完成界面

【第三步】楼层设置。楼层设置分为两部分，一是楼层的建立区域设置，二是楼层钢筋设置。

① 楼层的建立区域设置。软件默认给出首层和基础层。分析结构图中的平面图和立面图，对首层的结构"底标高（m）"输入"－0.02"，"层高（m）"输入"3.8"；单击"插入楼层"按钮，插入第 2 层，"层高（m）"输入"3.5"；单击"插入楼层"按钮，插入第 3 层，"层高（m）"输入"3.5"；单击"插入楼层"按钮，插入第 4 层，"层高（m）"输入"2.8"；根据图纸 JG - 04 可知，本建筑桩承台面高－0.8m，承台厚度 1.2m，故对基础层"层高（m）"输入"1.98"。各楼层建立后，楼层设置的结果如图 8 - 8 所示。

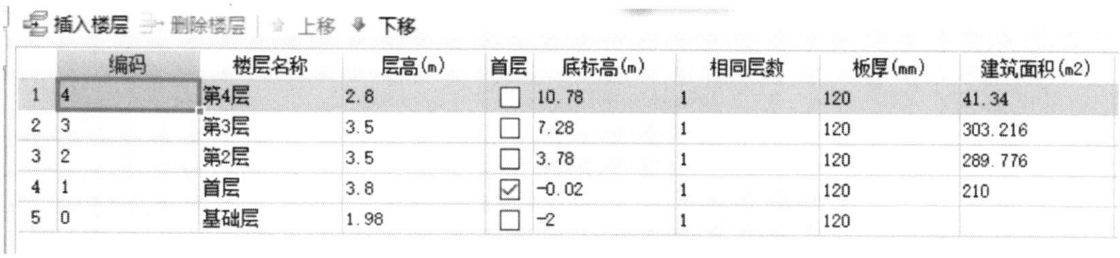

	编码	楼层名称	层高(m)	首层	底标高(m)	相同层数	板厚(mm)	建筑面积(m2)
1	4	第4层	2.8	☐	10.78	1	120	41.34
2	3	第3层	3.5	☐	7.28	1	120	303.216
3	2	第2层	3.5	☐	3.78	1	120	289.776
4	1	首层	3.8	☑	-0.02	1	120	210
5	0	基础层	1.98	☐	-2	1	120	

图 8 - 8 楼层设置的结果

② 楼层钢筋设置。根据图纸总说明，修改楼层默认钢筋设置，先修改"砼标号"，再修改"保护层厚（mm）"，最后单击"复制到其他楼层"按钮，把该楼层钢筋设置复制到所有楼层；弹出"楼层选择"对话框，选中所有楼层，单击"确定"按钮。楼层钢筋设置结果如图 8 - 9 所示，至此新建钢筋工程完成。楼层设置完毕后，选择"模块导航栏"中的"绘图输入"，进入绘图窗口。

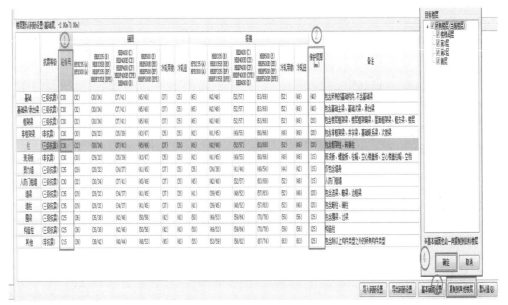

图 8-9　楼层钢筋设置结果

2. 将图形算量导入钢筋算量软件

将图形算量导入钢筋算量软件的操作步骤如下。

【第一步】打开软件中的"新建工程",进入楼层设置(操作与新建钢筋工程一样)。

**【将图形算量导入
钢筋算量软件】**

【第二步】打开"文件"菜单,出现下列列表,选择"导入图形工程",如图 8-10 所示;弹出"导入 GCL 工程"对话框,选择需要导入图形算量的工程,单击"打开"按钮,如图 8-11 所示;弹出提示框,提示"楼层高度不一致,请修改后再导入",单击"确定"按钮;弹出"层高对比"对话框,选择"按照图形层高导入",如图 8-12 所示。

图 8-10　将图形工程导入
钢筋算量软件的选项

图 8-11　导入工程文件

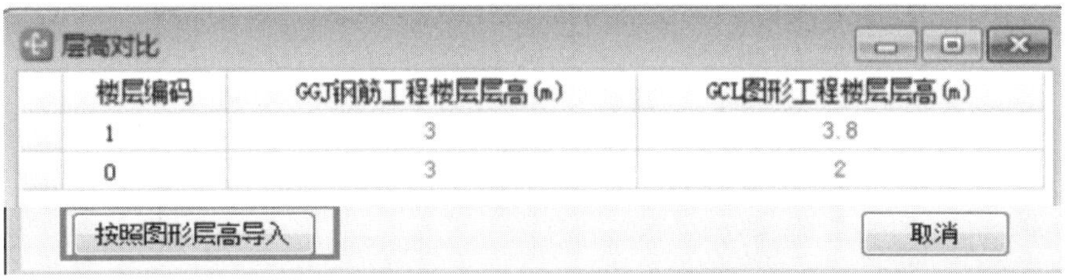

图 8-12 "层高对比"对话框

随后弹出"导入 GCL 文件"对话框，先单击"楼层列表"下的"全选"按钮，再单击"构件列表"下的"全选"按钮，最后单击"确定"按钮，如图 8-13 所示。

图 8-13 "导入 GCL 文件"对话框

这时弹出提示框，说明"导入完成，建议您进行合法性检查!"，单击"确定"按钮，如图 8-14 所示。至此将图形算量导入钢筋算量软件操作完成。

图 8-14 提示框

单击"绘图输入"按钮，进入绘图窗口。按 F12 键，弹出"构件图元显示设置—轴网"对话框，如图 8-15 所示。选中"所有构件"，单击"确定"按钮。再检查图形是否全部导入钢筋软件，将图形算量导入钢筋算量软件按要求完成。

图 8-15 "构件图元显示设置—轴网"对话框

8.2 首层柱钢筋算量

8.2.1 建模准备

1. 任务目标

完成首层柱的钢筋算量模型建立。

2. 任务准备

① 查看柱表详图，了解柱的截面形状、尺寸、标高及钢筋信息（角筋、边侧筋、箍筋等信息）；查看柱的平面布置图，了解柱的分布情况。

② 熟悉柱的平法计算规则。

③ 观看柱的钢筋算量模型建立演示视频。

8.2.2 软件实际操作

绘制构件之前，需要建立轴网，对构件的平面进行定位，可参考 2.2 节轴网的建立与编辑。按柱的结构位置不同，BIM 钢筋软件把柱分为框柱[①]、暗柱、端柱和构造柱四大类，

---

① 为"框架柱"的简称，BIM 钢筋软件中某些界面用的是"框柱"的说法，为与界面显示一致，凡界面显示为"框柱"时，正文相应也用"框柱"。

其中各类柱又按照截面可以建立矩形柱、圆形柱、异形柱和参数化柱四种类型。

1. 新建柱

新建柱的操作步骤如下。

【第一步】柱构件建立。选择"模块导航栏"中"柱"下的"框柱"，进入框柱界面。打开"构件列表"下的"新建"下拉列表框，选择"新建矩形框柱"，则相应框柱构件建立，如图 8 - 16 所示。

【第二步】柱属性编辑。单击"属性"按钮，弹出"属性编辑器"对话框，供用户输入构件信息。柱的属性主要包括柱类别、截面尺寸、钢筋信息及柱类型等，这些属性影响柱钢筋的计算，需要按图纸实际情况输入。下面以图纸 JG - 07 的柱表中的 Z1 为例，填写柱构件属性，如图 8 - 17 所示。

	属性名称	属性值	附加
1	名称	Z1	
2	类别	框架柱	☐
3	截面编辑	否	
4	**截面宽(B边)(mm)**	300	☐
5	**截面高(H边)(mm)**	400	☐
6	全部纵筋		
7	角筋	4Φ18	☐
8	B边一侧中部筋		☐
9	H边一侧中部筋	1Φ16	☐
10	箍筋	Φ8@100/200	☐
11	肢数	2*3	
12	柱类型	(中柱)	☐
13	其他箍筋		
14	备注		☐
15	⊞ 芯柱		
20	⊟ 其他属性		
21	── 节点区箍筋	Φ8@100	☐
22	── 汇总信息	柱	
23	── 保护层厚度(mm)	(20)	☐
24	── 上加密范围(mm)		☐
25	── 下加密范围(mm)		☐
26	── 插筋构造	设置插筋	
27	── 插筋信息		☐
28	── 计算设置	按默认计算设置计	
29	── 节点设置	按默认节点设置计	
30	── 搭接设置	按默认搭接设置计	
31	── 顶标高(m)	层顶标高	☐
32	── 底标高(m)	层底标高	☐
33	⊞ 锚固搭接		
48	⊞ 显示样式		

图 8 - 16　新建矩形框柱　　　　　图 8 - 17　柱构件钢筋属性示意

① 名称：根据图纸实际情况，把"名称"修改为"Z1"。

② 类别：柱的类别有框架柱、转换柱、暗柱、端柱四种，不同类型的柱在计算时会采用不同的规则，需要对应图纸设置。Z1 为框架柱。

③ 截面编辑：软件提供"是/否"，除了异形柱之外的柱，不建议选择"是"，此处选择默认的"否"（注：选择"是"后将出现截面编辑器，对柱截面的钢筋可直接进行编辑）。

④ 截面宽（B边）（mm）：按图纸输入"300"。

⑤ 截面高（H边）（mm）：按图纸输入"400"。

⑥ 全部纵筋：输入柱的全部纵筋，但该项在"角筋""B边一侧中部筋""H边一侧中部筋"均为空时才允许输入。

⑦ 角筋：输入"4⎕18"。

⑧ B边一侧中部筋：Z1没有此钢筋，故不输入。

⑨ H边一侧中部筋：输入"1⎕16"。

⑩ 箍筋：输入"⎕8@100/200"。

⑪ 肢数：输入"2*3"。

⑫ 柱类型：柱分为中柱、边柱和角柱等类型。不同设置对顶层柱的顶部锚固和弯折有影响，直接影响柱钢筋的计算，在顶层绘制完成后，可使用"自动判断边角柱"功能来判断柱的类型。其他层均按中柱计算，不需修改。

⑬ 其他箍筋：如果柱中有和参数图中不同的箍筋或拉筋，可以在"其他箍筋"中输入。Z1没有此钢筋，故不输入。

⑭ 附加：在每个构件属性后有选择框，被选中的项将被附加到构件列表名称中，以方便查找和使用。

【第三步】复制生成Z2和Z3。单击"构件列表"下的"复制"按钮，自动生成Z1-1、Z1-2，根据柱表钢筋信息修改为框架柱Z2、Z3的相应属性信息，如图8-18所示。

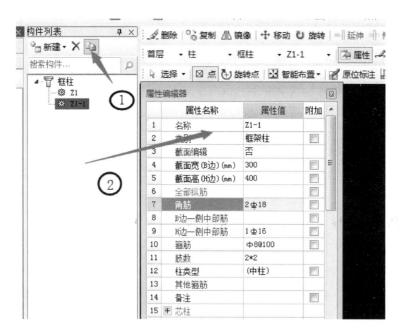

图8-18 复制生成Z2和Z3并完成设置

图 8-18 复制生成 Z2 和 Z3 并完成设置（续）

2. 柱的绘制与编辑

柱的绘制与编辑的操作步骤如下。

【第一步】柱的绘制。柱的画法有"点"画、"旋转点"画和"智能布置"画等，本节主讲"智能布置"画。

首先查看基础平面图或第 2 层结构平面图上 Z1 所处位置，在构件名称代号框中单击切换为"Z1"，单击"智能布置"按钮，出现下拉列表，选择"轴线"，如图 8-19 所示，然后框选①、②轴和Ⓐ、Ⓑ轴所围成的轴线，自动生成 4 个 Z1；再框选⑪、⑫轴和Ⓐ、Ⓑ轴所围成的轴线，也自动生成 4 个 Z1。

接着查看图纸上 Z2 所处位置，单击 Z1 名称右边的下三角按钮，切换为"Z2"，如图 8-20 所示；单击"智能布置"按钮并选择"轴线"，再框选①～⑩轴和Ⓐ轴所交会的轴线，自动生成 7 个 Z2。按同样办法画出 Z3。柱的平面布置如图 8-21 所示。

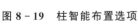

图 8-19 柱智能布置选项　　　　　　图 8-20 柱名称切换

【第二步】柱编辑，包括修改柱的位置、设置偏心柱、调整柱方向、对齐、镜像、修改图示名称等。本工程主要涉及柱对齐与镜像操作，其他编辑命令详见 BIM 软件"帮助"菜单。

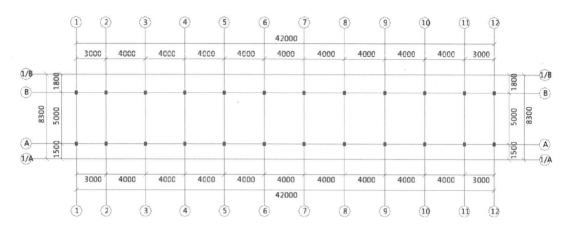

图 8 - 21　柱的平面布置

　　查看基础平面图或第 2 层结构平面图上柱所处位置，可知Ⓐ轴上的柱下边缘与Ⓐ轴轴线对齐，Ⓑ轴上的柱上边缘与Ⓑ轴轴线对齐。单击工具栏中的"对齐"按钮，出现下拉列表，选择"多对齐"，如图 8 - 22 所示；框选全部Ⓐ轴上的柱，右击确认，再单击Ⓐ轴轴线，则Ⓐ轴上的柱下边缘将与Ⓐ轴对齐。同样单击"对齐"按钮，选择"多对齐"，框选全部Ⓑ轴上的柱，右击确认，再单击Ⓑ轴轴线，则Ⓑ轴上的柱下边缘将与Ⓑ轴对齐；但这与图纸不符，为此单击工具栏中的"镜像"按钮，框选全部Ⓑ轴上的柱，右击确认，单击Ⓑ轴轴线上任意一点，再单击Ⓑ轴轴线上另一个任意点，出现"是否删除原有图元"对话框，选择"是"，则Ⓑ轴上的柱上边缘将与Ⓑ轴对齐。

图 8 - 22　对齐命令选项

　　查看基础平面图或第 2 层结构平面图上柱所处位置，可知①轴、②轴上的 Z1 柱左边缘对齐相应轴线。单击"对齐"按钮，选择"单对齐"，单击①轴轴线，再单击需要与①轴对齐的柱左边线，则柱左边缘将与①轴对齐。同样的操作方法可让②轴上的柱左边缘对齐相应轴线。

　　查看基础平面图或第 2 层结构平面图上柱所处位置，可知⑪轴、⑫轴上的 Z1 柱右边缘对齐相应轴线。框选⑪、⑫轴的柱，单击"删除"按钮，再框选①、②轴上 4 个 Z1 柱，右击后选择"镜像"，先单击Ⓐ轴中点，再单击Ⓑ轴中点，右击确认，出现"是否删除原有图元"对话框，选择"否"，则柱编辑完成，如图 8 - 23 所示。其三维效果如图 8 - 24 所示。

　　📖 说明

　　属性中蓝色字体表示共有属性，改变共有属性，则相同名称的所有构件属性将跟着改变；属性中黑色字体表示私有属性，改变私有属性，只能让选中的构件属性改变。钢筋信息复杂时，单击填写方框，出现图标按钮⋯，单击⋯，将弹出"钢筋输入助手"对话框，说明钢筋允许输入的格式等，如图 8 - 25 所示。

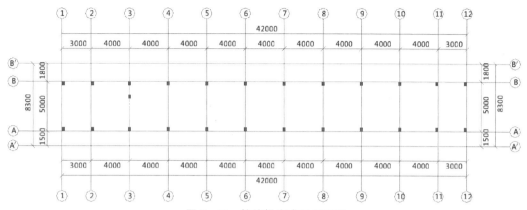

图 8 - 23　柱编辑完成后平面图

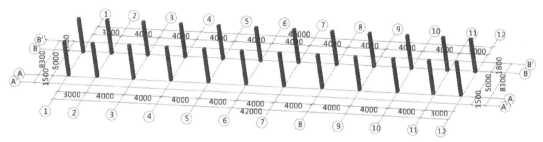

图 8 - 24　柱编辑完成后三维效果

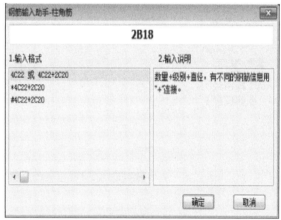

图 8 - 25　"属性编辑器"和"钢筋输入助手"对话框

3. 技能拓展

下面讲解一些工程中常见的偏心柱和异形柱的画法与技巧。

（1）"点"画偏心柱。

"点"画偏心柱有两种方法，一种是利用"查改标注"操作，另一种是应用 Shift 键。这里以画一个①轴与Ⓑ轴相交的 Z1 为例。

①"查改标注"的应用：首先单击工具栏中的"点"按钮，把鼠标指针放到①轴与Ⓑ轴的交点，右击后选择"查改标注"，出现数字框时，单击右上方数字，填写"0"，按 Enter键，再单击左下方数字，填写"0"，Z1 就画好了。

② Shift 键的应用：首先单击"点"按钮，把鼠标指针放到①轴与⑧轴的交点，按住 Shift 键单击，出现"输入偏移量"对话框，如图 8 - 26 所示，在其中"X="后填入 "150"，在"Y="后填入"—200"，单击"确定"按钮，Z1 就绘制完成了。

图 8 - 26　"输入偏移量"对话框

（2）绘制异形柱。

异形柱在实际工程中比较常见，但本工程中没有。下面以图 8 - 27 所示的异形柱为例，讲解其建模过程。

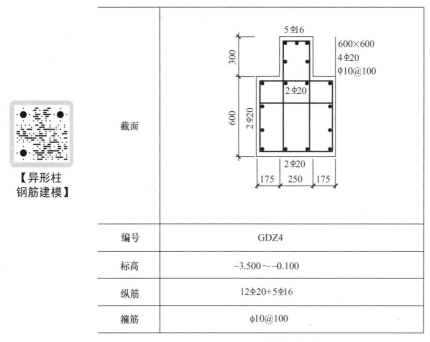

【异形柱钢筋建模】

截面	5Φ16　600×600　4Φ20　φ10@100　2Φ20　2Φ20　2Φ20　175　250　175
编号	GDZ4
标高	—3.500～—0.100
纵筋	12Φ20+5Φ16
箍筋	φ10@100

图 8 - 27　异形柱构造详图

【第一步】异形柱的绘制。选择"模块导航栏"中"柱"下的"框柱"，进入定义界面，单击"新建"按钮，出现下拉列表，选择"新建异形框柱"，出现"多边形编辑器"窗口，如图 8 - 28 所示；单击其中的"定义网格"按钮，弹出"定义网格"对话框，如图 8 - 29 所示，根据图纸上异形柱 GDZ4 详图的标注，在水平方向间距框中按从左到右的顺序依次填入"175，250，175"，在垂直方向间距框中按从下到上的顺序依次填入"600，300"，单击"确定"按钮。回到"多边形编辑器"窗口，单击

"画直线"按钮，按图纸中的异形柱形状绘制，完成后单击"确定"按钮，退出"多边形编辑器"窗口。异形柱绘制效果如图 8 - 30 所示。

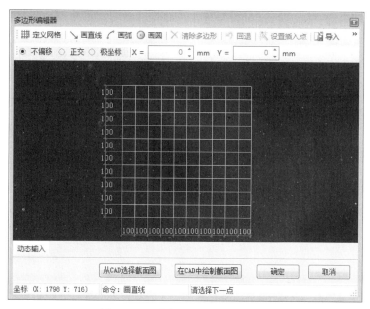

图 8 - 28 "多边形编辑器"窗口

图 8 - 29 "定义网格"对话框

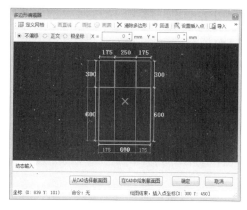

图 8 - 30 异形柱绘制效果

【第二步】钢筋截面编辑。在属性编辑器中将"名称"修改为"GDZ4"，"类别"选择为"框架柱"，"截面编辑"选择"是"，然后在"截面编辑"对话框中单击"修改纵筋"按钮，框选或单击需要修改的纵筋，右击确定，将钢筋信息修改为"12B20"（钢筋信息只允许修改钢筋直径，钢筋数量不需要修改），如图 8 - 31 所示；再框选剩下的钢筋，将钢筋信息修改为"4B16"。接着单击"布边筋"按钮，钢筋信息修改为"1B16"，选择角筋之间的连接线单击，生成边筋，如图 8 - 32 所示。然后单击"画箍筋"按钮，钢筋信息修改为"A10@100"，绘制箍筋时选择用"矩形"画，选择箍筋的对角点进行绘制，如图 8 - 33 所示。至此 GDZ4 异形柱绘制完成，如图 8 - 34 所示。

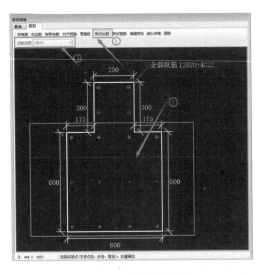

图 8-31 对纵筋的修改

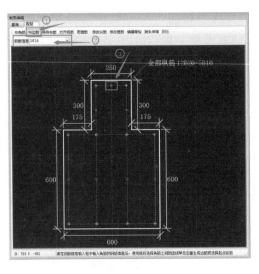

图 8-32 绘制边筋

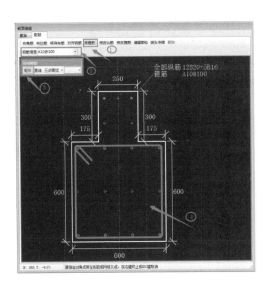

图 8-33 绘制箍筋

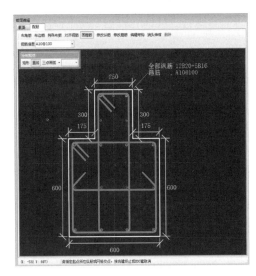

图 8-34 绘制完成的异形柱 GDZ4

8.3 首层梁钢筋算量

8.3.1 建模准备

1. 任务目标

完成首层梁的钢筋算量模型建立。

2. 任务准备

① 查看梁钢筋图，了解梁的尺寸、集中标注和原位标注信息（上部钢筋、下部钢筋、侧面钢筋、箍筋、支座负筋等信息），统计梁的钢筋信息；查看梁的平面布置图，了解梁跨位置情况。

② 熟悉梁的钢筋计算规则。

③ 观看梁的钢筋算量模型建立演示视频。

8.3.2　软件实际操作

BIM 钢筋软件把梁分为梁和圈梁两大类，其中每一类又按照截面可以分为矩形梁、异形梁和参数化梁三种类型。在软件中，框架梁和楼层板一般绘制在各层的层顶，这是因为梁以下面的柱为支座，板以下面的梁为支座，绘制在层顶更能体现构件的受力关系，便于计算锚固。基于这个原则，我们在定义楼层时，每个楼层的范围都是从层底的板顶面到本层上面的板顶面的。以下按照这个原则和所定义的层高范围，我们把位于首层层顶的框架梁（即 2 层的框架梁标高 3.8m）绘制在首层。

1. 新建梁

新建梁的操作步骤如下。

【第一步】梁构件建立。选择"模块导航栏"中"梁"下的"梁"，打开"构件列表"下的"新建"下拉列表框，选择"新建矩形梁"，则梁构件建立，如图 8 - 35 所示。

【梁钢筋信息设置、原位标注及编辑】

【第二步】梁的属性编辑。单击"属性"按钮，弹出"属性编辑器"对话框，其中的属性信息会影响梁钢筋的计算，需要按图纸实际情况输入。根据梁钢筋图纸信息填写各项属性，以宿舍楼图纸第 2、3 层梁钢筋图中 KL1（1A）为例，如图 8 - 36 所示。

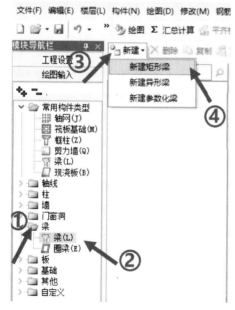

图 8 - 35　新建矩形梁

	属性名称	属性值	附加
1	名称	KL-1	☐
2	类别	楼层框架梁	☐
3	截面宽度(mm)	250	☐
4	截面高度(mm)	500	☐
5	轴线距梁左边线距	(125)	☐
6	跨数量	1A	☑
7	箍筋	Φ10@100/200(2)	☐
8	肢数	2	
9	上部通长筋	2Φ20	☐
10	下部通长筋		☐
11	侧面构造或受扭筋		☐
12	拉筋		
13	其他箍筋		
14	备注		☐
15	⊞ 其他属性		
23	⊞ 锚固搭接		
38	⊞ 显示样式		

图 8 - 36　梁钢筋属性设置

① 名称：按照图纸输入"KL-1"。

② 类别：下拉列表框中有 7 类选项，按照实际情况选择。此处选择"楼层框架梁"。

③ 截面宽度（mm）：按照图纸尺寸输入"250"。

④ 截面高度（mm）：按照图纸尺寸输入"500"。

⑤ 轴线距梁左边线距离（mm）：保持用来设置梁相对于轴线的偏移，软件默认为梁中心线和轴线重合。此处保持默认。

⑥ 跨数量：输入"1A"。

⑦ 箍筋：输入"φ10@100/200（2）"。

⑧ 肢数：输入"2"。

⑨ 上部通长筋：按照图纸输入"2φ20"。

⑩ 下部通长筋：按照图纸输入。因此梁没有下部通长筋，故不输入。

⑪ 侧面钢筋：输入格式为"G（或者 N）＋数量＋级别＋直径"。此梁没有侧面钢筋，故不输入。

⑫ 拉筋：按照计算设置中设定的拉筋信息自动生成。没有侧面钢筋时，软件不计算拉筋。

【第三步】复制生成其他梁。单击"构件列表"下的"复制"按钮，自动生成 KL2、KL3，根据第 2、3 层梁钢筋平面图上梁的钢筋信息修改其他梁属性，具体如图 8-37 所示。

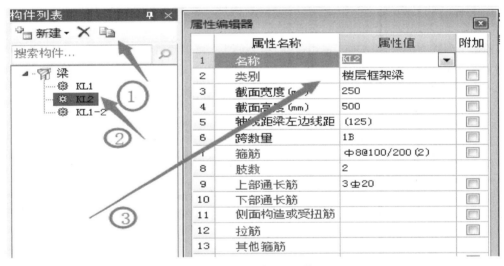

图 8-37　梁属性复制和修改

2. 梁绘制与编辑

梁绘制与编辑的操作步骤如下。

【第一步】梁的绘制。梁的画法有"直线"画、"点加长度"画、"智能布置"画三种，本节主讲"智能布置"画。

查看第 2、3 层梁钢筋平面图上各梁所处位置，以 KL1 为例。单击绘图窗口构件代号框切换为"KL1"，单击"智能布置"按钮，出现下拉列表框，选择"轴线"，如图 8-38 所示；分别框选①轴和Ⓐ、Ⓑ轴所围合的轴线和⑫轴和Ⓐ、Ⓑ轴所围合的轴线，自动生成 KL1。

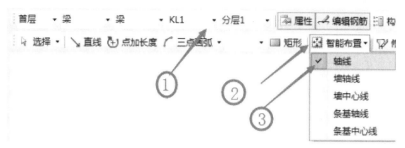

图 8-38 梁"智能布置"操作命令

　　然后查看图纸上 KL2 所处位置，单击梁名称右边的下三角按钮切换到"KL2"，如图 8-39 所示；单击"智能布置"按钮并选择"轴线"，分别框选②轴和Ⓐ、Ⓑ轴所围合的轴线及⑪轴 和Ⓐ、Ⓑ轴所围合的轴线，自动生成 KL2。按同样方法，切换成对应的梁，单击"智能布 置"按钮后选择"轴线"，框选布置范围来生成对应的梁。

　　有些梁的位置不在轴线上，例如 L1，可先画辅助轴线。单击"平行"按钮，选择 ②轴为基准轴网，弹出"请输入"对话框，"偏移距离（mm）"输入"2200"并确定， 如图 8-40 所示，即生成辅助轴线；重复上述方法，把所有梁绘制完成。但这样建立的梁 和原图纸位置有些不吻合，因为没有对齐，如图 8-41 所示，所以需要对梁进行编辑。

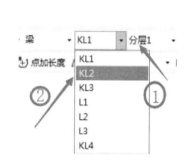

图 8-39　梁的切换

图 8-40　偏移量输入

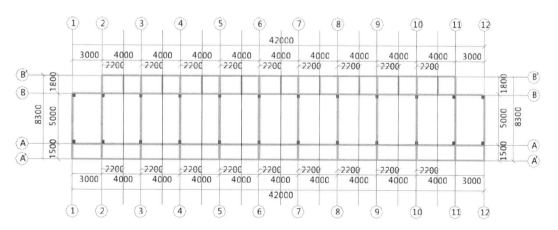

图 8-41　梁绘制完成后平面图

【第二步】梁的编辑。查看第2层结构平面图上各梁所处位置，除了 KL3 和 L1，其他梁的中心线均不在轴线上。以 KL1 为例，KL1 左边线与①轴左边线平齐；单击工具栏中的"对齐"按钮，出现下拉列表框，选择"单对齐"，单击指定对齐目标线（柱左边线），再单击选择图元需要对齐的边线（梁左边线），对齐成功。根据上述方法，让全部梁对齐到正确的位置，其绘制效果如图 8-42 所示。

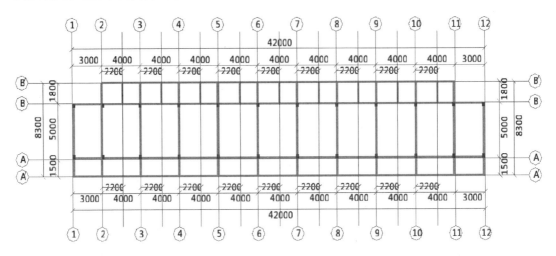

图 8-42　梁编辑对齐后绘制效果

3. 梁原位标注

梁绘制完毕后，只是对梁的集中标注信息进行了输入，还需要进行原位标注的输入，并且由于梁是以柱和墙为支座的，提取梁跨和原位标注之前，需要先绘制梁的支座。图中梁显示为粉色时，表示还没有进行梁跨的提取和原位标注的输入，也不能正确地对梁钢筋进行计算。

梁原位标注的操作步骤如下。

【第一步】原位标注输入。原位标注主要包括支座钢筋、跨中筋、下部钢筋、架立筋及次梁加筋，另外变截面也需要在原位标注中输入。单击工具栏中的"原位标注"按钮，单击选择需要提取梁跨或者需要输入原位标注的梁，在绘图窗口将显示原位标注的输入框，如图 8-43 所示，图的下方显示平法表格。以 KL1 为例，输入梁的原位标注信息，如图 8-44 所示。

【第二步】应用到同名称梁。单击"应用到同名称梁"，弹出"应用范围选择"对话框，单击"规则"按钮，可了解同名称未识别的梁、同名称已识别的梁、所有同名称梁的应用规则，如图 8-45 所示。选择"所有同名称的梁"并确定，其完成结果如图 8-46 所示。

📖 说明

① 对于没有原位标注的梁，可以通过提取梁跨来把梁的颜色变为绿色。

② 对有原位标注的梁，可以通过输入原位标注来把梁的颜色变为绿色。

③ 软件中用粉色和绿色对梁进行区别，目的是提醒用户哪些梁已经进行了原位标注的输入，以便于检查，防止出现忘记输入原位标注而影响计算结果的情况。

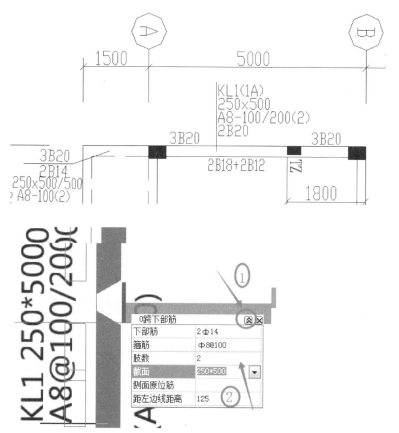

图 8 - 43　梁的原位标注区域

图 8 - 44　梁平法表格输入设置

跨号	标高(m)		构件尺寸(mm)							上通长筋	上部钢筋			下部钢筋		侧面钢筋		拉筋
	起点标高	终点标高	A1	A2	A3	A4	跨长	截面(B*H)	距左边线距离		左支座钢筋	跨中钢筋	右支座钢筋	下通长筋	下部钢筋	侧面通长筋	侧面原位标注筋	
1	0	3.8	3.8	(200)				(1800)	250*500	(125)	2Φ20			3Φ20		2Φ14			Φ8
2	1	3.8	3.8		(200)	(400)	(0)	(4800)	(250*500)	(125)		3Φ20		3Φ20		2Φ18+2Φ18			Φ8

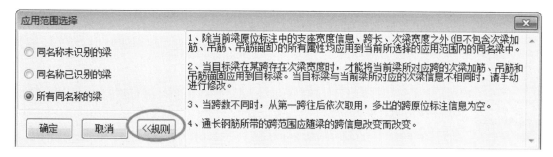

应用范围选择

○ 同名称未识别的梁

○ 同名称已识别的梁

● 所有同名称的梁

1、除当前梁原位标注中的支座宽度信息、跨长、次梁宽度之外（但不包含次梁加筋、吊筋、吊筋锚固）的所有属性均应用到当前所选择的应用范围内的同名梁中。

2、当目标梁在某跨存在次梁宽度时，才能将当前梁所对应跨的次梁加筋、吊筋和吊筋锚固应用到目标梁。当目标梁与当前梁所对应的次梁信息不相同时，请手动进行修改。

3、当跨数不同时，从第一跨往后依次取用，多出的跨原位标注信息为空。

4、通长钢筋所带的跨范围应随梁的跨信息改变而改变。

确定　　取消　　<<规则

图 8 - 45　应用同名称梁规则说明

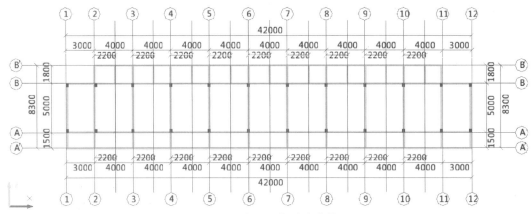

图 8-46 梁原位标注完成结果

④ 偏移绘制：有些梁的端点不在轴线的交点或其他捕捉点上，可以采用偏移绘制的方法，也就是通过按住 Shift 键单击捕捉轴线以外的点来绘制。例如绘制梁 L1，其两个端点分别为相对于②轴、⑧轴交点偏移"X＝2200，Y＝0"和偏移"X＝2200，Y＝1800"；单击"直线"按钮，将鼠标指针放在②轴和⑧轴的交点上，按住 Shift 键单击，在弹出的"输入偏移值"对话框中输入相应的数值并确定，这样就选定了第一个端点；采用同样的方法可确定第二点，从而绘制出 L1。

8.4 首层板钢筋算量

8.4.1 建模准备

1. 任务目标
① 完成首层板的钢筋算量模型建立。
② 报表统计，查看首层板的钢筋工程量。

2. 任务准备
① 查看板钢筋图，了解板的厚度、钢筋信息（板受力筋、板负筋等的信息），统计梁的钢筋信息；查看板的平面布置图，了解板位置情况。
② 熟悉板的钢筋计算规则。
③ 观看板的钢筋算量模型建立演示视频。

8.4.2 软件实际操作

1. 新建板
新建板的操作步骤如下。

【第一步】板构件建立。选择"模块导航栏"中"板"下的"板",打开"构件列表"下的"新建"下拉列表框,选择"新建现浇板",则现浇板构件建立。

【第二步】板的属性编辑。单击"属性"按钮,弹出"属性编辑器"对话框,根据板钢筋图信息填写相关属性,以宿舍楼图纸第 2、3 层板钢筋图中 2B1 板为例,如图 8 - 47 所示。

① 名称:2B1。

② 厚度(mm):根据图纸中标注的板厚度输入,在此输入"120"。

③ 顶标高(mm):即板的顶标高,根据实际情况输入,此处默认为"层顶标高"。

④ 马凳筋参数图:根据实际情况选择相应的形式,输入参数。本工程不设置马凳筋。

⑤ 马凳筋信息:由马凳筋参数图定义时输入的信息生成。

⑥ 拉筋:本工程不涉及拉筋,但一些新技术中空板的双层钢筋存在拉筋计算。

【第三步】复制生成其他板。单击"构件列表"下的"复制"按钮,自动复制 2B1 板来生成其他板,然后可根据图纸信息修改相应属性。

【第四步】板的绘制。板的画法有"点"画、"矩形"画、"自动生成板"等几种,本节主讲"点"画。查看第 2、3 层板钢筋平面图上 2B1 所处位置,单击绘图工具栏中的"点"按钮,再单击画板区域(必须是梁或者墙围成的封闭区域)中的任意点,即生成 2B1。然后单击 2B1 名称右边的下三角按钮切换为其他板,可按同样办法画出其他板。

2. 新建板钢筋

新建板钢筋的操作步骤如下。

【板钢筋设置、布置及编辑】

【第一步】板受力筋定义。选择"板受力筋",单击"新建"按钮,出现下拉列表框,选择"新建受力筋",板受力筋即生成;单击"属性"按钮,在"属性编辑器"对话框中修改板受力筋信息,以 2B1 板中的 φ8@150 底筋为例,如图 8 - 48 所示。

	属性名称	属性值	附加
1	名称	2B1	
2	混凝土强度等级	C30	
3	厚度(mm)	120	
4	顶标高(m)	层顶标高	
5	保护层厚度(mm)	15	
6	马凳筋参数图		
7	马凳筋信息		
8	线形马凳筋方向	平行横向受力筋	
9	拉筋		
10	马凳筋数量计算方	向上取整+1	
11	拉筋数量计算方式	向上取整+1	
12	归类名称	2B1	
13	汇总信息	现浇板	
14	备注		
15	⊞ 显示样式		

图 8 - 47 板属性编辑

	属性名称	属性值	附加
1	名称	SLJ-1	
2	钢筋信息	φ8@150	
3	类别	底筋	
4	左弯折(mm)	0	
5	右弯折(mm)	0	
6	钢筋锚固	30	
7	钢筋搭接	42	
8	归类名称	SLJ-1	
9	汇总信息	板受力筋	
10	计算设置	按默认计算设置计	
11	节点设置	按默认节点设置计	
12	搭接设置	按默认搭接设置计	
13	长度调整(mm)		
14	备注		
15	⊞ 显示样式		

图 8 - 48 板受力筋属性设置

① 名称:可以按照图纸受力筋名称输入,此处按软件默认。

② 钢筋信息:按照图纸中钢筋信息输入"φ8@150"。

③ 类别:在软件中可选底筋、面筋、温度筋和中间层筋,在此选择"底筋"。

④ 左弯折(mm)和右弯折(mm):按照实际情况输入受力筋的端部弯折长度,软件

工程造价软件应用与实践

默认为 0，表示按照计算设置中默认的"板厚－2 倍保护层厚度"来计算弯折长度。此处设置会影响钢筋计算结果，如果图纸中没有特殊说明，不需修改。

⑤ 钢筋锚固和钢筋搭接：取楼层设置中设定的初始值，可以根据图纸实际情况进行修改，此处不改。

⑥ 长度调整（mm）：输入正值或负值，可对钢筋的长度进行调整，此处不用输入。

按照同样的方法，可定义其他的受力筋。

【第二步】板受力筋绘制。布置板受力筋时，按照布置范围有"单板""多板""自定义"等，按照钢筋方向有"水平""垂直""XY 方向"等。查看第 2、3 层板钢筋图可知，所有板的底筋 X 方向和 Y 方向的钢筋信息一样，故此处可采用"XY 方向"来布置。

首先单击"单板"按钮，选择"XY 方向"，选择一块板，弹出"智能布置"对话框，如图 8-49 所示；选择双向布置，底筋选择 φ8@150，单击"确定"按钮。根据板的钢筋信息，重复上述方法，将其他板的底筋布置完成。

【第三步】板负筋定义。以 2B1 板 φ8@150 例，介绍其定义和绘制。选择"新建板负筋"，单击"属性"按钮，在弹出的"属性编辑器"对话框中定义板负筋，如图 8-50 所示。

图 8-49 板钢筋智能布置   图 8-50 板负筋属性编辑

① 左标注（mm）和右标注（mm）：负筋只有一侧标注，左标注输入"1200"，右标注输入"0"。

② 单边标柱位置：根据图纸中实际情况，选择"支座中心线"。

③ 对于左右均有标注的负筋，有"非单边标注含支座宽"的属性选项，指左右标注的尺寸是否含支座宽度。这里根据实际图纸情况选择"是"。

【第四步】板负筋的绘制。选择"按板边布置"，移动鼠标捕捉板边线，右击确定，单击确定负筋左标注的方向即可布置负筋。根据板的钢筋信息，重复上述方法，可将其他板的负筋布置完成。

3. 查看构件的计算式

构件的钢筋算量模型建立后，进行汇总计算，查看并核对工程量。

查看构件的计算式的操作步骤如下。

【第一步】汇总计算。首先单击工具栏中的"汇总计算"按钮，弹出"汇总计算"对话框，选择"全部楼层"，单击"计算"按钮，楼层工程量即开始汇总计算；计算完成后，单击"关闭"按钮，即可查看某个构件的工程量。

【第二步】查看并核对工程量。以板筋为例，在板筋的操作界面下，单击工具栏中的"查看钢筋量"按钮，单击选择某个柱钢筋（这里以φ8@150 负筋为例），弹出"钢筋总重量"对话框，在对话框中可以查看钢筋总重量、按级别和直径区分的钢筋总量等。如果要核对梁工程量计算式是否正确，可以单击工具栏中的"编辑钢筋"按钮，单击选择某个梁（KL1），弹出"查看构件图元工程量计算式"对话框，如图 8-51 所示，有钢筋图形、计算公式等，就可以方便地核对某个工程量了。核对完毕后，单击"关闭"按钮即可。

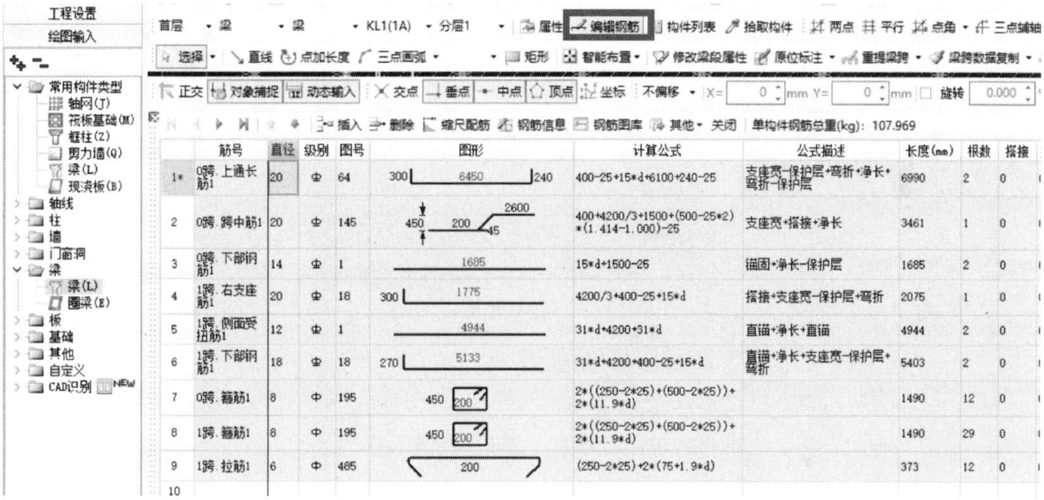

图 8-51　"查看构件图元工程量计算式"对话框

【第三步】报表预览和导出。在"模块导航栏"中单击"报表预览"按钮，选择需要的报表（如钢筋定额表），单击"导出"按钮，出现下拉列表框，选择"导出为 EXCEL 文件"将表格导出软件，弹出"导出到 EXCEL"对话框，选择文件保持路径，单击"保存"按钮，弹出提示框，提示该报表导出成功，单击"确定"按钮即可。

8.5　首层砌体结构钢筋算量

8.5.1　建模准备

1. 任务目标

① 完成首层砌体结构的钢筋算量模型建立。

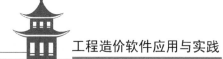

② 报表统计，查看首层砌体结构的钢筋工程量。

2. 任务准备

① 查看结构和建施图说明，了解加筋砌体、圈梁和构造柱的尺寸和钢筋信息，统计钢筋信息；查看平面布置图，了解砌体结构位置情况。

② 熟悉砌体结构的钢筋计算规则。

③ 观看砌体结构的钢筋算量模型建立演示视频。

【砌体墙拉结钢筋】

8.5.2　软件实际操作

1. 新建砌体墙

新建砌体墙的操作步骤如下。

【第一步】砌体墙建立。选择"模块导航栏"中"墙"下的"砌体墙"，打开"构件列表"下的"新建"下拉列表框，选择"新建砌体墙"，则相应砌体墙构件建立。

【第二步】砌体墙属性编辑。单击"属性"按钮，弹出"属性编辑框"对话框，如图8-52所示，在其中进行相应设置。

	属性名称	属性值	附加
1	名称	QTQ-1	☐
2	厚度(mm)	180	☐
3	轴线距左墙皮距离	90	☐
4	砌体通长筋		☐
5	横向短筋		☐
6	砌体墙类型	框架间填充墙	☐
7	备注		☐
8	⊞ 其他属性		
17	⊞ 显示样式		

图 8-52　砌体加筋属性设置

① 砌体通长筋：指砌体长度方向的钢筋，输入格式为"排数＋级别＋直径＋间距"。本工程没有砌体通长筋。

② 横向短筋：按照提示栏提示的格式输入。本工程没有横向短筋。

③ 砌体墙类别：在软件中分为填充墙、承重墙和框架间填充墙三种类别。

【第三步】砌体墙绘制。绘制方式有"直线"画、"矩形"画、"智能布置"画，此处讲解"直线"画。单击"直线"按钮，单击指定墙体第一个端点，按F4键调整墙体位置，再单击指定墙体第二个端点，用相同的方法完成所有砌体墙绘制。砌体墙加筋完成后平面图如图8-53所示。

【第四步】砌体墙加筋设置。选择"模块导航栏"中"墙"下的"砌体加筋"，单击"新建"按钮下的"新建砌体加筋"按钮，选择"绘图"按钮，进入绘图窗口。选择"自动生成砌体加筋"，弹出"参数设置"对话框，单击第一行的L形遇框架柱右边的复选框，出现图标按钮⟨⋯⟩，再单击⟨⋯⟩，弹出"选择参数化图形"对话框，选择"L-8形"，单击"确定"按钮即可。同样的办法，再选L形遇构造柱、T形遇框架柱、十字形遇框架柱、

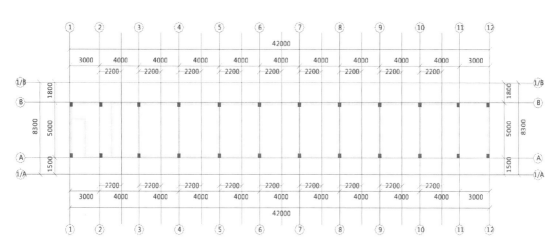

图 8 - 53 砌体墙加筋完成后平面图

一字形遇构造柱、孤墙端部遇柱等，具体见图 8 - 54。

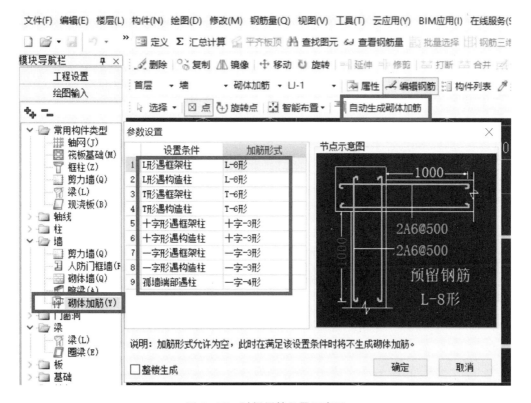

图 8 - 54 过梁属性设置示意图

【第五步】画砌体加筋。单击工具栏中的"智能布置"按钮，选择"柱"，然后框选所有的柱，右击就能生成砌体加筋了。

2. 新建过梁

新建过梁的操作步骤如下。

【第一步】过梁建立。门窗洞口的过梁建立参照图形算量软件。选择"模块导航栏"中"门窗洞口"下的"过梁",打开"构件列表"下的"新建"下拉列表框,选择"新建矩形过梁",则相应的过梁构件建立。

【第二步】过梁的属性编辑。单击"属性"按钮,弹出"属性编辑器"对话框,如图8-55所示,进行相应设置。

	属性名称	属性值	附加
1	名称	GL-1	
2	截面宽度(mm)		
3	截面高度(mm)	180	
4	全部纵筋		
5	上部纵筋	2Φ10	
6	下部纵筋	2Φ12	
7	箍筋	Φ6@200	
8	肢数	2	
9	备注		
10	其他属性		
22	锚固搭接		
37	显示样式		

图8-55 过梁属性设置

① 截面宽度(mm):自动取墙厚180mm,截面高度按图上分析,这里取300mm。

② 起点伸入墙内长度和终点伸入墙内长度:此处默认为250mm,该项会影响钢筋长度的计算,可以根据图纸实际情况输入。

其他属性和梁的属性类似,在此不做详细介绍。

【第三步】过梁的绘制。根据图纸说明,单击工具栏中的"智能布置"按钮,按洞口宽度布置过梁;洞口宽度大于1200mm,单击"确定"按钮,即可布置过梁。

8.6 首层楼梯钢筋算量

8.6.1 建模准备

1. 任务目标

① 完成首层楼梯的钢筋算量模型建立。

② 报表统计,查看首层楼梯的钢筋工程量。

2. 任务准备

① 查看结构和建施图说明,了解楼梯的尺寸和钢筋信息并统计钢筋信息;查看平面布置图,了解楼梯位置情况。

② 熟悉楼梯的钢筋计算规则。

③ 观看楼梯的钢筋算量模型建立演示视频。

8.6.2　软件实际操作

【楼梯钢筋】

新建楼梯的操作步骤如下。

【第一步】楼梯建立。选择"模块导航栏"中的"单构件输入",进入单构件输入窗口。单击"构件管理"按钮,弹出"单构件输入构件管理"对话框,选择"楼梯",单击"添加构件"按钮,添加楼梯,根据图纸中楼梯样式的数量,修改构件数量为"2",然后单击"确定"按钮,如图 8 - 56 所示。

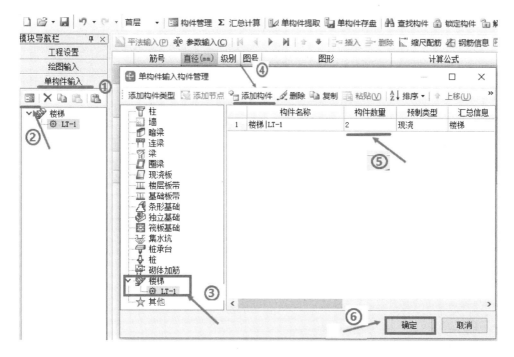

图 8 - 56　单构件设置

【第二步】楼梯的信息编辑。选择"参数输入",进入"参数输入法"窗口;选择"选择图集",弹出"选择标准图集"对话框,可选择相应的楼梯类型,如图 8 - 57 所示。

这里以 AT 型楼梯为例。在楼梯参数图中,以首层楼梯梯板为例,参照图纸 JG - 06 中的梯表图,按照图纸标注输入各个位置的钢筋信息和截面信息,如图 8 - 58 所示。输入完成后,单击"计算退出"按钮。

【第三步】查看楼梯钢筋。其汇总计算结果如图 8 - 59 所示。

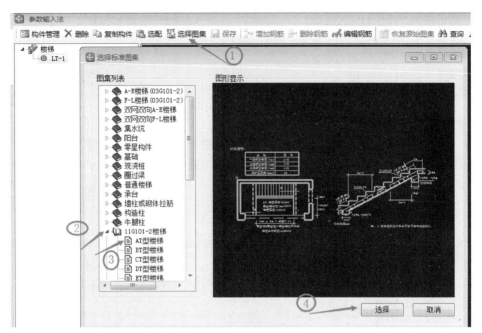

图 8-57　楼梯类型选择

AT型楼梯：

名　称	数　值
一级钢筋锚固(la1)	27 D
二级钢筋锚固(la2)	34 D
三级钢筋锚固(la3)	40 D
保护层厚度(bhc)	15

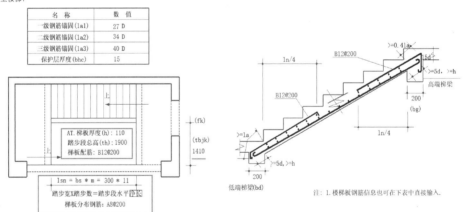

图 8-58　楼梯参数设置

筋号	直径(mm)	级别	图号	图形	计算公式	公式描述	长度(mm)	根数	搭接	损耗(%)	单重(kg)	总重(kg)	钢筋归入	搭接形式	钢筋类型
1*	楼板下部纵筋	12	Φ	3	4203	3600*1.112+100+100		4203	9	0	0	3.732	33.59	直筋	绑扎	普通钢筋
2	下端梁端上部纵筋	12	Φ	149	180 1207 585 80	3600/4*1.112+408+110-2*15		1489	9	0	0	1.322	11.9	直筋	绑扎	普通钢筋
3	楼板分布钢筋	8	Φ	3	1470	1470+12.5*d		1570	33	0	0	0.62	20.465	直筋	绑扎	普通钢筋
4	上端梁端上部纵筋	12	Φ	149	202 1207 585 80	3600/4*1.112+408+110-2*15		1489	9	0	0	1.322	11.9	直筋	绑扎	普通钢筋
5																

图 8-59　楼梯钢筋汇总计算结果

本章小结

　　本章主要讲解了柱、梁、板、砌体结构等钢筋算量模型建立及单构件楼梯钢筋信息设置和钢筋工程量计算，并介绍了如何查看各构件钢筋工程量及钢筋报表预览。

　　本章的难点是砌体墙加筋设置及楼梯单构件钢筋设置，重点是柱、梁、板钢筋设置和绘制。

习　题

1. 楼层信息建立时檐高是怎么计算的？
2. 如何设置砌体加筋的钢筋？绘图方式有哪几种？
3. 新建钢筋工程信息若设置有误，怎么修改正确？
4. 怎么查看钢筋算量模型？
5. 如果首层柱子与第2层柱子的尺寸和钢筋相同，有什么建立第2层柱子的快速方式？
6. 楼梯的参数输入中关于楼梯类型有哪几种？区别是什么？

第**9**章 其他楼层钢筋工程量计算

熟练掌握软件操作，能将与本层相似的构件（如柱、梁、板等）的钢筋算量模型从其他楼层复制到本楼层，并掌握单构件钢筋输入等。

知识要点	能力要求	相关知识
层间复制	能分析出层间构件之间的相同点和不同点	（1）从其他楼层复制构件图元； （2）复制选定图元到其他楼层； （3）批量选择
判断边角柱	能在平法里面了解边角柱计算规则的不同	自动判断边角柱
放射筋	能计算钢筋的长度和质量	单构件输入
桩承台钢筋工程量算量	（1）能正确认识桩承台钢筋，选择正确的配筋形式； （2）能理解哪些因素对桩承台钢筋算量有影响	（1）桩承台和桩承台单元的区别，桩承台单元截面尺寸及钢筋信息、标高等； （2）桩承台的外形和配筋形式、绘制方式
基础梁钢筋工程量算量	能掌握基础梁的定义和绘制	基础梁钢筋的配置情况

9.1 第2、3层钢筋工程量计算

9.1.1 建模准备

第2、3层构件图元与首层构件图元的属性和位置基本相同，故在当前层不需要再重复绘制，只需稍做修改即可。

1. 任务目标

完成首层到第2、3层的柱、梁、板的楼层间复制。

2. 任务准备

观看层间复制的演示视频。

9.1.2 软件实际操作

1. 层间复制及构件钢筋修改

层间复制及构件钢筋修改的操作步骤如下。

【层间复制及构件
钢筋修改】

【第一步】层间复制。从绘图工具栏通过楼层切换进入第2层的楼层界面，选择"楼层"菜单，出现下拉列表，选择"从其他楼层复制图元"，弹出"从其他楼层复制图元"对话框，"源楼层选择"选择"首层"，"图元选择"需要层间复制的构件有"框柱""梁""现浇板""板受力筋""板负筋"，目标楼层选择"第2层"，单击"确定"按钮，如图9-1所示。软件弹出提示框，提示"复制完成"，单击"确定"按钮，如图9-2所示。复制完成，单击"动态观察"，以检查复制是否正确。

图9-1 楼层复制选择

图9-2 楼层复制完成提示

【第二步】修改第 2 层构件。

① 第 2 层和首层的柱图元位置相同，但钢筋信息不同，故需要对钢筋属性信息进行修改。单击"属性"按钮，在弹出的"属性编辑器"对话框中，根据柱表信息把第 2 层的柱构件钢筋信息修改正确。

② 第 2 层梁、板（即第 3 层结构图上的梁、板，标高为 7.3m）与首层梁、板（即第 2 层结构图上的梁、板，标高为 3.8m）的图元属性和位置是相同的，不需要进行构件修改。

【第三步】把第 2 层所有构件复制到第 3 层。第 3 层与第 2 层的柱图元属性和位置是相同的，因此在第 3 层的楼层界面，可重复使用层间复制步骤把第 2 层柱、梁、板复制到第 3 层。

【第四步】修改第 3 层构件。第 3 层梁、板（即屋面层结构图上的梁、板，标高为 10.8m）与第 2 层梁、板（即第 3 层结构图上的梁、板，标高为 7.3m）的图元和位置相同，但梁与板的名称及钢筋信息不同，需要做相应修改。

在复制的时候，如果当前楼层已经绘制了构件图元，那么软件会弹出"同位置图元/同名构件处理方式"对话框，如图 9 - 3 所示，可以根据实际情况进行选择。

2. 复制选定图元到其他楼层

在当前楼层界面绘制完某个构件后，若其他楼层相同位置也存在该构件图元，可使用"复制选定图元到其他楼层"功能。例如本工程首层的梁、板与第 2 层的梁、板是相同的，可在首层楼层界面单击"批量选择"按钮，弹出"批量选择构件图元"对话框，如图 9 - 4 所示；选择需要复制的梁、板构件图元，单击"确定"按钮；再选择"楼层"菜单，出现下拉列表，选择"复制选定图元到其他楼层"，弹出"复制图元到其他楼层"对话框，如图 9 - 5 所示；选择"第 2 层"，单击"确定"按钮；弹出提示框，提示"复制完成"，单击"确定"按钮，图元即复制成功。

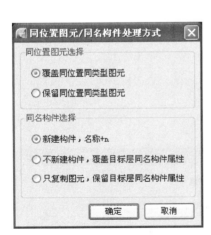

图 9 - 3 同位置图元/同名构件处理方式选择

图 9 - 4 "批量选择构件图元"对话框

图 9 - 5 "复制图元到其他楼层"对话框

9.2 顶层楼梯间钢筋工程量计算

9.2.1 建模准备

1. 任务目标

完成顶层边角柱的判断。

2. 任务准备

观看判断边角柱的演示视频。

9.2.2 软件实际操作

顶层楼梯间层构件的绘制方法与前面章节一样，故在此不做介绍。

1. 判断边角柱

判断边角柱的操作步骤如下。

在顶层的梁绘制完毕之后，围成了封闭的区域，就可以进行边角柱的识别。在顶层柱子的界面，单击工具栏中的"自动判断边角柱"按钮，软件提示"自动判断成功"，如图 9 - 6 所示；该功能只针对框架柱和框支柱，判断完成后，边柱、角柱和中柱这些不同柱类型将显示不同颜色。

【顶层楼梯间柱及梁配筋】

2. 顶层楼梯间柱及梁配筋

顶层楼梯间柱及梁配筋做法同首层，这里不再详细叙述，详见顶层楼梯间柱及梁配筋视频。

3. 顶层楼梯间顶板配筋

顶层楼梯间顶板配筋做法同首层，这里不再详细叙述，详见顶层楼梯间顶板配筋视频。

【顶层楼梯间顶板配筋】

4. 放射筋输入

板角放射筋输入可采用单构件管理和表格直接输入法，其操作步骤如下。

① 单构件管理。首先选择"模块导航栏"中的"单构件输入"，进入"单构件输入"窗口，单击"构件管理"按钮，弹出"单构件输入构件管理"窗口，如图 9 - 7 所示；单击"其他"后选择"添加构件"，添加构件完成后修改"构件名称"为"屋顶板放射筋"，"构件数量"为"4"，单击"确定"按钮。

② 表格直接输入。在直接输入法中，可直接在表格中填入钢筋参数，如图 9 - 8 所示，软件根据输入的参数计算钢筋工程量，几乎可以处理所有工程中碰到的钢筋。凡是在参数输入、平法输入、绘图输入中不便处理的钢筋，都可以在这里处理。

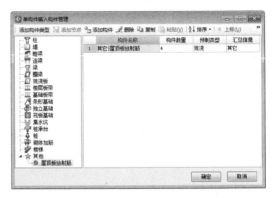

图 9-6 边角柱"自动判断成功"提示　　　图 9-7 "单构件输入构件管理"窗口

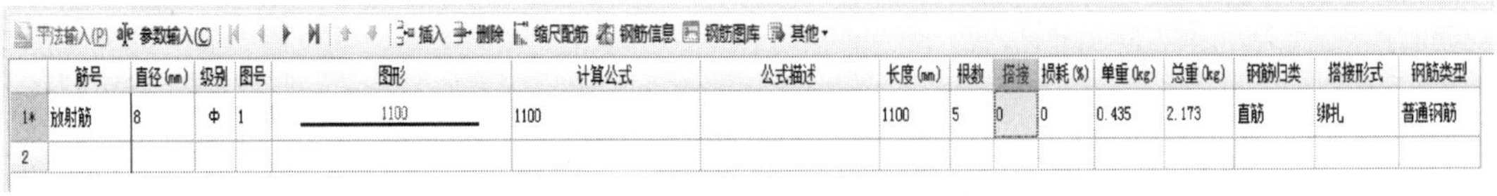

筋号	直径(mm)	级别	图号	图形	计算公式	公式描述	长度(mm)	根数	搭接	损耗(%)	单重(kg)	总重(kg)	钢筋归类	搭接形式	钢筋类型
1* 放射筋	8	Φ	1	1100	1100		1100	5	0	0	0.435	2.173	直筋	绑扎	普通钢筋
2															

图 9-8 直接输入法表格

9.3 基础层钢筋工程量计算

9.3.1 建模准备

1. 任务目标

完成基础层所有柱、桩承台、基础梁的钢筋算量模型建立。

2. 任务准备

① 查看基础层结构平面图 JG-04，了解桩承台分布、截面形状、尺寸、标高，钢筋信息。

② 查看基础层结构平面图 JG-04，了解基础梁位置分布、截面形状、尺寸、标高、钢筋信息。

③ 熟悉桩承台基础、基础梁钢筋计算规则。

④ 观看桩承台基础、基础梁钢筋算量模型建立演示视频。

9.3.2 软件实际操作

1. 复制首层柱

复制首层柱的操作步骤如下。

首先框选首层所有柱，选择"楼层"菜单下的"复制选定图元到其他楼层"，弹出楼层列表，选中基础层，柱就被复制到基础层了。然后再修改柱属性，把柱的底标高改为"基础顶"，其他不变。

2. 新建桩承台

新建桩承台的操作步骤如下。

【第一步】桩承台构件建立。选择"模块导航栏"中"基础"下的"桩承台"，打开"构件列表"下的"新建"下拉列表框，选择"新建桩承台"，即生成 CT－1 构件，再右击后选择"新建桩承台单元"，弹出

【桩承台钢筋】

"参数化选择"对话框，如图 9－9 所示；根据图纸 JG－04 中 ZJ2 桩承台大样图上基础的形状尺寸信息和钢筋信息，选择矩形承台；单击"配筋形式"按钮，选择"均不翻起二 1－1"，单击"确定"按钮，随后输入形状尺寸信息（长 1800mm，宽 900mm，高 1200mm）和钢筋信息（水平钢筋Φ18@120，纵向底筋Φ12@200），如图 9－10 所示；单击"确定"按钮，则构件列表中桩承台和桩承台单元新建完成。

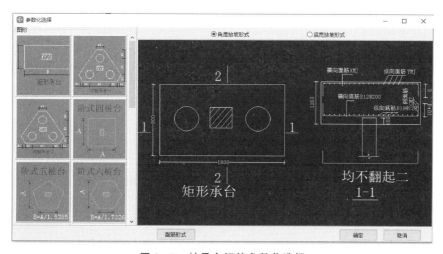

图 9－9　桩承台钢筋参数化选择

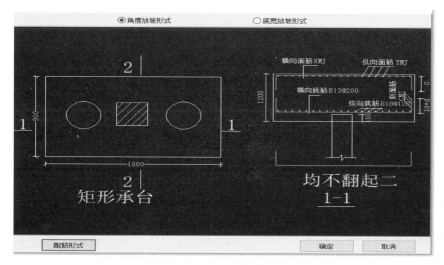

图 9－10　桩承台钢筋信息

【第二步】桩承台的绘制。单击"绘图"按钮，进入绘图窗口，单击绘图工具栏中的"旋转点"按钮，单击指定①轴与Ⓐ轴的柱心为插入点，再指定第二点的确定角度90°；单击指定①轴与Ⓑ轴的柱心为插入点，再指定第二点的确定角度90°。框选①轴和Ⓐ、Ⓑ轴交会的桩承台，右击后选择"复制"，单击指定①轴与Ⓐ轴的柱心为基准点，再单击Ⓐ轴上柱的柱心为插入点，则复制完成。图9-11所示为桩承台平面布置图。

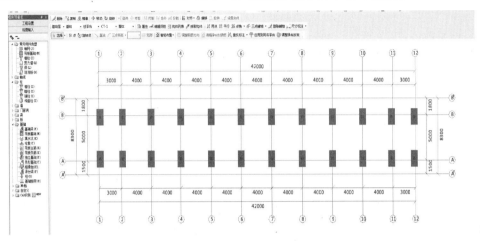

图 9-11　桩承台平面布置图

【基础梁钢筋】

3. 新建基础梁

新建基础梁的操作步骤如下。

【第一步】基础梁构件建立。选择"模块导航栏"中"基础"下的"基础梁"，打开"构件列表"下的"新建"下拉列表框，选择"新建矩形基础梁"，则构件列表中基础梁新建完成。

【第二步】基础梁的属性编辑。基础梁和框架梁的属性信息类似，以①轴和Ⓐ轴上的JKL1(1)为例，其属性填写如图9-12所示，其中"截面宽度（mm）"填写"200"，"截面高度（mm）"填写"400"，"箍筋"输入"Φ8@100/200（2）"，下部通长筋填写"2Φ18"，上部通长筋在标注处没写入，可以在原位标注时再填写，"起点顶标高（m）"和"终点顶标高（m）"都填写"-0.8"。

【第三步】基础梁绘制。单击"绘图"按钮，进入绘图窗口，单击工具栏中的"直线"按钮，单击指定①轴与Ⓐ轴的交点为第一个端点，按F4键，调节梁的位置，再单击指定①轴与Ⓑ轴的交点为第二个端点，则基础梁绘制完成。基础梁平面布置图如图9-13所示。

	属性名称	属性值	附加
1	名称	JKL1(1)	
2	类别	基础主梁	
3	截面宽度(mm)	200	
4	截面高度(mm)	400	
5	轴线距梁左边线距离(mm)	(100)	
6	跨数量	1	
7	箍筋	Φ8@100/200(2)	
8	肢数	2	
9	下部通长筋	2Φ18	
10	上部通长筋		
11	侧面构造或受扭筋(总配筋值)		
12	拉筋		
13	其他箍筋		
14	备注		
15	□ 其他属性		
16	汇总信息	基础梁	
17	保护层厚度(mm)	(40)	
18	箍筋贯通布置	是	
19	计算设置	按默认计算设置计算	
20	节点设置	按默认节点设置计算	
21	搭接设置	按默认搭接设置计算	
22	起点顶标高(m)	-0.8	
23	终点顶标高(m)	-0.8	
24	⊞ 锚固搭接		
39	⊞ 显示样式		

图 9-12　基础梁属性配筋设置

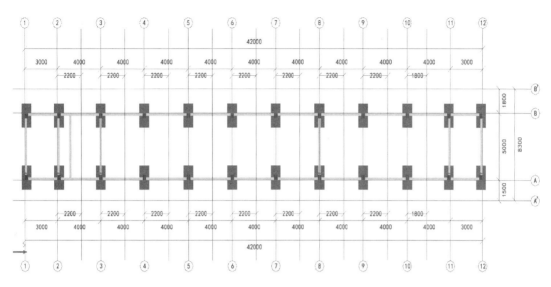

图 9-13　基础梁平面布置图

9.4　钢筋统计与报表预览

所有构件的钢筋算量模型（除桩外）完成后，就进行汇总计算，查看并核对工程量，最后进行清单与定额报表预览。

钢筋统计与报表预览的操作步骤如下。

【第一步】汇总计算。首先单击工具栏中的"汇总计算"按钮，弹出"确定执行计算汇总"对话框，选择其中的"所有楼层"，单击"确定"按钮，则钢筋工程量开始汇总计算；计算完成后，单击"确定"按钮，就可查看整个楼层某个构件的工程量了。

【第二步】报表预览。单击"模块导航栏"下的"报表预览"按钮，就出现报表了。单击左侧报表名称，可以得到所需的报表，这里选择"楼层构件类型级别直径汇总表"。表 9-1所示为宿舍楼构件按楼层的钢筋汇总表。

表 9-1　宿舍楼构件按楼层的钢筋汇总表

楼层名称	构件类型	钢筋总重/kg	HPB300 级直径/mm			HRB335 级直径/mm						
			6	8	10	12	14	16	18	20	22	25
基础层	柱	1027.908		54.226				148.217	484.448	341.018		
	梁	1323.869	7.569	361.28		9.448			904.372	41.2		
	桩承台	1024.627				225.907			798.72			
	合计	3376.405	7.569	415.506		235.356		148.217	2187.54	382.218		

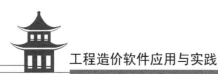

续表

楼层名称	构件类型	钢筋总重/kg	HPB300 级直径/mm			HRB335 级直径/mm						
			6	8	10	12	14	16	18	20	22	25
首层	柱	2544.6	33.713	1225.053			100.856	185.189	576.096	423.694		
	砌体加筋	182.931	182.931									
	梁	3702.152	177.384	733.657		129.659	447.093	22.404	767.504	1405.047		19.404
	现浇板	2374.141	171.647	1219.831	982.663							
	楼梯	423.409		107.693		315.716						
	合计	9227.232	565.674	3286.234	982.663	445.375	547.949	207.593	1343.6	1828.741		19.404
第2层	柱	2005.525	31.606	583.665	475.228		78.331	614.936	221.76			
	砌体加筋	305.245	305.245									
	梁	3702.152	177.384	733.657		129.659	447.093	22.404	767.504	1405.047		19.404
	现浇板	2374.141	171.647	1219.831	982.663							
	合计	8387.063	685.881	2537.153	1457.891	129.659	525.423	637.34	989.264	1405.047		19.404
第3层	柱	1825.065	31.606	583.665	475.228		51.623	498.56	184.384			
	砌体加筋	299.39	299.39									
	梁	3182.167	160.731	718.3		25.056	498.358	73.476	1113.924	571.635	20.687	
	现浇板	2262.409	171.756	1820.456	270.197							
	合计	7569.031	663.483	3122.42	745.425	25.056	549.981	572.036	1298.308	571.635	20.687	
第4层	柱	467.119		221.145				245.974				
	砌体加筋	30.428	30.428									
	梁	520.062	18.143	130.208		50.012		95.558	86.24	139.901		
	现浇板	505.932		505.932								
	其他	19.276		19.276								
	合计	1542.817	48.571	876.56		50.012		341.533	86.24	139.901		
全部层汇总	柱	7870.218	96.924	2667.753	950.456		230.81	1692.875	1466.688	764.712		
	砌体加筋	817.994	817.994									
	梁	12430.402	541.211	2677.102		343.834	1392.543	213.844	3639.544	3562.829	20.687	38.808
	现浇板	7516.623	515.05	4766.05	2235.523							
	桩承台	1024.627				225.907			798.72			
	楼梯	423.409		107.693		315.716						
	其他	19.276		19.276								
	合计	30102.548	1971.178	10237.874	3185.979	885.457	1623.353	1906.719	5904.952	4327.541	20.687	38.808

本章小结

　　本章主要讲解了楼层间复制操作，快速建立和修改楼层的柱、梁、板的钢筋及砌体加筋；介绍了楼梯单构件输入，新建桩承台及桩承台单元、基础梁等钢筋算量模型操作过程及钢筋工程量计算，同时介绍了怎样在顶层判断边角柱等。

　　本章的难点是桩承台钢筋设置，重点是楼层钢筋复制。

习　　题

　　1. 从其他楼层复制构件图元、复制选定图元到其他楼层、从其他楼层复制构件、复制构件到其他楼层，这些选项有什么不同？

　　2. 中柱、边柱、角柱有什么区别？其构造和计算有什么不同和相同之处？

　　3. 单构件输入时，"参数输入"里面的参数图集有哪些？

　　4. 桩承台有哪几种配筋样式？可以分为哪几种类型？

　　5. 桩承台单元如果修改属性里面的参数图钢筋信息，是否会对已经绘制的桩承台有影响？

　　6. 如果基础梁用梁来绘制，最后如何将其转换为基础梁？

第4篇

CAD导图应用

第**10**章

CAD 导图
识别建模

教学目标

熟练操作 CAD 导图软件，进行各种构件及钢筋的识别建模等。

教学要求

知识要点	能力要求	相关知识
导图准备	能添加图纸和整理图纸	导入 CAD 图纸，分解及整理图纸
识别构件	能识别 CAD 图纸	（1）识别轴网； （2）识别柱及钢筋； （3）识别剪力墙及钢筋； （4）识别梁及钢筋； （5）识别板及钢筋； （6）识别砌体墙； （7）识别门窗； （8）识别基础

10.1 CAD 导图识别流程

CAD 导图软件可以快速建立三维算量模型，但并不是所有构件都可以通过其识别来自动建模，如楼梯、飘窗、房间装饰及脚手架等，还是需要手动建模的。CAD 导图能高效建模，手动建模则可以把一些不能通过识别建模的构件建立起来，因此 CAD 导图与手动建模是相互补充的。学习 CAD 导图一般应先从钢筋软件识别结构开始。

CAD 导图识别流程如图 10-1 所示。

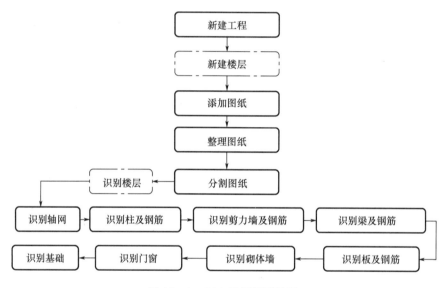

图 10-1 CAD 导图识别流程

10.2 新建工程并导入 CAD 图纸

【新建工程并导入 CAD 图纸，识别楼层及轴网】

【"广联达办公大厦"图纸】

由于本书案例宿舍楼图纸的 CAD 图并没有严格按图层来绘制，导图有很大困难，因此本章选择比较规范的"广联达办公大厦"图纸作为导图案例。

新建工程并导入 CAD 图纸的操作步骤如下。

【第一步】双击桌面"BIM 钢筋算量软件"图标，关闭其新特性窗口，单击"新建向导"按钮，"工程名称"填写"广联达办公大厦"，"计算规则"选择"16 平法"，

"报表类别"选择"广东（2010）-按直径细分"，其他不变；单击"下一步"按钮，进入工程信息设置，这里按要求填写"工程类别"为"办公楼"，"结构类型"为"框架-剪力墙结构"，"檐口高度（m）"为"16.5"，其他略；再单击"下一步"按钮，直到完成。

【第二步】选择"模块导航栏"中"CAD识别"下的"CAD草图"，单击"图纸管理"下的"添加图纸"按钮，找到"广联达办公大厦结构图纸"，单击"打开"按钮，CAD结构图纸就导进来了。

【第三步】单击"图纸管理"下的"整理图纸"按钮，单击图纸边框及里面的轴线，直到出现"图纸整理完毕"的提示。

【第四步】单击"图纸管理"下的"手动分割图纸"按钮，框选"－4.4～－0.1剪力墙、柱平法施工图"，右击出现"图纸名称"对话框，在其中"名称"栏填写"首层以下柱平面图"，右击结束；框选"－0.1～19.5墙体、柱平法施工图"，右击出现"图纸名称"对话框，在其中"名称"栏填写"首层剪力墙及柱结构平面图"，右击结束；框选"3.800梁平法施工图图纸"，右击出现"图纸名称"对话框，在其中"名称"栏填写"首层顶梁配筋图"，右击结束；框选"－0.1～19.5剪力墙柱表图"，右击出现"图纸名称"对话框，在其中"名称"栏填写"首层柱大样图"，右击结束；框选"一层平面建筑图"，右击出现"图纸名称"对话框，在其中"名称"栏填写"一层建筑平面图"，右击结束；框选"门窗表"，右击出现"图纸名称"对话框，填写"门窗表"，右击结束（先暂行添加图纸到此，到时还可以再添加）。手动分割图纸结果如图10-2所示。

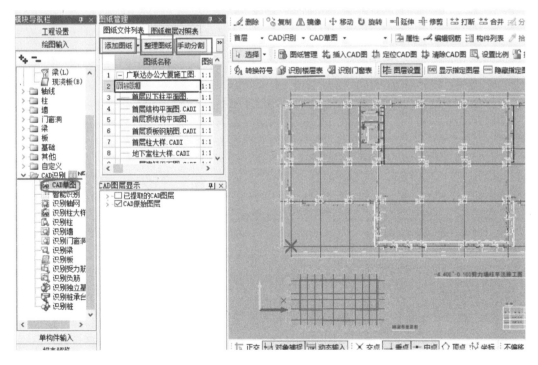

图10-2 手动分割图纸结果

10.3 识别楼层及轴网

1. 识别楼层

首先双击"首层以下柱平面图",进入该图窗口中。单击绘图工具栏中的"识别楼层表"按钮,框选该图纸右下角的"楼层表",右击后进入"识别楼层表—选择对应列"对话框,如图 10-3 所示,删除最下一行,把"机房层"改为"5",再单击"确定"按钮即可。

然后选择"模块导航栏"中"工程设置"下的"楼层设置",查看生成的楼层设置表,如图 10-4 所示;再填写基础层层高为"0.5",并进行混凝土等级、保护层等设置。

识别楼层表—选择对应列

编码 ∨	标高(m)	层高
机房层	15.500	4.000
4	11.600	3.900
3	7.700	3.900
2	3.800	3.900
1	-0.100	3.900
-1	-4.400	4.300
层 号	标高(m)	层高

图 10-3 识别楼层设置

插入楼层 删除楼层 上移 下移

	编码	楼层名称	层高(m)	首层	底标高(m)	相同层数	板厚(mm)	建筑面积(m2)	备注
1	5	第5层	4	☐	15.5	1	120		
2	4	第4层	3.9	☐	11.6	1	120		
3	3	第3层	3.9	☐	7.7	1	120		
4	2	第2层	3.9	☐	3.8	1	120		
5	1	首层	3.9	☑	-0.1	1	120		
6	-1	第-1层	4.3	☐	-4.4	1	120		
7	0	基础层	0.5	☐	-4.9	1	500		

楼层默认钢筋设置(第5层, 15.50m~19.50m)

			锚固						搭接						
	抗震等级	砼标号	HPB235(A) HPB300(A)	HRB335(B) HRB335E(BE) HRBF335E(BFE)	HRB400(C) HRB400E(CE) HRBF400(CF) HRBF400E(CFE)	HRB500(E) HRB500E(EE) HRBF500(EF) HRBF500E(EFE)	冷轧带肋	冷轧扭	HPB235(A) HPB300(A)	HRB335(B) HRB335E(BE) HRBF335E(BFE)	HRB400(C) HRB400E(CE) HRBF400(CF) HRBF400E(CFE)	HRB500(E) HRB500E(EE) HRBF500(EF) HRBF500E(EFE)	冷轧带肋	冷轧扭	保护层厚度(mm)
基础	(二级抗震)	C30	(35)	(34/37)	(41/45)	(50/55)	(41)	(35)	(49)	(48/52)	(58/63)	(70/77)	(58)	(49)	(40)
基础梁/承台梁	(二级抗震)	C30	(35)	(34/37)	(41/45)	(50/55)	(41)	(35)	(49)	(48/52)	(58/63)	(70/77)	(58)	(49)	(40)
框架梁	(二级抗震)	C30	(35)	(34/37)	(41/45)	(50/55)	(41)	(35)	(49)	(48/52)	(58/63)	(70/77)	(58)	(49)	(20)
非框架梁	(非抗震)	C30	(30)	(29/32)	(35/39)	(43/48)	(35)	(35)	(42)	(41/45)	(49/55)	(61/68)	(49)	(49)	(20)
柱	(二级抗震)	C35	(31)	(32/35)	(37/41)	(45/50)	(41)	(35)	(44)	(45/49)	(52/58)	(63/70)	(58)	(49)	(20)
现浇板	(非抗震)	C30	(30)	(29/32)	(35/39)	(43/48)	(35)	(35)	(42)	(41/45)	(49/55)	(61/68)	(49)	(49)	(15)
剪力墙	(二级抗震)	C35	(33)	(33/37)	(37/41)	(45/50)	(41)	(35)	(40)	(39/42)	(45/50)	(54/60)	(50)	(42)	(15)
人防门框墙	(二级抗震)	C30	(35)	(34/37)	(41/45)	(50/55)	(41)	(35)	(49)	(48/52)	(58/63)	(70/77)	(58)	(49)	(15)
墙梁	(二级抗震)	C35	(33)	(32/35)	(37/41)	(45/50)	(41)	(35)	(47)	(45/49)	(52/58)	(63/70)	(58)	(49)	(20)
墙柱	(二级抗震)	C35	(33)	(32/35)	(37/41)	(45/50)	(41)	(35)	(47)	(45/49)	(52/58)	(63/70)	(58)	(49)	(20)

基本锚固设置　复制到其他楼层　默认值(D)

图 10-4 查看生成的楼层设置表

2. 识别轴网

选择"模块导航栏"中的"绘图输入",并将绘图窗口图纸中左下角的"暗梁布置简图"删除;再选择"模块导航栏"中"CAD 识别"下的"识别轴网",单击绘图窗口上方的"提取轴线边线"按钮,弹出对话框,选择"按图层选择";接着单击图中的红色轴线,右击后再单击上方的"提取轴线标识"按钮,弹出对话框,选择"按图层选择";随后单击图中的绿色轴线标识,右击后选择上方"识别轴网"下的"自动识别",轴网就自动生成了,如图 10-5所示。

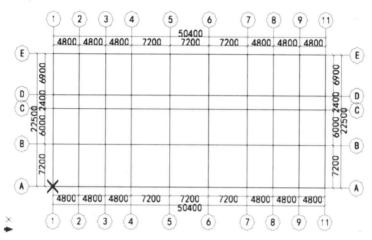

图 10 - 5　轴网自动生成后的平面图

10.4　识别首层柱及钢筋

识别首层柱及钢筋的操作步骤如下。

【第一步】钢筋符号转换。选择"模块导航栏"中"CAD 识别"下的"识别柱",选择绘图窗口上方的"转换符号",弹出对话框,在"CAD 原始符号"栏中填写"A",在"钢筋软件符号"栏中填写"A HPB300",单击"转换"按钮,如图 10 - 6 所示;

【识别首层柱及钢筋】

接着在"CAD 原始符号"栏中填写"B",在"钢筋软件符号"栏中填写"B HRB335",单击"转换"按钮;再在"CAD 原始符号"栏中填写"C",在"钢筋软件符号"栏中填写"C HRB400",单击"转换"按钮,最后单击"结束"按钮即可。

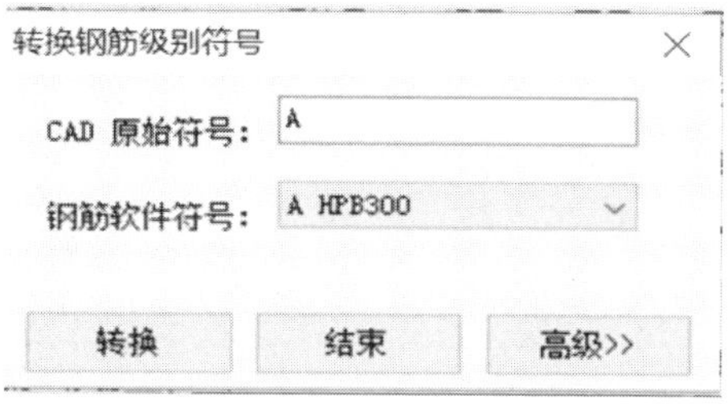

图 10 - 6　转换钢筋级别符号

【第二步】识别柱表。选择绘图窗口上方"识别柱表"下拉列表框中的"识别柱表",框选图纸右下角的"柱表",右击后出现"识别柱表—选择对应列"对话框,如图 10 - 7 所示;单击"确定"按钮,弹出"柱表定义"对话框,单击其中的"生成构件"按钮,弹出"是否生成当前所建立构件"对话框，单击"是"按钮，出现"生成构件成功"提示界面，单击"确定"按钮，框架柱就定义好了。

图 10 - 7　识别柱表选择

【第三步】识别柱。选择绘图窗口上方的"提取柱边线"，弹出对话框，选择"按图层选择"，单击图中灰色柱外边线，右击结束；再选择上方的"提取柱标识"，弹出对话框，选择"按图层选择"，单击图中柱旁的绿色标识，右击结束；再选择上方"识别柱"下的"自动识别"，柱就自动生成了，并弹出"识别完毕，共生成 52 个柱"提示界面，单击"确定"按钮即可。

【第四步】删除端柱。由于一些端柱识别错误，因此需要修改。选择"模块导航栏"中"柱"下的"端柱"，选择绘图窗口上方"选择"下拉列表框中的"批量选择"，弹出对话框，选中所有端柱，然后删除全部端柱图元，把端柱定义也一并删除。图 10 - 8 所示为矩形柱识别后的平面布置图。

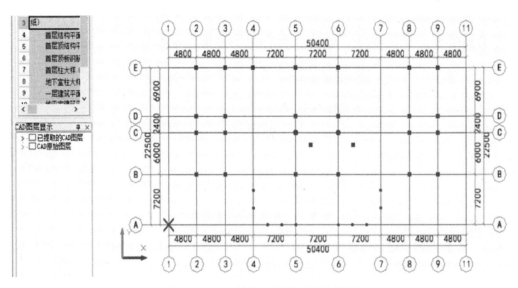

图 10 - 8　矩形柱识别后的平面布置图

【第五步】识别柱大样。选择"模块导航栏"中"CAD 识别"下的"识别柱大样"，双击"首层柱大样图"，进入柱大样详图中。移动柱大样草图到轴网附近。

选择绘图窗口上方的"提取柱边线"，弹出对话框，选择"按图层选择"，单击图中红色柱外边线，右击结束；再选择上方的"提取柱标识"，弹出对话框，选择"按图层选择"，单击图中柱旁的绿色标识及下方表格中的柱编号等，右击结束；再选择上方的"提取钢筋线"，弹出对话框，选择"按图层选择"，单击图中紫色箍筋线和红色点钢筋线，右击结束；再选择"识别柱大样"下的"框选识别"，框选全部柱大样，单击"确定"按钮即可。

【第六步】识别异形柱。双击首层以上柱平面图，再选择"模块导航栏"中"CAD 识别"下的"识别柱"，选择绘图窗口上方的"提取柱边线"，框选①轴 GDZ1 柱和 GDZ2 柱所有边线，右击结束；再选择上方"识别柱"下的"框选识别柱"，框选所有①轴异形柱，右击结束；①轴 GDZ1 柱和 GDZ2 柱就生成了。同理选择绘图窗口上方的"提取柱边线"，框选电梯井旁所有暗柱（YJZ1、YJZ2、YYZ1、YYZ2、YYZ3）的所有边线，右击结束；再选择"识别柱"下的"框选识别柱"，框选所有电梯井旁的异形柱，右击结束，这样 YJZ1、YJZ2、YYZ1、YYZ2、YYZ3 柱就自动生成了。按同样办法识别其他地方的异形柱，如位置不对，可以通过对齐或移动等操作命令来编辑。所有柱识别完成后的平面布置图如图 10 - 9 所示。

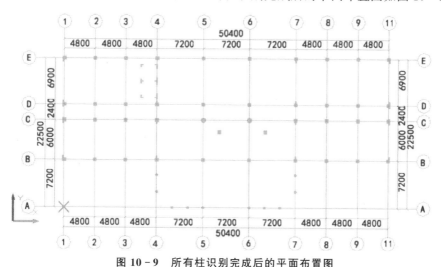

图 10 - 9　所有柱识别完成后的平面布置图

10.5 识别首层剪力墙及钢筋

识别首层剪力墙及钢筋的操作步骤如下。

【第一步】选择"模块导航栏"中"CAD 识别"下的"识别墙"，再选择绘图窗口上方的"识别剪力墙表"，框选本图纸中右侧的"剪力墙表"，右击后弹出"识别剪力墙表—选择对应列"对话框，删除上方两行，单击"确定"按钮，剪力

【识别首层剪力墙及钢筋】

墙就定义好了。

【第二步】识别剪力墙。选择绘图窗口上方的"提取混凝土墙边线",弹出对话框,选择"按图层选择",单击图中蓝色剪力墙边线,右击结束;选择上方的"提取墙标识",弹出对话框,选择"按图层选择",单击图中剪力墙旁的绿色标识,右击结束;随后选择上方的"识别墙",弹出识别墙信息表,选择下方的"自动识别",弹出对话框,单击"是"按钮,剪力墙就自动生成了。

【第三步】检查剪力墙。根据 CAD 草图,检查剪力墙绘制是否正确,并可通过延伸或裁剪进行编辑。剪力墙识别完成后平面布置图如图 10-10 所示。

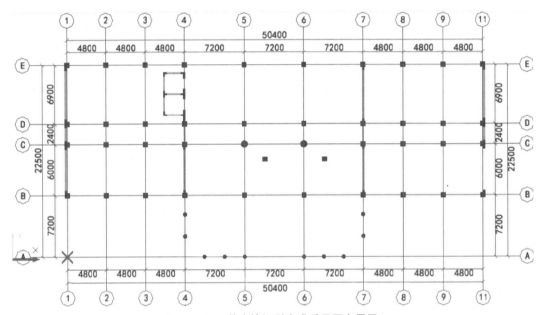

图 10-10　剪力墙识别完成后平面布置图

10.6　识别首层梁及钢筋

【识别首层梁及钢筋】

1. 识别首层框架(或非框架)梁及钢筋

识别首层框架(或非框架)梁及钢筋的操作步骤如下。

【第一步】图纸定位。双击图纸文件表中的"首层(3.8m)梁结构图",框选梁结构草图,右击后选择"移动",选择Ⓐ轴与①轴的交点作为移动点,再单击轴网中的基准点"×",图就定位好了。

【第二步】识别梁。选择"模块导航栏"中"CAD 识别"下的"识别梁",再选择绘图窗口上方的"提取梁边线",单击图纸上的淡黄色梁边线(虚线),右击结束;接着选择绘图窗口上方"提取梁标注"下的"自动提取梁标注",单击图纸上的绿色梁标注字样,右击结束;再选择绘图窗口上方"识别梁"下的"自动识别梁",出现"确认"对话框,如图 10 - 11 所示，单击"是"按钮，梁识别完后则所有梁变成红色，并出现如图 10 - 12 所示平面布置图。

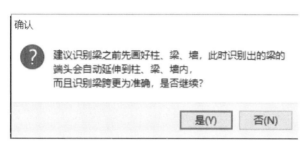

图 10 - 11　"确认"对话框

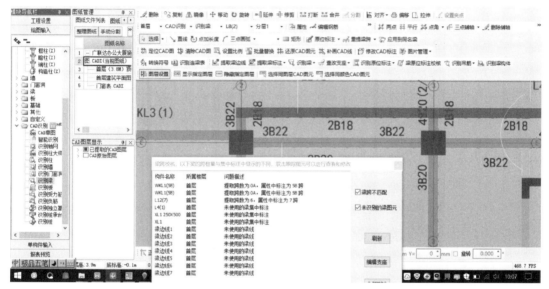

图 10 - 12　梁识别完后平面布置图

【第三步】梁跨校核并查改支座。从列表中的第一项问题描述 WKL1（5B）跨数有误开始编辑，双击列表中的 WKL1（5B），进行合并与延伸等操作，再选择绘图工具栏中"查改支座"下的"编辑支座"，选择柱作为本梁的支座即可；接着校核梁跨，发现 L7 梁跨有误，查看 CAD 图，在第④轴与第⑦轴处补画上"XL1"，再进行梁支座编辑即可。列表中有未识别的 L4（1），选择"识别梁"下的"点选识别梁"，单击图中 L4（1）编号，再单击图上梁边线即可。

【第四步】识别原位标注。选择绘图工具栏中"识别原位标注"下的"自动识别"，弹出提示框，如图 10 - 13 所示，单击"确定"按钮后出现如图 10 - 14 所示界面，可进行梁原位校核。

【第五步】梁原位校核。双击图 10 - 14 中的"3B20"，找到这个未识别的原位标注，再选择绘图工具栏中"识别原位标注"下的"点选识别梁原位标注"，选择梁，再单击"3B20"，右击即可。反复进行"梁原位校核"与"点选识别梁原位标注"操作，直到所有梁的原位标注正确为止。

【第六步】识别吊筋。选择绘图工具栏中"识别吊筋"下的"提取钢筋和标注"，再单

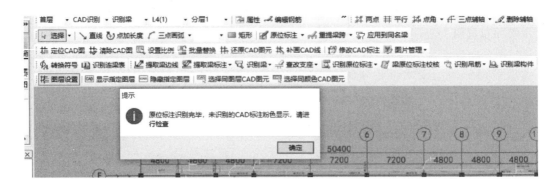

图 10 - 13　提示框

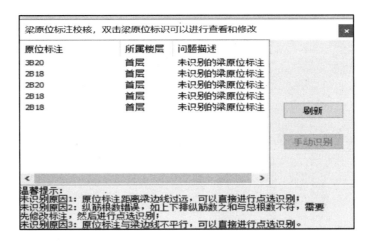

图 10 - 14　梁原位校核界面

击图中红色吊筋线，右击结束；接着选择绘图工具栏中"识别吊筋"下的"自动识别吊筋"，则所有吊筋自动生成。如果没有生成的话，可以在梁界面上操作自动生成吊筋。

2. 识别首层连梁及钢筋

识别首层连梁及钢筋的操作步骤如下。

【第一步】图纸定位。双击打开草图下的"首层柱结构平面图"。

【第二步】识别连梁表。选择"模块导航栏"中"CAD识别"下的"识别梁"，再选择绘图窗口上方的"识别连梁表"，框选图纸右方的"连梁表"，右击弹出"识别连梁表—选择对应列"对话框，把"机房层"改为"1"，把最下一行"4—机房层"改为"4，1"，再删除最上面两行，接着把"4B18（2/2）"改为"4B18 2/2"，把"4B20（2/2）"改为"4B20 2/2"，把"4B22（2/2）"改为"4B22 2/2"，如图 10 - 15 所示；最后单击"确定"按钮，将出现如图 10 - 16 所示"表格识别完毕"的提示；单击"是"按钮，接着出现"连梁表定义"窗口，如图 10 - 17 所示，单击其下方的"生成构件"按钮，弹出对话框后单击"是"按钮，再单击"确定"按钮，最后关闭窗口，连梁构件属性就生成了。

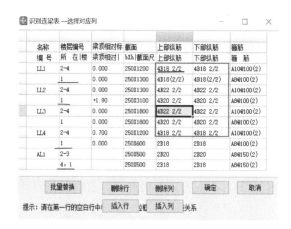

图 10 - 15　识别连梁表的编辑

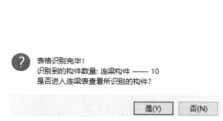

图 10 - 16　"表格识别完毕"提示

图 10 - 17　连梁表定义设置

【第三步】绘制连梁。选择"模块导航栏"中"门窗洞"下的"连梁",采用"直线"工具把所有连梁画好。柱、梁及剪力墙三维效果如图 10 - 18 所示。

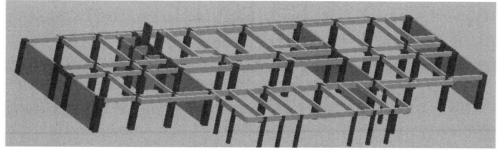

图 10 - 18　柱、梁及剪力墙三维效果

10.7 识别首层板及板钢筋

【识别首层板及钢筋】

识别首层板及板钢筋的操作步骤如下。

【第一步】图纸定位。首先双击图纸文件表中的"首层顶板结构图（3.8m 板平法施工图）"，框选板结构草图，右击后选择"移动"，选择Ⓐ轴与①轴的交点作为移动点，再单击轴网中的基准点"✕"，图就定位好了。

【第二步】识别板。选择"模块导航栏"中"CAD 识别"下的"识别板"，再选择绘图窗口上方的"提取板标注线"，单击图纸左下方的"LB2 h＝120"等绿色字样，右击结束；接着选择绘图窗口上方的"提取支座线"，单击图纸上的淡黄色梁边线（虚线），再单击图纸上的浅蓝色剪力墙边线，右击结束；随后选择绘图窗口上方的"提取板洞线"，单击图纸上的深蓝色板洞口标注线，右击结束；再选择绘图窗口上方的"自动识别板"，出现如图 10-19 所示的对话框，单击"确定"按钮，则所有板就识别好了，如图 10-20 中阴影部分所示。

图 10-19 "识别板选项"对话框

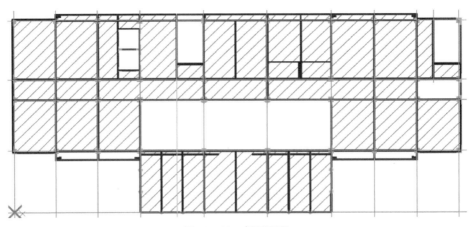

图 10-20 板平面图

【第三步】识别板受力筋。板受力筋主要是指板底面 X 方向与 Y 方向受力筋或顶部 X 方向与 Y 方向受力筋，由于本图纸的受力筋采用的是与板标注同时注写（如 LB2 h＝120；B Xφ10@150 Yφ10@200），在板标注时已经提取进去了，因此就不用单独识别了。如果图纸没有单独注写而是采用画钢筋试样表示，需要单独识别板受力筋。图 10-21 所示为受力筋的两种表示方式。

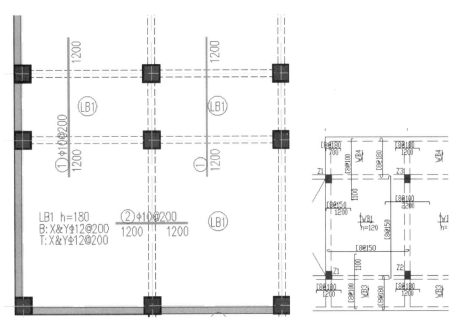

(a) 受力筋没有在板上集中标注时注写　　　　(b) 受力筋在板上集中标注时注写

图 10 - 21　受力筋的两种表示方法

【第四步】识别负筋。选择"模块导航栏"中"CAD识别"下的"识别负筋",再选择绘图窗口上方的"提板钢筋线",弹出对话框（按层提取）,单击图纸上洋红色钢筋线,右击结束;接着选择绘图窗口上方的"提取板钢筋标注",单击图纸上绿色标注字样如"⑥φ8@200"（如果前面已提取板标注,图纸上将无绿色字样,此时需在左侧CAD显标栏下选中已提取的CAD图层）,右击结束;再选择绘图窗口上方"自动识别板筋"下的"自动识别板筋",弹出对话框,单击"是"按钮,则所有板钢筋就识别好了。

【第五步】校核板钢筋。单击绘图窗口上方的"板筋校核"按钮,逐个校核修正钢筋,具体见演示视频。板钢筋校核完成结果如图 10 - 22 所示。

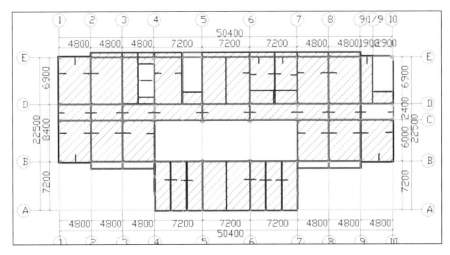

图 10 - 22　板钢筋校核完成结果

【第六步】板马凳筋设置。选择"模块导航栏"中"板"下的"现浇板",在其中"LB5"右侧属性编辑栏中"马凳筋参数图"的右侧单击,出现图标按钮 ⋯ 后对其单击,将出现"马凳筋设置"参数图,选择其中的Ⅱ型,如图 10 - 23 所示,并按图上参数输入相关数据。其他板也采用同样方法设置马凳筋。

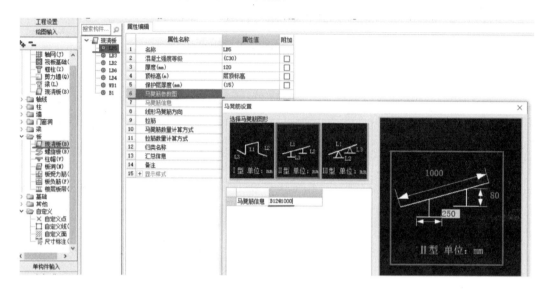

图 10 - 23 马凳筋设置

10.8 识别砌体墙及门窗

下面讲解识别首层砌体墙、门窗表、门窗洞等。一般情况下识别顺序为先识别砌体墙(并修改部分识别错误的墙),再识别门窗表,最后识别门窗洞(并修改部分识别错误的门窗)。

【识别砌体墙 与门窗表】

1. 识别砌体墙

识别砌体墙的操作步骤如下。

【第一步】图纸定位。双击图纸文件表中的"首层建筑平面图",框选"一层平面图"草图,右击后选择"移动",选择Ⓐ轴与①轴的交点作为移动点,再单击轴网中的基准点"×",图就定位好了。

【第二步】识别砌体墙。选择"模块导航栏"中"CAD 识别"下的"识别墙",选择绘图窗口上方的"提取砌体墙边线"(按图层选取),单击砌体白色墙边线,右击结束;再选择绘图窗口上方的"提取墙标识",由于本图纸无砌体墙标识,可以不操作;接着选择绘图窗口上方的"提取门窗线",单击墙上蓝色门窗线边线,右击结束;然后选择绘图窗口上方的"识别墙",弹出对话框,选中其中的砌体墙,把墙"名称"第一行改为"WQ",第二行改为"NQ",如图 10 - 24 所示,随后单击下方的"自动识别"按钮即可。

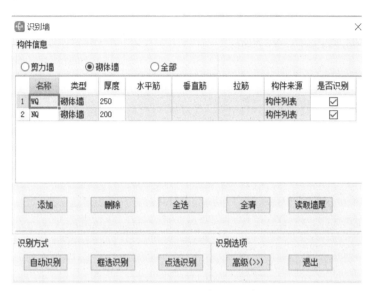

图 10 - 24 "识别墙"对话框

【第三步】编辑墙。将门窗处断开的墙通过"延伸"等命令连接起来,所有墙识别完成后的平面图如图 10 - 25 所示。其中正前方的玻璃幕墙 MQ1 在图形算量软件中绘制即可,这里不再细述。

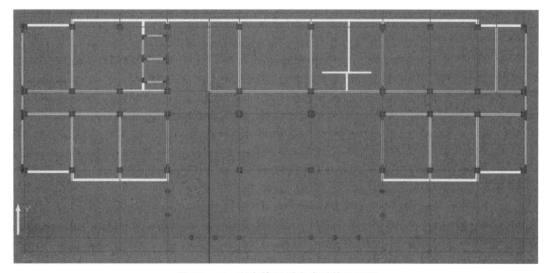

图 10 - 25 所有墙识别完成后的平面图

2. 识别门窗表

识别门窗表的操作步骤如下。

【第一步】图纸定位。双击图纸文件表中的"门窗表图纸",框选"门窗表"草图,右击后选择"移动",选择Ⓐ轴与①轴的交点作为移动点,再按住 Shift 键单击轴网中的基准点"×",在弹出的对话框中"X="栏输入"0","Y="栏输入"−10000",图就定位好了(让门窗表靠近正确的图即可)。

【第二步】识别门窗表。选择"模块导航栏"中"CAD 识别"下的"识别门窗洞",再选择绘图窗口上方的"识别门窗表",框选整个门窗表图纸,右击后弹出"识别门窗表—选择对应列"对话框,如图 10-26 所示。

图 10-26 "识别门窗表—选择对应列"对话框

【第三步】编辑"识别门窗表—选择对应列"表格。首先删除表格中的前两行,并删除第 6~12 列,然后编辑表头相应名称,最后将相应的门"离地高度"全部改为"0",窗"离地高度"全部改为"700",完成后如图 10-27 所示。单击对话框中的"确定"按钮,弹出"识别到构件数量"对话框,显示门构件为 9,窗构件为 5,墙洞构件为 1,单击"确定"按钮,门窗表就识别好了。

名称	备注	宽度	高度	离地高度	类型	对应
M1	木质夹板门	1000	2100	0	门	1
M2	木质夹板门	1500	2100	0	门	1
JFM1	钢质甲级防火门	1000	2000	0	门	1
JFM2	钢质甲级防火门	1800	2100	0	门	1
YFM1	钢质乙级防火门	1200	2100	0	门	1
JXM1	木质丙级防火检修门	550	2000	0	门	1
JXM2	木质丙级防火检修门	1200	2000	0	门	1
LM1	铝塑平开门	2100	3000	0	门	1
TLM1	玻璃推拉门	3000	2100	0	门	1
LC1	铝塑上悬窗	900	2700	700	窗	1
LC2	铝塑上悬窗	1200	2700	700	窗	1
L3	铝塑上悬窗	1500	2700	700	墙洞	1
TLC1	铝塑平开飘窗	1500	2700	700	窗	1
LC4	铝塑上悬窗	900	1800	700	窗	1
LC5	铝塑上悬窗	1200	1800	700	窗	1

图 10-27 编辑"识别门窗表—选择对应列"对话框

3. 识别门窗洞

识别门窗洞的操作步骤如下。

【第一步】图纸定位。双击图纸文件列表中的"首层建筑平面图",该图纸在前面识别砌体墙时已定位好了,这里直接使用即可。

【第二步】识别门窗洞。选择绘图窗口上方的"提取门窗洞标识",单击图纸上的门窗洞标识,如LC1等(蓝色字样),右击结束;再选择绘图窗口上方"识别门窗洞"下的"自动识别门窗洞",弹出对话框,显示共识别到门窗洞53个,单击"确定"按钮即可。所有门窗洞识别完成效果如图10-28所示。

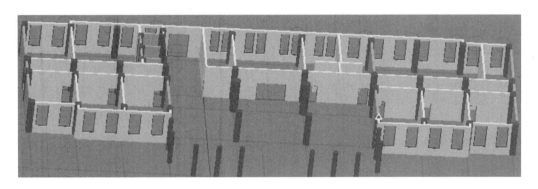

图 10-28 所有门窗洞识别完成效果

10.9 识别基础及钢筋

从钢筋算量软件CAD识别操作命令中可以知道,基础识别只能识别独立基础、桩承台、桩等,如图10-29所示。但本项目的基础为筏板基础,也就是说该基础不能被识别,只能手动画图建模。

图 10-29 识别基础列表

【手动绘制筏板基础
及布筋、识别
基础梁及钢筋】

1. 手动绘制筏板基础及布筋

手动绘制筏板基础及布筋的操作步骤如下。

【第一步】图纸定位。首先双击图纸文件表中的"基础结构平面图",框选基础结构平面图草图,右击后选择"移动",选择Ⓐ轴与①轴的交点作为移动点,再单击轴网中的基准点"×",图纸就定位好了。

【第二步】新建筏板基础并定义。选择"模块导航栏"中"基础"下的"筏板基础",再单击工具栏中的"定义"按钮,选择"新建"下拉列表框中的"新建筏板基础",将自动生成"FB-1",填写其属性编辑框,应特别注意定义马凳筋参数;单击"马凳筋参数图"右侧框中的图标按钮 […] ,弹出"马凳筋设置"对话框,如图 10-30 所示,选择Ⅱ型,按图示填好所有参数,单击"确定"按钮即可。

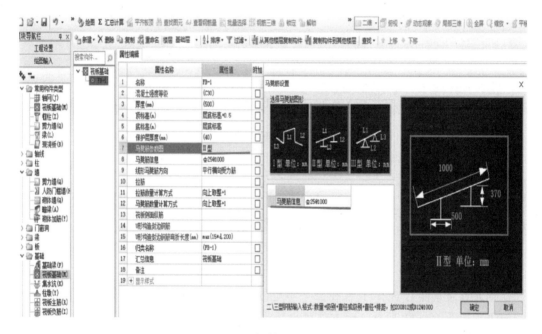

图 10-30　筏板基础的马凳筋设置

【第三步】手动绘制筏板基础。单击绘图工具栏中的"直线"按钮,按筏板边线画好即可,筏板基础完成后的平面图如图 10-31 所示。

【第四步】布置筏板主筋。选择"模块导航栏"中"基础"下的"筏板主筋",选择"新建"下拉列表框中的"新建筏板主筋",自动生成 FBZJ-1,在属性编辑框中"钢筋信息"栏填入"B25@200"(按基础结构图纸中第一条说明输入主筋);然后单击工具栏中的"绘图"按钮,单击绘图窗口上方的"水平"按钮,再选择"自定义"下的"自定义范围",接着单击"矩形"按钮,单击①～⑩轴与Ⓑ～Ⓔ轴间筏板的左上角与右下角,再单击绘图窗口中任意一点,水平底筋就布置好了,再单击一次,又布好一条底筋,右击结束;随后单击上方的"选择"按钮,选中其中一条水平方向的底筋,单击上方的"属性"按钮,把"底筋"属性改为"面筋"后关闭属性窗口。

按同样方法绘制④～⑥轴与Ⓐ～Ⓑ轴间筏板水平方向的底筋与面筋。

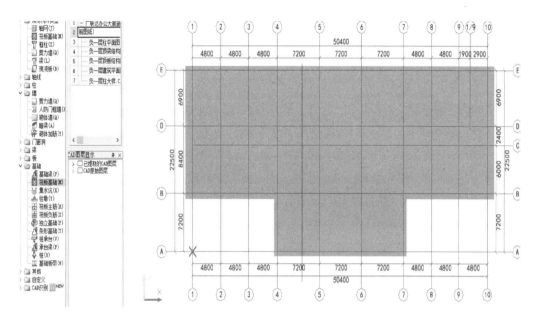

图 10 - 31   筏板基础完成后的平面图

接下来画垂直方向的底筋与面筋。单击绘图窗口上方的"垂直"按钮，选择"自定义"下的"自定义范围"，单击"矩形"按钮，接着单击①轴左上角筏板的顶点与④轴和⑧轴相交的左下角点，再单击绘图窗口中任意一点，垂直底筋就布置好了，再单击一次，又布好一条底筋，把其中一条垂直方向的底筋改为"面筋"即可。关闭属性窗口，再画中间部分垂直方向钢筋与右边部分垂直方向钢筋。筏板钢筋绘制结果如图 10 - 32 所示。

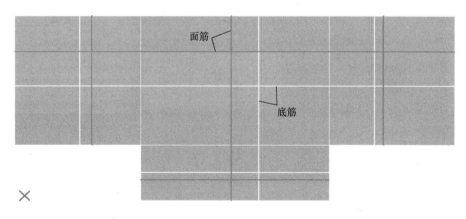

图 10 - 32   筏板钢筋绘制结果

2. 识别基础梁及钢筋

识别基础梁及钢筋的操作步骤如下。

【第一步】识别基础梁与钢筋。选择"模块导航栏"中"CAD 识别"下的"识别梁"，再选择绘图窗口上方的"提取梁边线"，单击图纸上淡黄色梁边线（虚线），右击结束；选择上方"提取梁标注"下的"自动提取梁标注"，单击图纸上绿色梁标注字样，右击结束；

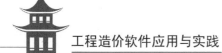

随后选择上方"识别梁"下的"自动识别梁",弹出对话框,单击"是"按钮,则所有梁生成为红色的梁。

【第二步】梁跨校核并查改支座。同前面框架梁操作。

【第三步】识别原位标注。同前面框架梁操作。

基础梁识别完成后的三维效果如图 10 - 33 所示。

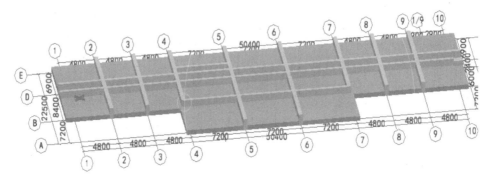

图 10 - 33　基础梁识别完成后的三维效果

3. 画集水坑（电梯井坑）及钢筋

画集水坑（电梯井坑）及钢筋的操作步骤如下。

【第一步】新建集水坑并定义。选择"模块导航栏"中"基础"下的"集水坑",单击工具栏中的"定义"按钮,选择"新建"下拉列表框中的"新建矩形集水坑",自动生成"JSK - 1"。在其属性编辑框中,"长度（X 向）（mm）"栏填入"2225","宽度（Y 向）（mm）"栏填入"2250","坑底出边距离（mm）"栏填入"400","坑底板厚度（mm）"栏填入"800","坑板顶标高（m）"栏填入"-5.5","放坡角度（°）"栏填入"45",各向钢筋全部填写"$\Phi 25@200$",如图 10 - 34 所示。

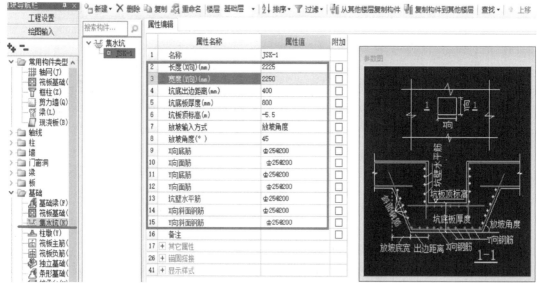

图 10 - 34　集水坑钢筋信息设置

【第二步】作辅助轴线。选择"模块导航栏"中"轴线"下的"辅助轴线",单击工具栏中的"平行"按钮,单击Ⓔ轴轴线,弹出对话框,在"偏移值（mm）"中输入"－1050";再单击Ⓔ轴轴线,弹出对话框,在"偏移值（mm）"中输入"－3500",单击"确定"按钮即可。

【第三步】画图。选择"模块导航栏"中"基础"下的"集水坑",单击工具栏中的"点"按钮,单击Ⓔ轴与④轴的交点,再单击Ⓓ轴与④轴的交点,集水坑就画好了。然后进行编辑。单击工具栏中的"选择"按钮,单击第一个集水坑,右击弹出对话框,选择"移动",单击集水坑右上角顶点,再单击第一条辅助轴线与④轴的交点,第一个集水坑就编辑好了。可以按同样方法绘制和编辑第二个集水坑。集水坑完成后的平面图如图10－35所示。

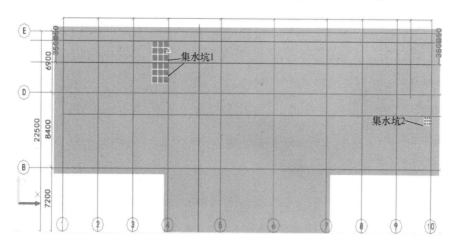

图 10－35　集水坑完成后的平面图

集水坑的三维效果如图10－36所示。

图 10－36　集水坑的三维效果

本章小结

本章介绍了CAD导图识别建模,主要包括柱及钢筋、剪力墙及钢筋、梁及钢筋、板及钢筋、砌体墙及门窗、基础及钢筋等建模内容。

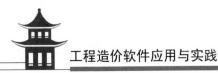

工程造价软件应用与实践

CAD 导图识别建模并不是每个构件都可以采用的，如楼梯及钢筋、装饰等内容就不能采用，只有上面提到的柱、墙、梁、板、门窗及部分基础六部分可以采用该方法。

本章的难点是柱大样、异形柱及其钢筋的识别。学习者应法熟悉异形柱、钢筋平法等规范内容，否则识别错了，需要采用手动编辑。

习 题

1. 简述 CAD 导图步骤。

2. 试述 CAD 导图后如何识别轴网。

3. CAD 图导入后如何进行钢筋符号转换？

4. 如何识别柱大样？

5. 如何识别柱及钢筋？叙述相应步骤。

6. 如何识别剪力墙及钢筋？叙述相应步骤。

7. 如何识别梁及钢筋？叙述相应步骤。

8. 如何识别板及钢筋？叙述相应步骤。

9. 如何识别基础及钢筋？叙述相应步骤。

10. 集水坑可以用 CAD 导图来建模吗？试定义本项目的集水坑 2 并完成建模。

第5篇

云计价软件应用

第11章

招标控制价编制

教学目标

了解工程概况，熟悉招标范围、招标控制价编制依据、市场价格的咨询与获取。

教学要求

知识要点	能力要求	相关知识
招标文件编制	能编制招标文件	工程概况、设置分包方式、制定甲供材料和其他相关资料编制
云计价软件算量原理	能编制建筑装饰工程招标控制价（或投标报价）	（1）实体分部工程、措施项目、其他项目、规费和增值税的计算与调整； （2）单位工程招标控制价各部分费用构成； （3）单位工程招标控制价编制程序

11.1 招标控制价编制准备

11.1.1 工程概况、标段划分及各标段招标内容

1. 工程概况

本宿舍楼工程位于广州市市区,总建筑面积 844.33m²,其中占地面积 260m²。该项目为框架结构,设防烈度为 7 级,三级抗震。建筑层数为地上 4 层,高度为 13.6m,基础为预应力管桩。本工程所有混凝土均采用商品混凝土(泵送),强度等级具体见图纸。

2. 标段划分及各标段招标内容

① 标段划分:本项目只设一个标段。

② 招标内容:按招标文件、图纸及招标过程发出的文件承担合同范围内的学生宿舍楼土建工程(包括桩基础、地基与基础、主体结构、建筑装饰装修、建筑屋面),具体数据以招标图纸为准。

11.1.2 招标控制价编制依据

招标控制价编制依据如下。

①《建设工程工程量清单计价规范》(GB 50500—2013)。

②《房屋建筑与装饰工程工程量计算规范》(GB 50854—2013)。

③《建筑安装工程费用项目组成》(建标〔2013〕44 号)。

④《广东省建筑与装饰工程综合定额》(2010)。

⑤《广东省建设工程工程量清单计价指引》(2013)。

⑥ 本工程设计图纸及相关资料、场地情况、相关标准、规范与技术资料等。

11.1.3 招标控制价编制要求

(1) 价格约定。

① 除暂估材料及甲供材料外,其余人工、材料、机械按"2018 年广州市 6 月建设工程常用材料价格(不含税)"计取。

② 钢筋为甲供材料,且为暂估价,其中圆钢直径 10mm 以内为 3980 元/t,现浇钢筋螺纹钢 10~25mm 为 4000 元/t。

③ 税金按增值税考虑。

④ 暂列金额按规定上限取定，专业暂估价为 100000 元；计日工暂定为综合用工 30 工日，混凝土材料（C30、20 石机拌）45m³；履带式单斗挖土机（1m³）为 3 个工作台班，载重汽车为 5 个工作台班。本工程项目获得省级优质工程奖。

⑤ 规费只考虑防洪工程维护费和危险作业意外伤害保险费，其费率均按 0.1% 考虑。其他按有关部门规定计取。

（2）其他要求。

① 本工程为总承包工程，其中打桩工程分包出去（但只协调管理分包出去的打桩工程），且打桩工程进行了夜间施工。

② 本工程工期 15 个月，开工时间为 2017 年 3 月 1 日，本工程最终获得"广州市市级文明工地"称号。

③ 其中灰砂砖二次搬运 300m。

④ 采用一台履带式柴油打桩机（5t）进行打桩。

⑤ 本工程土方为二类土地，采用机械开挖，坑上作业，弃土外运采用人工装自卸汽车外运 1km，土方回填采用夯实机夯实。

11.1.4 单位工程招标控制价提交的成果文件

相关成果文件如下。

① 招标控制价封面。

② 招标控制价扉页。

③ 招标控制价编制总说明。

④ 单位工程招标控制价汇总表。

⑤ 分部分项工程和单价措施项目清单与计价表。

⑥ 综合单价分析表。

⑦ 总价措施项目清单与计价表。

⑧ 其他项目清单与计价汇总表。

⑨ 暂列金额明细表。

⑩ 材料（工程设备）暂估单价及调整表。

⑪ 专业工程暂估价及结算价表。

⑫ 计日工表。

⑬ 总承包服务费计价表。

⑭ 规费、税金项目清单与计价表。

⑮ 发包人提供材料和工程设备一览表。

⑯ 承包人提供主要材料和工程设备一览表。

⑰ 工程造价技术经济指标分析。

11.2 单位工程招标控制价编制

11.2.1 新建项目

建设项目的逐级构成如下：建设项目—单项工程—单位工程—分部工程—分项工程。
新建项目的操作步骤如下。

① 双击桌面上的"广联达云计价平台 GCCP5.0 软件"图标，出现如图 11-1 所示界面。

② 单击"离线使用"（如果有自己的账号，则输入账号和密码登录，可以进行智能检查和团队协作），进入新建项目界面（默认为个人模式），如图 11-2 所示。

【新建项目、导入图形算量文件并整理清单】

图 11-1 BIM 云计价软件离线按钮

图 11-2 新建项目界面

③ 选择界面左上角"新建"下的"新建招投标项目"，出现如图 11-3 所示的界面（默认为清单模式）。

④ 选择"新建单位工程"，出现如图 11-4 所示的界面，填写相应的工程名称、清单库、清单专业、定额库、定额专业、价格文件等，然后单击"确定"按钮进入计价软件操作界面。

图 11-3 "新建工程"界面　　　　图 11-4 单位工程设置

11.2.2　导入图形算量文件并整理清单

导入图形算量文件并整理清单的操作步骤如下。

【第一步】导入图形算量文件。选择窗口左上角"导入"下的"导入算量文件",单击已建好的"宿舍楼"图形算量文件,打开后单击"导入"按钮,如图 11-5 所示;出现"导入成功"提示,单击"确定"按钮即可。

图 11-5　导入算量文件

【第二步】整理清单。选择窗口上方"整理清单"下的"分部整理",出现"分部整理"窗口,如图 11-6 所示;选中"需要章分部标题",单击"确定"按钮,则整理完成后整个项目列表如图 11-7所示。

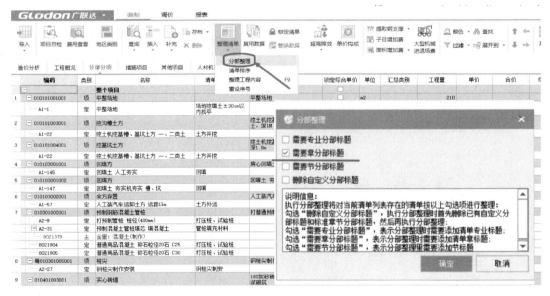

图 11-6　整理清单操作

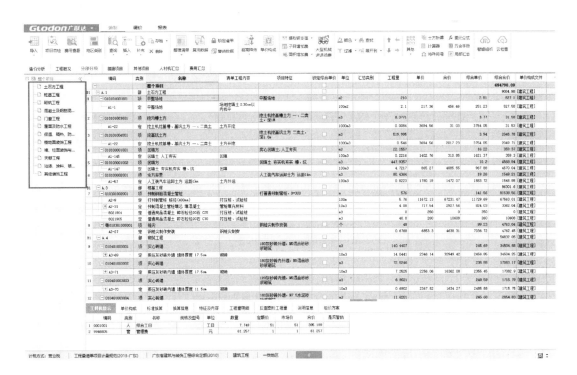

图 11 - 7 整理清单后整个项目列表

11.2.3 编辑各分部分项工程量清单与定额表格

【编辑各分部分项
工程量清单与
定额表格】

编辑各分部分项工程量清单与定额表格的操作步骤如下。

【第一步】土石方分部。该部分全部正确，不用编辑。

【第二步】桩基工程。根据图纸可知本工程有试验桩两根，有送桩、钢桩尖、桩顶构造详图，以及桩底灌混凝土、接桩与截桩等项目。部分工程量需通过手算，待全部编辑完成后共有 6 个清单与定额，如图 11-8 所示（特别注意送桩子目不含桩，具体见演示视频）。

【第三步】混凝土分部工程添加钢筋工程量清单与定额，内容详见表 11-9。把光标放在最后一行清单上，选择工具栏"插入"下的"插入清单"，再选择"查询"下的"查询清单指引"，选中"现浇构件圆钢 ϕ10 以内"，再选择"插入清单"即可，然后输入工程量。可按同样方法再添加两个清单，如图 11-9 所示。

【第四步】子目换算与混凝土、砂浆等级的修改等。具体见演示视频。

【第五步】其他分部工程。基本上没有需要修改的。

造价分析　工程概况　分部分项　措施项目　其他项目　人材机汇总　费用汇总

	编码	类别	名称	项目特征	单位	工程量	单价	合价	综合单价	综合合价	单价构成文件	备注
B1	A.3		桩基工程							69573.77	[建筑工程]	
1	010301002003	项	预制钢筋混凝土管桩	混凝土管桩，D-300，设计桩长K5m，普通桩垫46桩，有承梯，桩顶填充土C30，桩底填充混凝土C25	m	552			110	60720	[建筑工程]	
	A2-8	定	预制管桩 桩径(300mm)		100m	5.52	9291.99	51291.78	9340.46	51559.34	[建筑工程]	
	A2-30	定	管桩接桩 电焊接桩		10个	4.6	836.33	3847.12	878.83	4042.62	[建筑工程]	
	A2-31	定	预制混凝土管桩桩芯 填混凝土		10m3	0.111	717.54	79.65	824.03	91.47	[建筑工程]	
	2J21379	主	含量：苔凝土(制作)		m3	1.1211						
	8021905	定	普通商品混凝土 碎石粒径23石 C30		m3	1.1211	260	291.49	260	291.49	[建筑工程]	
	A4-213	定	预埋铁件		t	0.558	7752.6	4326.95	7941.52	4431.37	[建筑工程]	
	A2-31	定	预制混凝土管桩桩芯 填混凝土		10m3	0.092	717.54	66.01	824.03	75.81	[建筑工程]	
	8021915	定	普通商品混凝土 碎石粒径40石 C25		m3	0.9292	245	227.65	245	227.65	[建筑工程]	
2	010301002002	项	预制钢筋混凝土管桩	预制钢筋混凝土管桩，D-300，设计桩长12m，有承梯，桩芯填混凝土C30，桩底填混凝土C25	m	2			120.03	240.06	[建筑工程]	
	A2-8 B*2.J*2	换	打预制管桩 桩径(300mm) 打(压)试验桩		100m	0.02	10400.2	208	10497.14	209.94	[建筑工程]	
	A2-30	定	管桩接桩 电焊接桩		10个	0	836.33	0	878.83	0	[建筑工程]	
	A2-31	定	预制混凝土管桩桩芯 填混凝土		10m3	0.0048	717.54	3.44	824.03	3.96	[建筑工程]	
	2J21379	主	含量：混凝土(制作)		m3	0.0485						
	8021905	定	普通商品混凝土 碎石粒径23石 C30		m3	0.0485	260	12.61	260	12.61	[建筑工程]	
	A4-213	定	预埋铁件		t	0	7752.6	0	7941.52	0	[建筑工程]	
	A2-31	定	预制混凝土管桩桩芯 填混凝土		10m3	0.0041	717.54	2.94	824.03	3.38	[建筑工程]	
	8021915	定	普通商品混凝土 碎石粒径40石 C25		m3	0.0414	245	10.14	245	10.14	[建筑工程]	
3	010301002004	项	预制钢筋混凝土管桩	送桩，单根送桩长度1.65m	m	79.2			16.31	1291.75	[建筑工程]	
	A2-8 B*1…	换	打预制管桩 桩径(300mm) 送桩		100m	0.792	1572.94	1245.77	1631.11	1291.64	[建筑工程]	
4	010515001001	项	现浇构件钢筋			0.57			4489.33	2568.92	[建筑工程]	
	A4-157	定	桩头插筋		t	0.57	4434.25	2527.62	4489.34	2558.92	[建筑工程]	
5	010310004001	项	截(凿)桩头	机械切割钢筋砼桩头	根	46			16.31		[建筑工程]	
	A1-60	定	截(凿) 桩头 机械切割钢筋砼桩头		个	46	64.7		67.34		[建筑工程]	
6	粤010301005001	项	桩尖	钢桩尖制作安装	t	46			99.23	4563.04	[建筑工程]	
	A2-27	定	钢桩尖制作安装		t	0.6768	6053.3	4636.31	7036.72	4762.45	[建筑工程]	

图 11 - 8　桩基工程工程量清单与定额

21	010515001002	项	现浇构件钢筋		箍筋 现浇构件圆筋 φ10内		t		1			4060.84	4060.84	[建筑工程]
	A4-175	定	现浇构件圆钢 φ10内	钢筋制作、运输			t		1	3981.01	3981.01	4060.84	4060.84	[建筑工程]
22	010515001003	项	现浇构件圆钢 φ10内		现浇构件圆钢 φ10内		t		1			4060.84	4060.84	[建筑工程]
	A4-175	定	现浇构件圆钢 φ10内	钢筋制作、运输			t		1	3981.01	3981.01	4060.84	4060.84	[建筑工程]
		定		其他					0		0	0	0	[建筑工程]
23	010515001004	项	现浇构件螺纹钢 φ25内		现浇构件螺纹钢 φ25内		t		1			3938.86	3938.86	[建筑工程]
	A4-179	定	现浇构件螺纹钢 φ25内	钢筋制作、运输			t		1	3898.6	3898.6	3938.86	3938.86	[建筑工程]

图 11 - 9　添加钢筋工程量清单与定额

【编辑措施项目清单与定额表格】

11.2.4　编辑措施项目清单与定额表格

编辑措施项目清单与定额表格的操作步骤如下。

【第一步】编辑安全文明施工措施费。

① 综合脚手架。把下方导入的综合钢脚手架清单与定额项剪切下来，直接粘贴在安全文明施工措施费下方即可。

② 内脚手架。同综合脚手架操作方法，把下方导入的里脚手架清单与定额项剪切下来，直接粘贴在安全文明施工措施费下方即可。

③ 其他的 1.3～1.7 项本项目没有，不用填写。安全文明施工费编辑示意如图 11 - 10 所示。

【第二步】编辑其他措施费。

① 文明工地增加费。按《广东省建筑与装饰工程综合定额》（2010）规定的市级文明工地费费率 0.4% 填入即可。

② 夜间施工增加费。单独算出桩基工程人工费，在对应的"计算基数"栏中填入"9521"即可，如图 11 - 11 所示。

编码	类别	名称	单位	项目特征	组价方式	计算基数	费率(%)	工程量	综合单价	综合合价	单价构成文件
		措施项目								283533.24	
1		安全文明施工措施费								90822.11	
1.1		综合脚手架（含安全网）	项		清单组价			1	48314.2	48314.2	
粤 011701008001		综合钢脚手架	m2	综合钢脚手架 高度(m以内)20.5	可计量清单			1334.6463	36.2	48314.2	建筑工程
A22-3	定	综合钢脚手架 高度(m以内)20.5	100m2					13.3465	3619.71	48310.46	建筑工程
1.2		内脚手架	项		清单组价			1	7629.91	7629.91	
粤 011701011001		里脚手架	m2	里脚手架 层高3.6内	可计量清单			634.332	10.32	6546.31	建筑工程
A22-28	定	里脚手架(钢管) 民用建筑基本层 3.6m	100m2					6.3433	1032.03	6546.48	建筑工程
粤 011701011002		里脚手架	m2	里脚手架 层高3.6内(首层)	可计量清单			105	10.32	1083.6	建筑工程
A22-28	定	里脚手架(钢管) 民用建筑基本层3.6m	100m2					1.05	1032.03	1083.63	建筑工程
6	1.3		靠脚手架安全挡板和独立挡板	项		清单组价			1	0	0	
7				项		可计量清单			1	0	0	建筑工程
	定							0	0	0	建筑工程
8	1.4		围尼龙编织布	项		清单组价			1	0	0	
9				项		可计量清单			1	0	0	建筑工程
	定							0	0	0	建筑工程
10	1.5		模板的支撑	项		清单组价			1	0	0	建筑工程
11				项		可计量清单			1	0	0	建筑工程
	定							0	0	0	建筑工程
12	1.6		现场围挡	项		清单组价			1	0	0	建筑工程
13				项		可计量清单			1	0	0	建筑工程
	定							0	0	0	建筑工程
14	1.7		现场设置的卷扬机架	项		清单组价			1	0	0	

图 11-10 安全文明施工费编辑示意

		2	其他措施费								219779.36	
17	WMGDZJF00001		文明工地增加费	项		计算公式组价	FBFXHJ	0.4	1	3516.85	3516.85	缺省模板(实物)…以分部分项
18	011707002001		夜间施工增加费	项		计算公式组价	9521	20	1	1904.2	1904.2	缺省模板(实物)…以夜间施工…
19	GGCSF0000001		赶工措施	项		计算公式组价	FBFXHJ	0	1	0	0	缺省模板(实物)…赶工措施费
20	NJCCQZJCC001		泥浆池(槽)砌筑及拆除	项		实物量组价			1	0	0	缺省模板(实物)…钻(冲)孔灌注
21	LSSGCSF00001		绿色施工措施费	项		计算公式组价	FBFXHJ		1	0	0	缺省模板(实物)…依据《穗建…

图 11-11 文明工地增加费编辑示意

③ 模板费。把下方导入的措施项目所有模板清单与定额项剪切下来，直接粘贴在其他措施费下方即可（共 15 行）。

④ 垂直运输费。把下方导入的措施项目垂直运输清单与定额项剪切下来，直接粘贴在其他措施费下方即可。

⑤ 材料二次运输费。在清单项位置选择工具栏中"查询"下的"查询清单"，选择"措施项目"下"安全文明施工措施费及其他措施项目"下的"二次运输"，再选择工具栏中"插入"下的"插入清单"即可；然后添加定额，把光标放在定额行上，选择工具栏中"查询"下的"查询定额"，选择"措施项目"下"其他措施项目"下的"二次运输"，再选择工具栏中"插入"下的"插入定额"，填入相应的工程量 65.94m³ 即可（按前面招标要求，灰砂砖有二次运输 300m）。

⑥ 混凝土泵送增加费。添加清单与定额，工程量填入 382.845m³（以 10m² 为单位，自动换算为 38.2845）。

垂直运输费、材料二次运输费及混凝土泵送增加费填写完毕，如图 11-12 所示。

211

38	2.6		垂直运输工程	项		清单组价		1	18018.04	18018.04
39	011703001001		垂直运输	m2	垂直运输，建筑物20m以内，现浇框架结构	可计量清单		844.332	21.34	18018.04
	A23-2	定	建筑物20m以内的垂直运输现浇框架结构	100m2				8.4433	2133.69	18015.38
40	2.7		材料二次运输	项		清单组价		1	3882.24	3882.24
41	011707004001		二次搬运	项		可计量清单		1	3882.24	3882.24
	A24-13 + A24-14	换	轻质砌块 运am：m以内 50 实际运距(m)：300	m3				65.94 ■	58.88	3882.55
42	2.8		成品保护工程	项		清单组价		1	0	0
43				项		可计量清单		1	0	0
		定						0	0	0
44	2.9		混凝土泵送增加费	项		清单组价		1	6155.62	6155.62
45			混凝土泵送增加费 普通混凝土(不计算超高降效)	项		可计量清单		1	6155.62	6155.62
	A26-2	定	混凝土泵送增加费 普通混凝土(不计算超高降效)	10m3				38.2845	160.79	6155.76

图 11 - 12　垂直运输费、材料二次运输费及混凝土泵送增加费编辑示意

⑦ 大型机械设备进出场及安拆费。添加清单与定额，工程量填入 1 台班，如图 11 - 13 所示。

46	2.10		大型机械设备进出场及安拆	项		清单组价		1	21086.24	21086.24	
47	011705001001		大型机械设备进出场及安拆	项		可计量清单		1	21086.24	21086.24	[建筑工程]
	9946401	定	柴油打桩机每次场外运费锤重5t内	台次				1	12025.42	12025.42	[建筑工程]
	9946271	定	柴油打桩机每次安拆费	台次				1	9060.82	9060.82	[建筑工程]

图 11 - 13　大型机械设备进出场及安拆费编辑示意

【编辑其他项目费用清单与定额表格】

11.2.5　编辑其他项目费用清单与定额表格

编辑其他项目费用清单与定额表格的操作步骤如下。

① 暂列金额。按定额上限取值，如图 11 - 14 所示。

② 计日工。按招标要求，计日工暂定为综合用工 30 工日，混凝土材料（C30、20 石机拌）45m³；履带式单斗挖土机（1m³）为 3 个工作台班，载重汽车为 5 个工作台班。分别输入其工程量，手工计算出综合单价后填入即可，如图 11 - 15 所示。

③ 总承包服务费。按招标要求，只协调管理分包出去的打桩工程，因此费率取 1.5%，计算基数为打桩工程造价。

图 11 - 14　暂列金额编辑示意

图 11 - 15 计日工编辑示意

④ 签证与索赔计价表。本工程无。

⑤ 材料检验试验费。费率取 0.3％，计算基数为分部分项工程费。

⑥ 工程优质费。按招标文件要求获得了省级优质工程奖，因此费率取 2.5％，计算基数为分部分项工程费。

⑦ 材料保管费。由于本工程钢筋全部采用甲供，且为暂估价，因此先要在"人材机汇总"表下的"材料表"中设置钢筋为甲供，且为暂估价，并输入暂估价价格，如图 11 - 16所示；然后回到"其他项目"表格下的"材料保管费"中，输入保管费费率为1.5％，计算基数选择"甲供材料"即可。

图 11 - 16 材料保管费编辑示意

⑧ 预算包干费。按招标文件要求，费率取上限，即 2％，计算基数为分部分项工程费。

11.2.6 编辑人材机汇总表格

相关编辑主要是选中甲供材料和暂估价，操作同"材料保管费"所讲方法。另外在这里可以查询到人工表、材料表、机械表、设备表、主材表、暂估材料表、发包人供应材料或设备表等，同时还可单独修改某些材料的价格。

【编辑人材机汇总、费用汇总、报表预览等】

11.2.7 编辑费用汇总表

费用主要由五大部分构成，即分部分项工程费、措施项目费、其他项目费、规费和税金。前三部分费用在上文已讲，下面主要讲规费和税金的填法。

按招标文件要求，本项目规费只考虑防洪工程维护费和危险作业意外伤害保险，费率均为 0.1%，税金直接默认为 11%，最后自动计算出总费用，如图 11 - 17 所示。

	序号	费用代号	名称	计算基数	基数说明	费率(%)	金额	费用类别	备注
1	1	_FHJ	分部分项合计	FBFXHJ	分部分项合计		905,643.79	分部分项合计	
2	1.1	_YNZTYSYPFFY	余泥渣土运输与排放费用				0.00	余泥渣土运输与排放费用	
3	2	_CHJ	措施合计	_AFWSCXMF+_QTCSF	安全防护、文明施工措施项目费+其他措施费		320,785.88	措施项目合计	
4	2.1	_AFWSCXMF	安全防护、文明施工措施项目费	AQWMSGF	安全及文明施工措施费		91,079.47	安全文明施工费	
5	2.2	_QTCSF	其他措施费	QTCSF	其他措施费		229,706.41	其他措施费	
6	2	_QTXM	其他项目	QTXMHJ	其他项目合计		203,770.32	其他项目合计	
7	3.1	_CLJYSYF	材料检验试验费	CLJYSYF	材料检验试验费		2,716.93		
8	3.2	_GCYZF	工程优质费	GCYZF	工程优质费		22,641.09		
9	3.3	_ZLJE	暂列金额	ZLJE	暂列金额		135,846.57		
10	3.4	_ZGJ	暂估价	ZGJHJ	暂估价合计		14,635.86		
11	3.5	_JRG	计日工	JRG	计日工		23,103.95		
12	3.6	_ZCBFWF	总承包服务费	ZCBFWF	总承包服务费		1,129.36		
13	3.7	_CLBGF	材料保管费	CLBGF	材料保管费		219.54		
14	3.8	_YSBGF	预算包干费	YSBGF	预算包干费		18,112.88		
15	3.9	_SPFY	索赔费用	SPFY	索赔费用		0.00		
16	3...	_XCQZFY	现场签证费用	XCQZFY	现场签证费用		0.00		
17	4	_GF	规费	GFHJ	规费合计		2,860.40	规费	
18	4.1	GCPWF	工程排污费	_FHJ+_CHJ+_QTXM	分部分项合计+措施合计+其他项目	0	0.00	规费细项	按工程所在地定计算
19	4.2	SGZYPWF	施工噪音排污费	_FHJ+_CHJ+_QTXM	分部分项合计+措施合计+其他项目	0	0.00	规费细项	按工程所在地定计算
20	4.3	FHGCWHF	防洪工程维护费	_FHJ+_CHJ+_QTXM	分部分项合计+措施合计+其他项目	0.1	1,430.20	规费细项	按工程所在地定计算
21	4.4	WXZYYWSHBX	危险作业意外伤害保险	_FHJ+_CHJ+_QTXM	分部分项合计+措施合计+其他项目	0.1	1,430.20	规费细项	按工程所在地定计算
22	5	_SJ	税金	_FHJ+_CHJ+_QTXM+_GF	分部分项合计+措施合计+其他项目+规费	11	157,636.64	税金	
23	6	_ZZJ	总造价	_FHJ+_CHJ+_QTXM+_GF+_SJ	分部分项合计+措施合计+其他项目+规费+税金		1,590,697.03	工程造价	
24	7	_RGF	人工费	RGF+JSCS_RGF	分部分项人工费+技术措施项目人工费		431,107.33	人工费	

图 11 - 17 费用汇总表编辑示意

11.2.8 项目自检

单击窗口工具栏中的"项目自检"按钮，可能会弹出许多相同人工、相同材料或相同机械却有不同价格的情况，修改其中的价格即可，直到相同人工、相同材料或相同机械价格唯一为止。

11.2.9 填写工程概况表格

工程概况主要分为工程信息、工程特征、编制说明三部分，按设计文件与招标文件等填写即可。

① 工程信息。工程信息主要分为三部分，一是工程基本信息，二是招标信息，三是投标信息，分别按要求填写（这里招标信息与投标信息略），如图 11 - 18 所示。

图 11 - 18　工程信息编辑示意

② 工程特征。按图纸和设计文件填写即可，如图 11 - 19 所示。

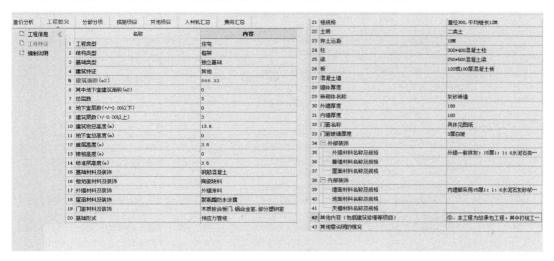

图 11 - 19　工程特征编辑示意

③ 编制说明。编制说明包括工程概况、编制依据、编制要求和其他有关说明四部分，参见第 11.1 节内容。

11.2.10　填写造价分析

所有表格及人材机价格填好后会自动生成，如图 11 - 20 所示。

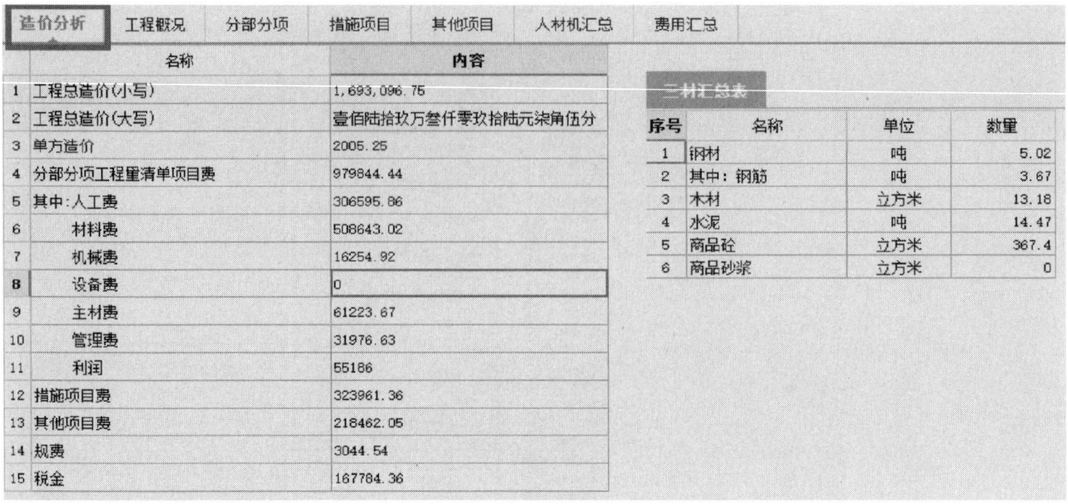

	名称	内容
1	工程总造价(小写)	1,693,096.75
2	工程总造价(大写)	壹佰陆拾玖万叁仟零玖拾陆元柒角伍分
3	单方造价	2005.25
4	分部分项工程量清单项目费	979844.44
5	其中:人工费	306595.86
6	材料费	508643.02
7	机械费	16254.92
8	设备费	0
9	主材费	61223.67
10	管理费	31976.63
11	利润	55186
12	措施项目费	323961.36
13	其他项目费	218462.05
14	规费	3044.54
15	税金	167784.36

三材汇总表

序号	名称	单位	数量
1	钢材	吨	5.02
2	其中:钢筋	吨	3.67
3	木材	立方米	13.18
4	水泥	吨	14.47
5	商品砼	立方米	367.4
6	商品砂浆	立方米	0

图 11-20　造价分析示意

11.2.11　报表

　　云计价软件可预览与打印的报表主要包括三部分，一是工程量清单，二是招标控制价，三是投标方，如图 11-21 所示。

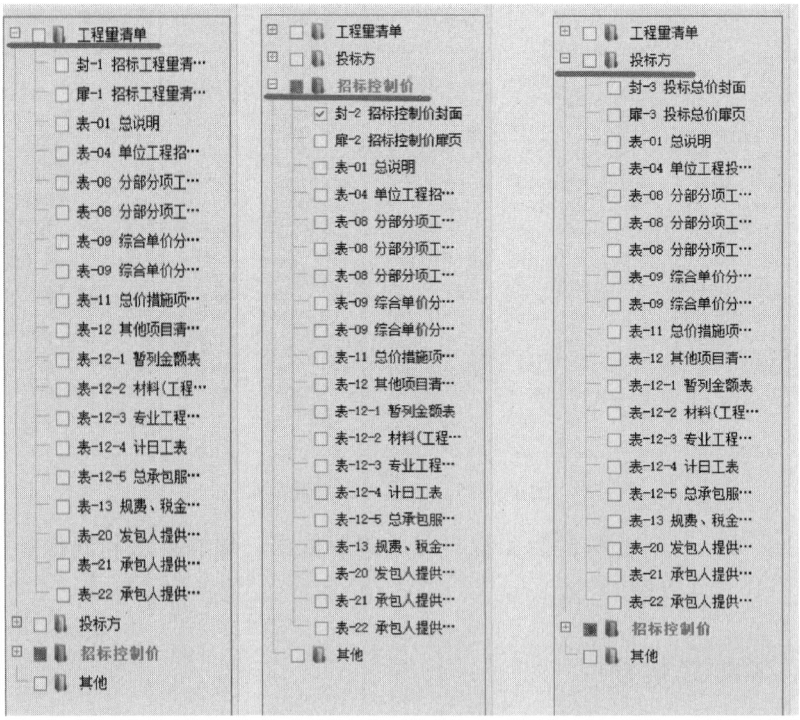

图 11-21　报表预览

216

此外，还可生成更多地方性报表。选择窗口上方的"更多报表"，找到自己需要的报表格式，单击后该报表即会自动生成，如东苑报表、顺德报表、广东常用报表等。

11.3 任务结果

本项目主要生成两种类型报表，即工程量清单与招标控制价。

11.3.1 工程量清单

工程量清单表格包括封面、扉页、总说明及各种表格，具体如下。

① 封面（表 11 - 1）。

表 11 - 1 封面

<u>　　　　　　学生宿舍楼房　　　　　　</u>工程

招 标 工 程 量 清 单

招 标 人： <u>　　广州市公共资源交易中心　　</u>
　　　　　　　　　　　（单位盖章）

造价咨询人： <u>　　　　　李 隐　　　　　</u>
　　　　　　　　　　　（单位盖章）

年　　　月　　　日

封-1

② 扉页（表 11 - 2）。

表 11 - 2　扉页

　　　　　　学生宿舍楼房　　　　　　工程

招 标 工 程 量 清 单

招　标　人：　　广州市公共资源交易中心　　　　　　　造价咨询人：　　李　隐　
　　　　　　　　　　　　（单位盖章）　　　　　　　　　　　　　　　　　　（单位资质专用章）

法定代表人　　　　　　　　　　　　　　　　　　法定代表人
或其授权人：　　王一白　　　　　　　　　　　　或其授权人：　　肖　雨　
　　　　　　　　（签字或盖章）　　　　　　　　　　　　　　　　　　（签字或盖章）

编　制　人：　　何　时　　　　　　　　　　　　复　核　人：　　李　双　
　　　　　　　（造价人员签字盖专用章）　　　　　　　　　　　　　（造价工程师签字盖专用章）

编制时间：　　2017 - 03 - 28　　　　　　　　　复核时间：　　2017 - 04 - 01　

扉 - 1

③ 总说明（表 11 - 3）。

表 11 - 3 总说明

工程名称：学生宿舍楼房

1. 工程概况

本宿舍楼工程位于广州市区，总建筑面积 844.33m²，其中占地面积 260m²。该项目为框架结构，设防烈度为 7 级，三级抗震。建筑层数为地上 4 层，高度为 13.6m，基础为预应力管桩。本工程所有混凝土均采用商品混凝土（泵送）。

2. 编制依据

①《建设工程工程量清单计价规范》（GB 50500—2013）。

②《房屋建筑与装饰工程工程量计算规范》（GB 50854—2013）。

③《建筑安装工程费用项目组成》（建标〔2013〕44 号）。

④《广东省建筑与装饰工程综合定额》（2010）。

⑤《广东省建设工程工程量清单计价指引》（2014）。

⑥ 本工程设计图纸及相关资料、场地情况、相关标准、规范与技术资料等。

3. 价格约定

① 除暂估材料及甲供材料外，其余人工、材料、机械按"2018 年广州市 6 月建设工程常用材料价格（不含税）"计取。

② 钢筋为甲供材料，且为暂估价，其中圆钢直径 10mm 以内为 3980 元/t，现浇钢筋螺纹钢 10～25mm 为 4000 元/t。

③ 税金按增值税考虑。

④ 暂列金额按规定上限取定，专业暂估价为 100000 元；计日工暂定为综合用工 30 工日，混凝土材料（C30、20 石机拌）45m³；履带式单斗挖土机（1m³）为 3 个工作台班，载重汽车为 5 个工作台班。本工程项目获得省级优质工程奖。

⑤ 规费只考虑防洪工程维护费和危险作业意外伤害保险，其费率均按 0.1% 考虑。其他按有关部门规定计取。

4. 其他要求

① 本工程为总承包工程，其中打桩工程分包出去（但只协调管理分包出去的打桩工程），且打桩工程进行了夜间施工。

② 本工程工期 15 个月，开工时间为 2017 年 3 月 1 日，本工程最终获得"广州市市级文明工地"称号。

③ 其中灰砂砖二次搬运 300m。

④ 采用一台履带式柴油打桩机（5t）进行打桩。

⑤ 本工程土方为二类土地，采用机械开挖，坑上作业，弃土外运采用人工装自卸汽车外运 1km，土方回填采用夯实机夯实。

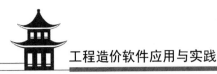

④ 单位工程招标控制价汇总表（表 11 - 4）。

表 11 - 4 单位工程招标控制价汇总表

工程名称：学生宿舍楼房　　　　　　　　　　　　标段：

序号	汇总内容	金额/元	其中：暂估价/元
1	分部分项合计		
1.1	A.1 土石方工程		
1.2	A.3 桩基工程		
1.3	A.4 砌筑工程		
1.4	A.5 混凝土及钢筋混凝土工程		
1.5	A.8 门窗工程		
1.6	A.9 屋面及防水工程		
1.7	A.10 保温、隔热、防腐工程		
1.8	A.11 楼地面装饰工程		
1.9	A.12 墙、柱面装饰与隔断、幕墙工程		
1.10	A.13 天棚工程		
1.11	A.14 油漆、涂料、裱糊工程		
1.12	A.15 其他装饰工程		
2	措施合计		
2.1	安全防护、文明施工措施项目费		
2.2	其他措施费		
3	其他项目		
3.1	材料检验试验费		
3.2	工程优质费		
3.3	暂列金额		
3.4	暂估价		
3.5	计日工		
3.6	总承包服务费		
3.7	材料保管费		
3.8	预算包干费		
3.9	索赔费用		
3.10	现场签证费用		
4	规费		
5	税金		
6	总造价		
7	人工费		
	招标控制价合计＝1＋2＋3＋4＋5		

注：本表适用于单位工程招标控制价或投标报价的汇总，如无单位工程划分，单项工程也可使用本
　　表汇总。

⑤ 分部分项工程和单价措施项目清单与计价表（表 11 - 5）。

表 11 - 5 分部分项工程和单价措施项目清单与计价表

工程名称：学生宿舍楼房　　　　　　　　　　标段：

序号	项目编码	项目名称	项目特征描述	计量单位	工程量	综合单价	综合合价	其中暂估价
	A.1 土石方工程							
1	010101001001	平整场地	平整场地	m²	210			
2	010101003001	挖沟槽土方	挖土机挖基槽土方 一、二类土，深 1m	m³	8.3771			
3	010101004001	挖基坑土方	挖土机挖基坑土方 二类土，深 1.8m	m³	519.995			
4	010103001001	回填方	房心回填土，人工夯实	m³	22.1557			
5	010103001002	回填方	回填土 夯实机夯实 槽、坑	m³	447.9357			
6	010103002001	余方弃置	人工装汽车运卸土方 运距 1km	m³	80.4364			
	土石方工程合计							
	A.3 桩基工程							
7	010301002002	预制钢筋混凝土管桩	普通预制管桩，D＝300mm，设计桩长 12m，普通桩 46 根，有接桩，桩顶填混凝土 C30，桩底填混凝土 C25	m	552			
8	010301002003	预制钢筋混凝土管桩	打试验预制管桩 2 根，D＝300mm，设计桩长 12m，有接桩，桩芯填混凝土 C30，桩底填混凝土 C25	m	2			
9	010301002004	预制钢筋混凝土管桩	送桩，单根送桩长度 1.65m	m	79.2			
10	010515001001	现浇构件钢筋	桩头插筋	t	0.57			
11	010301004001	截（凿）桩头	机械切割预制桩头	根	48			
12	粤 010301005001	桩尖	钢桩尖制作安装	个	48			
	桩基工程合计							
	A.4 砌筑工程							
13	010401003001	实心砖墙	180mm 灰砂砖外墙，M5 混合砂浆砌筑	m³	140.4407			
14	010401003002	实心砖墙	180mm 灰砂砖内墙，M5 混合砂浆砌筑	m³	72.5246			
15	010401003003	实心砖墙	120mm 灰砂砖内墙，M5 混合砂浆砌筑	m³	6.9021			
16	010401003004	实心砖墙	180mm 灰砂砖外墙，M7.5 水泥砂浆砌筑	m³	11.6201			
			本页小计					

工程造价软件应用与实践

续表

序号	项目编码	项目名称	项目特征描述	计量单位	工程量	综合单价	综合合价	其中 暂估价
17	010401003005	实心砖墙	180mm 灰砂砖内墙，M7.5 水泥砂浆砌筑	m³	2.4826			
18	010401003006	实心砖墙	120mm 灰砂砖内墙，M7.5 水泥砂浆砌筑	m³	0.3563			
	砌筑工程合计							
	A.5 混凝土及钢筋混凝土工程							
19	010501001001	垫层	150mm 厚素混凝垫层，C25 商品混凝土 20 石	m³	28.4503			
20	010501001002	垫层	桩承台混凝土垫层，C10 商品混凝土	m³	4.9407			
21	010501001003	垫层	地梁下混凝土垫层，C10 商品混凝土	m³	3.392			
22	010501005001	桩承台基础	桩承台（900mm×1800mm×1200mm），C30 商品混凝土	m³	46.656			
23	010502001001	矩形柱	矩形框架（300mm×400mm），C30 商品混凝土	m³	33.3504			
24	010502001002	矩形柱	楼梯梯柱（200mm×300mm），C30 商品混凝土	m³	0.96			
25	010502001003	矩形柱	矩形框架（200mm×400mm），C30 商品混凝土	m³	1.664			
26	010502001004	矩形柱	矩形构造柱（200mm×600mm），C25 商品混凝土	m³	6.5664			
27	010503001001	基础梁	基础框架梁（200mm×400mm），C30 商品混凝土	m³	1.344			
28	010503001002	基础梁	基础梁（200mm×400mm），C30 商品混凝土	m³	5.456			
29	010503005001	过梁	过梁，C25 商品混凝土	m³	1.0177			
30	010505001001	有梁板	C30 商品混凝土	m³	77.1118			
31	010505001002	有梁板	有梁板，C30 商品混凝土	m³	91.6241			
32	010505006001	栏板	阳台混凝土栏板，C25 商品混凝土	m³	2.3328			
33	010505006002	栏板	砖砌栏板 厚度 3/4 砖	m³	89.28			
34	010505007001	天沟（檐沟）、挑檐板	梯屋顶反檐，C25 商品混凝土	m³	0.9272			
35	010506001001	直形楼梯	直形楼梯，C30 商品混凝土	m³	15.3073			
	本页小计							

222

续表

序号	项目编码	项目名称	项目特征描述	计量单位	工程量	综合单价	综合合价	其中暂估价
36	010507001001	散水、坡道	混凝土散水，C25 商品混凝土	m²	49.5			
37	010507004001	台阶	台阶，C25 商品混凝土	m³	17.064			
38	010507007001	其他构件	屋顶混凝土横杆，C25 商品混凝土	m³	22.8564			
39	010515001002	现浇构件钢筋	箍筋 现浇构件圆钢 φ10mm 内	t	1			
40	010515001003	现浇构件钢筋	现浇构件圆钢 φ10mm 内	t	1			
41	010515001004	现浇构件钢筋	现浇构件螺纹钢 φ25mm 内	t	1			
	混凝土及钢筋混凝土工程合计							
	A.8 门窗工程							
42	010801001001	木质门	木质夹板门，带亮	m²	59.4			
43	010801006001	门锁安装	木门门锁，单向	套	20			
44	010801006002	门锁安装	塑钢门锁，单向	套	11			
45	010801006003	门锁安装	铝合金门锁，单向	套	20			
46	010801006004	门锁安装	阳台铝合金门锁	套	18			
47	010802001001	金属（塑钢）门	塑钢门 无上亮	m²	11.34			
48	010802001002	金属（塑钢）门	铝合金门 带亮	m²	42			
49	010802001003	金属（铝合金）门	铝合金全玻单扇平开门 46 系列 带上亮（有横框）	m²	43.2			
50	010802003001	钢质防火门	钢质防火门 双扇（甲级）	m²	19.8			
51	010807001001	金属（塑钢、断桥）窗	铝合金四扇推拉窗 90 系列 无上亮	m²	103.68			
52	010807001002	金属（塑钢、断桥）窗	铝合金双扇推拉窗 90 系列 无上亮	m²	12			
53	010807001003	金属（塑钢、断桥）窗	铝合金双扇平开窗 38 系列 带上亮	m²	28.8			
54	010807003001	金属百叶窗	铝合金框百叶窗 铝合金百叶窗	m²	1.8			
	门窗工程合计							
	A.9 屋面及防水工程							
55	010902002001	屋面涂膜防水	聚氨酯涂膜防水 2mm 厚	m²	371.5606			
	本页小计							

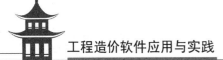

续表

序号	项目编码	项目名称	项目特征描述	计量单位	工程量	综合单价	综合合价	其中暂估价
		屋面及防水工程合计						
		A.10 保温、隔热、防腐工程						
56	011001001001	保温隔热屋面	15mm 厚 1:2:9 水泥石灰砂浆坐砌陶粒轻质隔热砖（305mm×305mm×63mm），1:2.5 水泥砂浆灌缝，纯水泥浆抹缝	m²	345.4126			
		保温、隔热、防腐工程合计						
		A.11 楼地面装饰工程						
57	011101006001	平面砂浆找平层	面批 20mm 厚 1:2.5 水泥砂浆找平层，聚氨酯涂膜防水 2mm 厚，上做 20mm 厚 1:2.5 水泥砂浆保护层，其上捣 40mm 厚 C20 细石混凝土（内配 φ4mm 钢筋，双向中距 200mm）随手抹平	m²	282.9816			
58	011101006002	平面砂浆找平层	屋面，面批 20mm 厚 1:2.5 水泥砂浆找平层，聚氨酯涂膜防水 2mm 厚，上做 20mm 厚 1:2.5 水泥砂浆保护层，其上捣 40mm 厚 C20 细石混凝土（内配 φ4mm 钢筋，双向中距 200mm）随手抹平	m²	62.431			
59	011102003001	块料楼地面	块料地面，8mm 厚防滑无釉面砖 200mm×200mm，20mm 厚 1:3 水泥砂浆找平	m²	133.0828			
60	011102003002	块料楼地面	块料地面，8mm 厚灰白色抛光砖 600mm×600mm，20mm 厚 1:2.5 水泥砂浆找平	m²	698.8076			
61	011105001001	水泥砂浆踢脚线	水泥砂浆踢脚线，20mm 厚 1:1:6 水泥石灰砂浆打底，3mm 厚 1:1 水泥细砂浆（或建筑胶）纯水泥浆扫缝，高 120mm	m²	40.5948			
62	011105003001	块料踢脚线	楼梯踢脚线，水泥砂浆踢脚线，20mm 厚 1:1:6 水泥石灰砂浆打底，3mm 厚 1:1 水泥细砂浆（或建筑胶）纯水泥浆扫缝，高 120mm	m²	30.7832			
		本页小计						

续表

序号	项目编码	项目名称	项目特征描述	计量单位	工程量	金额/元		
						综合单价	综合合价	其中 暂估价
63	011106002001	块料楼梯面层	楼梯块料地面，8mm 厚灰白色抛光砖 600mm×600mm，20mm 厚 1:2.5 水泥砂浆找平	m²	77.823			
64	011107002001	块料台阶面	台阶 铺贴陶瓷块料 水泥砂浆	m²	26.28			
	楼地面装饰工程合计							
	A.12 墙、柱面装饰与隔断、幕墙工程							
65	011201001001	墙面一般抹灰	内墙都采用 15mm 厚 1:1:6 水泥石灰砂浆打底，5mm 厚 1:0.5:3 水泥石灰砂浆粉光	m²	1529.9003			
66	011201001002	墙面一般抹灰	外墙一般抹灰，15mm 厚 1:1:6 水泥石灰砂浆打底，5mm 厚 1:1:4 水泥石灰砂浆批面，打底油一道	m²	1100.7214			
67	011201001003	墙面一般抹灰	女儿墙内墙都采用 15mm 厚 1:1:6 水泥石灰砂浆打底，5mm 厚 1:0.5:3 水泥石灰砂浆粉光	m²	288.5431			
68	011201004001	立面砂浆找平层	厕所内墙，20mm 厚水泥砂浆找底	m²	562.7989			
69	011204003001	块料墙面	厕所内墙做法，3mm 厚 1:1 水泥砂浆贴 5mm 厚彩色瓷砖，白水泥扫缝	m²	574.1113			
	墙、柱面装饰与隔断、幕墙工程合计							
	A.13 天棚工程							
70	011301001001	天棚抹灰	天棚抹灰（10mm 厚 1:1:6 水泥石灰砂浆打底扫毛，3mm 厚木质纤维素灰罩面）	m²	595.6102			
71	011301001002	天棚抹灰	楼梯天棚抹灰	m²	91.2625			
72	011301001003	天棚抹灰	首层飘出室外的天棚抹灰（10mm 厚 1:1:6 水泥石灰砂浆打底扫毛，3mm 厚木质纤维素灰罩面）	m²	228.0795			
73	011301001004	天棚抹灰	阳台及走廊天棚抹灰（10mm 厚 1:1:6 水泥石灰砂浆打底扫毛，3mm 厚木质纤维素灰罩面）	m²	328.687			
	本页小计							

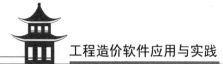

续表

序号	项目编码	项目名称	项目特征描述	计量单位	工程量	金额/元		
						综合单价	综合合价	其中 暂估价
	天棚工程合计							
	A.14 油漆、涂料、裱糊工程							
74	011401001001	木门油漆	木门油漆	m²	59.4			
75	011406001001	抹灰面油漆	乳胶腻子刮面，扫象牙白色高级乳胶漆两遍	m²	1529.9003			
76	011406001002	抹灰面油漆	天棚刷乳胶漆两遍	m²	595.6102			
77	011406001003	抹灰面油漆	外墙打底油一遍	m²	1100.7214			
78	011406001004	抹灰面油漆	首层飘出室外的天棚 刷乳胶漆两遍	m²	228.0795			
79	011406001005	抹灰面油漆	阳台及走廊天棚 刷乳胶漆两遍	m²	328.687			
80	011407001001	墙面喷刷涂料	外墙刷涂料两遍	m²	1100.7214			
	油漆、涂料、裱糊工程合计							
	A.15 其他装饰工程							
81	011503001001	金属扶手、栏杆、栏板	不锈钢扶手（$D=60$mm），带栏杆	m	132.48			
	其他装饰工程合计							
	分部分项合计							
	措施项目							
82	粤 011701008001	综合钢脚手架	综合钢脚手架 高度20.5m以内	m²	1334.6463			
83	粤 011701011001	里脚手架	里脚手架，层高3.6m以内	m²	634.332			
84	粤 011701011002	里脚手架	里脚手架，层高3.6m以内（首层）	m²	105			
85	011702001001	基础	桩承台模板（900mm×1800mm×1200mm）	m²	151.04			
86	011702001002	基础	桩承台下垫层模板	m²	14.88			
87	011702001003	基础	地梁下垫层模板	m²	16.88			
88	011702002001	矩形柱	矩形框架（300mm×400mm），层高3.8m	m²	379.678			
			本页小计					

续表

序号	项目编码	项目名称	项目特征描述	计量单位	工程量	综合单价	综合合价	其中 暂估价
89	011702002002	矩形柱	楼梯梯柱（200mm×300mm）模板	m²	11.628			
90	011702002003	矩形柱	矩形框架（200mm×400mm），层高3.6m以内	m²	24.192			
91	011702002004	矩形柱	矩形构造柱（200mm×600mm）	m²	86.922			
92	011702005001	基础梁	基础梁模板	m²	67.84			
93	011702008001	圈梁	屋顶混凝土横杆模板	m²	171.8062			
94	011702009001	过梁	过梁模板，25cm以内	m²	20.488			
95	011702014001	有梁板	有梁板，层高3.8m	m²	1585.6122			
96	011702021001	栏板	阳台混凝土栏板模板	m²	26.784			
97	011702022001	天沟、檐沟	梯屋顶反檐模板	m²	4.636			
98	011702024001	楼梯	直形楼梯模板	m²	77.823			
99	011702027001	台阶	台阶模板	m²	26.28			
100	011703001001	垂直运输	垂直运输，建筑物20m以内，现浇框架结构	m²	844.332			
101	011707004001	二次搬运	灰砂砖二次搬运	项	1			
102	B01	混凝土泵送增加费	普通混凝土（不计算超高降效）	项	1			
103	011705001001	大型机械设备进出场及安拆	大型机械设备进出场及安拆	项	1			
104	粤011701009001	单排钢脚手架	单排钢脚手架 高度10m以内	m²	319.8			
105	粤011701010001	满堂脚手架	首层房间满堂脚手架，层高3.8m	m²	161.6426			
106	粤011701010002	满堂脚手架	首层飘出室外的天棚层满堂脚手架，层高3.8m	m²	122.5188			
		单价措施合计						
		本页小计						
		合　计						

注：为计取规费等的使用，可在表中增设"其中：定额人工费"。

⑥ 综合单价分析表（表11-6）。

表11-6　综合单价分析表

工程名称：　　　　　　　　　　　　　　　　标段：

项目编码		项目名称			计量单位		工程量	
清单综合单价组成明细								
定额编号	定额项目名称	定额单位	数量	单价/元				合价/元			
				人工费	材料费	机械费	管理费和利润	人工费	材料费	机械费	管理费和利润
人工单价			小计								
元/工日			未计价材料费								
清单项目综合单价											
材料费明细	主要材料名称、规格、型号				单位	数量	单价/元	合价/元	暂估单价/元	暂估合价/元
	其他材料费						—		—	
	材料费小计						—		—	

注：① 如不使用省级或行业建设主管部门发布的计价依据，可不填"定额编码""定额项目名称"等。

② 招标文件提供了暂估单价的材料，按暂估的单价填入表内"暂估单价"栏及"暂估合价"栏。

⑦ 总价措施项目清单与计价表（表 11-7）。

表 11-7　总价措施项目清单与计价表

工程名称：学生宿舍楼房　　　　　　　　　　标段：

序号	项目编码	项目名称	计算基础	费率/%	金额/元	调整费率/%	调整后金额/元	备注
1	011707001001	文明施工与环境保护、临时设施、安全施工	分部分项合计	3.8796				以分部分项工程费为计算基础，费率为 3.8796%
2	WMGDZJF00001	文明工地增加费	分部分项合计	0.4				以分部分项工程费为计算基础，市级文明工地为 0.4%，省级文明工地为 0.7%
3	011707002001	夜间施工增加费	9521	20				以夜间施工项目人工费的 20% 计算
4	GGCSF0000001	赶工措施费	分部分项合计	0				赶工措施费＝（1－δ）×分部分项工程费×0.1（式中 δ＝合同工期/定额工期，0.8≤δ<1）
5	NJCCQZJCC001	泥浆池（槽）砌筑及拆除						钻（冲）孔桩、旋挖成孔灌注桩、微型桩，费用标准为 26.26 元/m³；地下连续墙，费用标准为 42.11 元/m³
6	LSSGCSF00001	绿色施工措施费	分部分项合计	0				依据"穗建造价〔2015〕69 号文"与《中山市住房和城乡建设局关于调整绿色施工措施费计价办法的通知》（中建通〔2018〕70 号），建筑、装饰、绿色施工措施费可按分部分项工程费的 0.6% 计
		合　计						

编制人（造价人员）：　　　　　　　复核人（造价工程师）：

注：① "计算基础"中安全文明施工费可为"定额基价""定额人工费"或"定额人工费＋定额机械费"，其他项目可为"定额人工费"或"定额人工费＋定额机械费"。

② 按施工方案计算的措施费，若无"计算基础"和"费率"的数值，也可只填"金额"数值，但应在"备注"栏说明施工方案出处或计算方法。

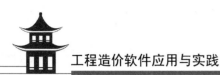

⑧ 其他项目清单与计价汇总表（表 11-8）。

表 11-8 其他项目清单与计价汇总表

工程名称：学生宿舍楼房　　　　　　　　　　　　　标段：

序号	项目名称	金额/元	结算金额/元	备注
1	材料检验试验费			
2	工程优质费			
3	暂列金额	146976.67		明细详见表 11-9
4	暂估价	14635.86		
4.1	材料（工程设备）暂估单价	—		明细详见表 11-10
4.2	专业工程暂估价	0.00		明细详见表 11-11
5	计日工			明细详见表 11-12
6	总承包服务费			明细详见表 11-13
7	材料保管费			
8	预算包干费			
9	现场签证费用			
10	索赔费用			
	合　　计			—

注："材料（工程设备）暂估单价"进入清单项目综合单价，此处不汇总。

⑨ 暂列金额明细表（表 11 - 9）。

表 11 - 9　暂列金额明细表

工程名称：学生宿舍楼房　　　　　　　　　　标段：

序号	名称	计量单位	暂定金额/元	备注
1	暂列金额	元	146976.67	
	合　　计		146976.67	—

注：此表由招标人填写，如不能详列，也可只列暂列金额总额；投标人应将上述暂列金额计入投标
　　总价中。

⑩ 材料（工程设备）暂估单价及调整表（表 11-10）。

表 11-10　材料（工程设备）暂估单价及调整表

工程名称：学生宿舍楼房　　　　　　　　标段：

序号	材料（工程设备）名称、规格、型号	计量单位	数量		暂估/元		确认/元		差额（±）/元		备注
			暂估	确认	单价	合价	单价	合价	单价	合价	
1	螺纹钢 φ10～25mm	t			4000						
2	圆钢 φ10mm 以内	t			3980						
3	圆钢 φ12～25mm	t			3980						
合　　计											

注：此表由招标人填写"暂估单价"栏，并在"备注"栏说明暂估单价的材料、工程设备拟用在哪些清单项目上；投标人应将上述材料、工程设备暂估单价计入工程量清单综合单价报价中。

⑪ 专业工程暂估价及结算价表（表 11-11）。

表 11-11 专业工程暂估价及结算价表

工程名称：学生宿舍楼房　　　　　　　　　　　标段：

序号	工程名称	工程内容	暂估金额 /元	结算金额 /元	差额 (±)/元	备注
1	专业工程暂估价	专业工程暂估价	100000			
		合　　计	100000.00			—

注：此表由招标人填写，投标人应将上述专业工程暂估价计入投标总价中。

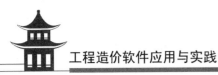

⑫ 计日工表（表 11 - 12）。

表 11 - 12 计日工表

工程名称：学生宿舍楼房   标段：

编号	项目名称	单位	暂定数量	实际数量	单价/元	合价/元	
						暂定	实际
1	人工						
1.1	综合用工	工日	30				
	人工小计						
2	材料						
2.1	混凝土材料（C30、20 石机拌）	m³	45				
	材料小计						
3	施工机械						
3.1	载重汽车	台班	5				
	施工机械小计						
4	企业管理费和利润						
	总　计						

注：此表"项目名称""暂定数量"栏由招标人填写，编制招标控制价时，单价由招标人按有关计价
规定确定；投标时，单价由投标人自主报价，按暂定数量计算合价计入投标总价中；结算时，
按发承包双方确认的实际数量计算合价。

⑬ 总承包服务费计价表（表 11-13）。

表 11-13 总承包服务费计价表

工程名称：学生宿舍楼房   标段：

序号	项目名称	项目价值/元	服务内容	计算基础	费率/%	金额
1	总承包服务费	75290.64	只协调管理分包出去的打桩工程		1.5	
合　计						

注：此表"项目名称""服务内容"由招标人填写，编制招标控制价时，费率及金额由招标人按有关
　　计价规定确定；投标时，费率及金额由投标人自主报价，计入投标总价中。

⑭ 规费、税金项目清单与计价表（表 11-14）。

表 11-14　规费、税金项目清单与计价表

工程名称：学生宿舍楼房　　　　　　　　　标段：

序号	项目名称	计算基础	计算基数	计算费率/%	金额/元
1	规费	规费合计			
1.1	工程排污费	分部分项合计＋措施合计＋其他项目		0	
1.2	施工噪声排污费	分部分项合计＋措施合计＋其他项目		0	
1.3	防洪工程维护费	分部分项合计＋措施合计＋其他项目		0.1	
1.4	危险作业意外伤害保险费	分部分项合计＋措施合计＋其他项目		0.1	
2	税金	分部分项合计＋措施合计＋其他项目＋规费		11	
	合　　计				

编制人（造价人员）：张工　　　　　　复核人（造价工程师）：刘意

⑮ 发包人提供材料和工程设备一览表（表11-15）。

表 11-15 发包人提供材料和工程设备一览表

工程名称：学生宿舍楼房　　　　　　　　　　标段：

序号	材料（工程设备）名称、规格、型号	单位	数量	单价/元	交货方式	送达地点	备注
1	螺纹钢 $\phi 10\sim 25$mm	t	1.045				
2	圆钢 $\phi 10$mm 以内	t	2.04				
3	圆钢 $\phi 12\sim 25$mm	t	0.5871				

注：此表由招标人填写，供投标人在投标报价、确定总承包服务费时参考。

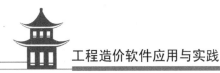

⑯ 承包人提供主要材料和工程设备一览表（表11-16）。

表11-16　承包人提供主要材料和工程设备一览表

（适用于造价信息差额调整法）

工程名称：学生宿舍楼房　　　　　　　　　　　标段：

序号	名称、规格、型号	单位	数量	风险系数/%	基准单价/元	投标单价/元	发承包人确认单价/元	备注

注：① 此表由招标人填写除"投标单价"栏外的内容，投标人在投标时自主确定投标单价。

　　② 基准单价应优先采用工程造价管理机构发布的单价，未发布的，通过市场调查确定其基准单价。

⑰ 承包人提供主要材料和工程设备一览表（表 11 - 17）。

表 11 - 17 承包人提供主要材料和工程设备一览表
（适用于价格指数差额调整法）

工程名称：学生宿舍楼房 标段：

序号	名称、规格、型号	变值权重 B	基本价格指数 F_0	现行价格指数 F_t	备注
	定值权重 A		—	—	
	合 计		—	—	

注：① 此表"名称、规格、型号""基本价格指数 F_0"栏由招标人填写，基本价格指数应首先采用工程造价管理机构发布的价格指数，没有时，可采用发布的价格代替。

② 此表"变值权重 B"栏由投标人根据该项材料和工程设备价值在投标报价中所占的比例填写。

③ "现行价格指数 F_t"按约定的付款证书相关周期最后一天的前 42 天的各项材料和工程设备的价格指数填写，该指数应首先采用工程造价管理机构发布的价格指数，没有时，可采用发布的价格代替。

11.3.2 单位工程招标控制价表格

招标控制价表格与工程量清单表格对应，也包括封面、扉页、总说明及各种表格，具体如下。

① 封面（表 11 – 18）。

表 11 – 18　封面

_____学生宿舍楼房_____工程

招　标　控　制　价

招　标　人：_____广州市公共资源交易中心_____
　　　　　　　　　　　　（单位盖章）

造价咨询人：_____李　隐_____
　　　　　　　　　　　（单位盖章）

年　　月　　日

封-1

② 扉页（表11-19）。

表 **11-19** 扉页

_____学生宿舍楼房_____工程

招 标 控 制 价

招标控制价 　　　（小写）：1,906,387.73 _____
　　　　　　　　　（大写）：壹佰玖拾万陆仟叁佰捌拾柒元柒角叁分

招 标 人：___广州市公共资源交易中心___　　　　造价咨询人：___李　隐___
　　　　　　　　　　（单位盖章）　　　　　　　　　　　　　　　（单位资质专用章）

法定代表人　　　　　　　　　　　　　　　　法定代表人
或其授权人：___王一白___　　　　　　　　或其授权人：___肖　雨___
　　　　　　　　（签字或盖章）　　　　　　　　　　　　　　（签字或盖章）

编 制 人：___何　时___　　　　　　　　复 核 人：___李　双___
　　　　　（造价人员签字盖专用章）　　　　　　　　　（造价工程师签字盖专用章）

编 制 时 间：___2017-03-28___　　　　复 核 时 间：___2017-04-01___

扉-1

③ 招标控制价总说明。同工程量清单总说明。

④ 单位工程招标控制价汇总表（表11-20）。

表11-20 单位工程招标控制价汇总表

工程名称：学生宿舍楼房   标段：

序号	汇总内容	金额/元	其中：暂估价/元
1	分部分项合计	1053148.05	69014.21
1.1	A.1 土石方工程	15864.30	
1.2	A.3 桩基工程	69151.94	2336.66
1.3	A.4 砌筑工程	84912.10	
1.4	A.5 混凝土及钢筋混凝土工程	300403.28	66677.55
1.5	A.8 门窗工程	101108.64	
1.6	A.9 屋面及防水工程	14702.65	
1.7	A.10 保温、隔热、防腐工程	15357.04	
1.8	A.11 楼地面装饰工程	140963.26	
1.9	A.12 墙、柱面装饰与隔断、幕墙工程	157189.75	
1.10	A.13 天棚工程	28006.75	
1.11	A.14 油漆、涂料、裱糊工程	99862.73	
1.12	A.15 其他装饰工程	25625.61	
2	措施合计	327098.46	
2.1	安全防护、文明施工措施项目费	96802.04	
2.2	其他措施费	230296.42	
3	其他项目	333791.83	—
3.1	材料检验试验费	3159.44	
3.2	工程优质费	26328.70	
3.3	暂列金额	157972.21	
3.4	暂估价	169014.21	
3.5	计日工	23103.95	
3.6	总承包服务费	1129.36	
3.7	材料保管费	1035.21	
3.8	预算包干费	21062.96	
3.9	索赔费用		
3.10	现场签证费用		
4	规费	3428.08	—
5	税金	188921.31	—
6	总造价	1906387.73	
7	人工费	453951.55	
	招标控制价合计＝1＋2＋3＋4＋5	1906387.73	69014.21

注：本表适用于单位工程招标控制价或投标报价的汇总，如无单位工程划分，单项工程也使用本表汇总。

⑤ 分部分项工程和单价措施项目清单与计价表（表 11 - 21）。

表 11 - 21　分部分项工程和单价措施项目清单与计价表

工程名称：学生宿舍楼房　　　　　　　　标段：

序号	项目编码	项目名称	项目特征描述	计量单位	工程量	金额/元		
						综合单价	综合合价	其中
								暂估价
	A.1 土石方工程						15864.3	
1	010101001001	平整场地	平整场地	m²	210	5.12	1075.2	
2	010101003001	挖沟槽土方	挖土机挖基槽土方 一、二类土，深 1m	m³	8.3771	4.58	38.37	
3	010101004001	挖基坑土方	挖土机挖基坑土方 二类土，深 1.8m	m³	519.995	4.79	2490.78	
4	010103001001	回填方	房心回填土，人工夯实	m³	22.1557	33.07	732.69	
5	010103001002	回填方	回填土 夯实机夯实 槽、坑	m³	447.9357	18.44	8259.93	
6	010103002001	余方弃置	人工装汽车运卸土方 运距 1km	m³	80.4364	40.62	3267.33	
	A.3 桩基工程						69151.94	2336.66
7	010301002002	预制钢筋混凝土管桩	普通预制管桩，D=300mm，设计桩长 12m，普通桩 46 根，有接桩，桩顶填混凝土 C30，桩底填混凝土 C25	m	552	106.63	58859.76	
8	010301002003	预制钢筋混凝土管桩	打试验预制管桩 2 根，D=300mm，设计桩长 12m，有接桩，桩芯填混凝土 C30，桩底填混凝土 C25	m	2	121.15	242.3	
9	010301002004	预制钢筋混凝土管桩	送桩，单根送桩长度 1.65m	m	79.2	21.75	1722.6	
10	010515001001	现浇构件钢筋	桩头插筋	t	0.57	4994.95	2847.12	2336.66
11	010301004001	截（凿）桩头	机械切割预制桩头	根	48			
12	粤 010301005001	桩尖	钢桩尖制作安装	个	48	114.17	5480.16	
	A.4 砌筑工程						84912.10	
13	010401003001	实心砖墙	180mm 灰砂砖外墙，M5 混合砂浆砌筑	m³	140.4407	368.27	51720.1	
14	010401003002	实心砖墙	180mm 灰砂砖内墙，M5 混合砂浆砌筑	m³	72.5246	349.03	25313.26	
15	010401003003	实心砖墙	120mm 灰砂砖内墙，M5 混合砂浆砌筑	m³	6.9021	376.53	2598.85	
16	010401003004	实心砖墙	180mm 灰砂砖外墙，M7.5 水泥砂浆砌筑	m³	11.6201	368.26	4279.22	
17	010401003005	实心砖墙	180mm 灰砂砖内墙，M7.5 水泥砂浆砌筑	m³	2.4826	349.08	866.63	
18	010401003006	实心砖墙	120mm 灰砂砖内墙，M7.5 水泥砂浆砌筑	m³	0.3563	376.21	134.04	
	本页小计						169928.34	2336.66

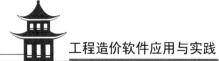

续表

序号	项目编码	项目名称	项目特征描述	计量单位	工程量	综合单价	综合合价	其中 暂估价
			A.5 混凝土及钢筋混凝土工程				300403.28	66677.55
19	010501001001	垫层	150mm 厚素混凝垫层，C25 商品混凝土 20 石	m³	28.4503	548.24	15597.59	
20	010501001002	垫层	桩承台混凝土垫层，C10 商品混凝土	m³	4.9407	513.74	2538.24	
21	010501001003	垫层	地梁下混凝土垫层，C10 商品混凝土	m³	3.392	513.73	1742.57	
22	010501005001	桩承台基础	桩承台（900mm×1800mm×1200mm），C30 商品混凝土	m³	46.656	557.48	26009.79	
23	010502001001	矩形柱	矩形框架（300mm×400mm），C30 商品混凝土	m³	33.3504	583.11	19446.95	
24	010502001002	矩形柱	楼梯梯柱（200mm×300mm），C30 商品混凝土	m³	0.96	583.1	559.78	
25	010502001003	矩形柱	矩形框架（200mm×400mm），C30 商品混凝土	m³	1.664	583.1	970.28	
26	010502001004	矩形柱	矩形构造柱（200mm×600mm），C25 商品混凝土	m³	6.5664	571.99	3755.92	
27	010503001001	基础梁	基础框架梁（200mm×400mm），C30 商品混凝土	m³	1.344	524.75	705.26	
28	010503001002	基础梁	基础梁（200mm×400mm），C30 商品混凝土	m³	5.456	524.78	2863.2	
29	010503005001	过梁	过梁，C25 商品混凝土	m³	1.0177	625.88	636.96	
30	010505001001	有梁板	C30 商品混凝土	m³	77.1118	531.25	40965.64	
31	010505001002	有梁板	有梁板，C30 商品混凝土	m³	91.6241	531.25	48675.3	
32	010505006001	栏板	阳台混凝土栏板，C25 商品混凝土	m³	2.3328	580.71	1354.68	
33	010505006002	栏板	砖砌栏板 厚度 3/4 砖	m³	89.28	111.57	10318.09	
34	010505007001	天沟（檐沟）、挑檐板	梯屋顶反檐，C25 商品混凝土	m³	0.9272	630.91	584.98	
35	010506001001	直形楼梯	直形楼梯，C30 商品混凝土	m³	15.3073	606.79	9288.32	
36	010507001001	散水、坡道	混凝土散水，C25 商品混凝土	m²	49.5	31.02	1535.49	
37	010507004001	台阶	台阶，C25 商品混凝土	m³	17.064	544.66	9294.08	
38	010507007001	其他构件	屋顶混凝土横杆，C25 商品混凝土	m³	22.8564	628.19	14358.16	
			本页小计				211201.28	

续表

序号	项目编码	项目名称	项目特征描述	计量单位	工程量	金额/元		
						综合单价	综合合价	其中暂估价
39	010515001002	现浇构件钢筋	箍筋 现浇构件圆钢 φ10 内	t	6.933	5472.46	37940.57	28145.21
40	010515001003	现浇构件钢筋	现浇构件圆钢 φ10 内	t	8.462	5472.46	46307.96	34352.34
41	010515001004	现浇构件钢筋	现浇构件螺纹钢 φ25 内	t	1	4953.47	4953.47	4180
		A.8 门窗工程					101108.64	
42	010801001001	木质门	木质夹板门，带亮	m²	59.4	235.53	13990.48	
43	010801006001	门锁安装	木门门锁，单向	套	20	30.04	600.8	
44	010801006002	门锁安装	塑钢门门锁，单向	套	11	30.04	330.44	
45	010801006003	门锁安装	铝合金门锁，单向	套	20	30.04	600.8	
46	010801006004	门锁安装	阳台铝合金门锁	套	18			
47	010802001001	金属（塑钢）门	塑钢门 无上亮	m²	11.34	329.45	3735.96	
48	010802001002	金属（塑钢）门	铝合金门 带亮	m²	42	379.55	15941.1	
49	010802001003	金属（铝合金）门	铝合金全玻单扇平开门 46 系列 带上亮（有横框）	m²	43.2	379.55	16396.56	
50	010802003001	钢质防火门	钢质防火门 双扇（甲级）	m²	19.8	391.58	7753.28	
51	010807001001	金属（塑钢、断桥）窗	铝合金四扇推拉窗 90 系列 无上亮	m²	103.68	265.82	27560.22	
52	010807001002	金属（塑钢、断桥）窗	铝合金双扇推拉窗 90 系列 无上亮	m²	12	265.82	3189.84	
53	010807001003	金属（塑钢、断桥）窗	铝合金双扇平开窗 38 系列 带上亮	m²	28.8	356.81	10276.13	
54	010807003001	金属百叶窗	铝合金框百叶窗 铝合金百叶窗	m²	1.8	407.24	733.03	
		A.9 屋面及防水工程					14702.65	
55	010902002001	屋面涂膜防水	聚氨酯涂膜防水 2mm 厚	m²	371.5606	39.57	14702.65	
		A.10 保温、隔热、防腐工程					15357.04	
56	011001001001	保温隔热屋面	15mm 厚 1:2:9 水泥石灰砂浆坐砌陶粒轻质隔热砖（305mm × 305mm × 63mm），1:2.5 水泥砂浆灌缝，纯水泥浆抹缝	m²	345.4126	44.46	15357.04	
		本页小计					220370.33	66677.55

工程造价软件应用与实践

续表

序号	项目编码	项目名称	项目特征描述	计量单位	工程量	综合单价	综合合价	其中 暂估价
		A.11 楼地面装饰工程					140963.26	
57	011101006001	平面砂浆找平层	面批20mm厚1:2.5水泥砂浆找平层，聚氨酯涂膜防水2厚，上做20mm厚1:2.5水泥砂浆保护层，其上捣40mm厚C20细石混凝土（内配φ4mm钢筋，双向中距200mm）随手抹平	m²	282.9816	37.9	10725	
58	011101006002	平面砂浆找平层	屋面，面批20mm厚1:2.5水泥砂浆找平层，聚氨酯涂膜防水2mm厚，上做20mm厚1:2.5水泥砂浆保护层，其上捣40mm厚C20细石混凝土（内配φ4mm钢筋，双向中距200mm）随手抹平	m²	62.431	37.9	2366.13	
59	011102003001	块料楼地面	块料地面，8mm厚防滑无釉面砖200mm×200mm，20mm厚1:32水泥砂浆找平	m²	133.0828	97.11	12923.67	
60	011102003002	块料楼地面	块料地面，8mm厚灰白色抛光砖600mm×600mm，20mm厚1:2.5水泥砂浆找平	m²	698.8076	126.35	88294.34	
61	011105001001	水泥砂浆踢脚线	水泥砂浆踢脚线，20mm厚1:1:6水泥石灰砂浆打底，3mm厚1:1水泥细浆（或建筑胶）纯水泥浆扫缝，高120mm	m²	40.5948	49.11	1993.61	
62	011105003001	块料踢脚线	楼梯踢脚线：水泥砂浆踢脚线，20mm厚1:1:6水泥石灰砂浆打底，3mm厚1:1水泥细砂浆（或建筑胶）纯水泥浆扫缝，高120mm	m²	30.7832	49.66	1528.69	
63	011106002001	块料楼梯面层	楼梯块料地面，8mm厚灰白色抛光砖600mm×600mm，20mm厚1:2.5水泥砂浆找平	m²	77.823	193.9	15089.88	
64	011107002001	块料台阶面	台阶铺贴陶瓷块料 水泥砂浆	m²	26.28	306.01	8041.94	
		A.12 墙、柱面装饰与隔断、幕墙工程					157189.75	
65	011201001001	墙面一般抹灰	内墙都采用15mm厚1:1:6水泥石灰砂浆打底，5mm厚1:0.5:3石灰砂浆粉光	m²	1529.9003	28.22	43173.79	
			本页小计				184137.05	

246

续表

序号	项目编码	项目名称	项目特征描述	计量单位	工程量	金额/元		
						综合单价	综合合价	其中 暂估价
66	011201001002	墙面一般抹灰	外墙一般抹灰：15mm厚1:1:6水泥石灰砂浆打底，5mm厚1:1:4水泥石灰砂浆批面，打底油一道	m²	1100.7214	30.22	33263.8	
67	011201001003	墙面一般抹灰	女儿墙内墙都采用15mm厚1:1:6水泥石灰砂浆打底，5mm厚1:0.5:3石灰砂浆粉光	m²	288.5431	28.22	8142.69	
68	011201004001	立面砂浆找平层	厕所内墙，20mm厚水泥砂浆找底，	m²	562.7989	21.68	12201.48	
69	011204003001	块料墙面	3mm厚1:1水泥厕所内墙做法：砂浆贴5mm厚彩色瓷砖，白水泥扫缝	m²	574.1113	105.22	60407.99	
		A.13 天棚工程					28006.75	
70	011301001001	天棚抹灰	天棚抹灰（10mm厚1:1:6水泥石灰砂浆打底扫毛，3mm厚木质纤维素灰罩面）	m²	595.6102	22.52	13413.14	
71	011301001002	天棚抹灰	楼梯天棚抹灰	m²	91.2625	22.52	2055.23	
72	011301001003	天棚抹灰	首层飘出室外的天棚抹灰（10mm厚1:1:6水泥石灰砂浆打底扫毛，3mm厚木质纤维素灰罩面）	m²	228.0795	22.52	5136.35	
73	011301001004	天棚抹灰	阳台及走廊天棚抹灰（10mm厚1:1:6水泥石灰砂浆打底扫毛，3mm厚木质纤维素灰罩面）	m²	328.687	22.52	7402.03	
		A.14 油漆、涂料、裱糊工程					99862.73	
74	011401001001	木门油漆	木门油漆	m²	59.4	23.14	1374.52	
75	011406001001	抹灰面油漆	乳胶腻子刮面，扫象牙白色高级乳胶漆两遍	m²	1529.9003	15.70	24019.43	
76	011406001002	抹灰面油漆	天棚刷乳胶漆两遍	m²	595.6102	8.62	5134.16	
77	011406001003	抹灰面油漆	外墙打底油一遍	m²	1100.7214	8.64	9510.23	
78	011406001004	抹灰面油漆	首层飘出室外的天棚 刷乳胶漆两遍	m²	228.0795	8.62	1966.05	
79	011406001005	抹灰面油漆	阳台及走廊天棚 刷乳胶漆两遍	m²	328.687	8.62	2833.28	
		本页小计					186860.38	

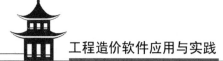

续表

序号	项目编码	项目名称	项目特征描述	计量单位	工程量	金额/元		
						综合单价	综合合价	其中
								暂估价
80	011407001001	墙面喷刷涂料	外墙刷涂料两遍	m²	1100.7214	49.99	55025.06	
	A.15 其他装饰工程						25625.61	
81	011503001001	金属扶手、栏杆、栏板	不锈钢扶手（D=60mm），带栏杆	m	132.48	193.43	25625.61	
	措施项目						280123.74	
82	粤011701008001	综合钢脚手架	综合钢脚手架 高度20.5m以内	m²	1334.6463	36.2	48314.2	
83	粤011701011001	里脚手架	里脚手架，层高3.6m以内	m²	634.332	10.32	6546.31	
84	粤011701011002	里脚手架	里脚手架，层高3.6m以内（首层）	m²	105	10.32	1083.6	
85	011702001001	基础	桩承台模板（900mm×1800mm×1200mm）	m²	151.04	47.3	7144.19	
86	011702001002	基础	桩承台下垫层模板	m²	14.88	29.56	439.85	
87	011702001003	基础	地梁下垫层模板	m²	16.88	29.56	498.97	
88	011702002001	矩形柱	矩形框架（300mm×400mm），层高3.8m	m²	379.678	53.91	20468.44	
89	011702002002	矩形柱	楼梯梯柱（200mm×300mm）模板	m²	15.628	53.76	840.16	
90	011702002003	矩形柱	矩形框架（200mm×400mm），层高3.6m以内	m²	24.192	67.19	1625.46	
91	011702002004	矩形柱	矩形构造柱（200mm×600mm）	m²	86.922	53.75	4672.06	
92	011702005001	基础梁	基础梁模板	m²	67.84	55.76	3782.76	
93	011702008001	圈梁	屋顶混凝土横杆模板	m²	171.8062	49.44	8494.1	
94	011702009001	过梁	过梁模板，25cm以内	m²	20.488	63.49	1300.78	
95	011702014001	有梁板	有梁板，层高3.8m	m²	1585.6122	61.28	97166.32	
96	011702021001	栏板	阳台混凝土栏板模板	m²	26.784	62.2	1665.96	
97	011702022001	天沟、檐沟	梯屋顶反檐模板	m²	4.636	65.86	305.33	
98	011702024001	楼梯	直形楼梯模板	m²	77.823	177.27	13795.68	
99	011702027001	台阶	台阶模板	m²	26.28	39.74	1044.37	
100	011703001001	垂直运输	垂直运输，建筑物20m以内，现浇框架结构	m²	844.332	21.34	18018.04	
	本页小计						317857.25	

续表

序号	项目编码	项目名称	项目特征描述	计量单位	工程量	金额/元		其中
						综合单价	综合合价	暂估价
101	011707004001	二次搬运	灰砂砖二次搬运	项	1	3882.24	3882.24	
102	B01	混凝土泵送增加费	普通混凝土（不计超高降效）	项	1	6827.52	6827.52	
103	011705001001	大型机械设备进出场及安拆	大型机械进出场及安拆	项	1	26258.98	26258.98	
104	粤011701009001	单排钢脚手架	单排钢脚手架 高度10m以内	m²	319.8	7.76	2481.65	
105	粤011701010001	满堂脚手架	首层房间满堂脚手架，层高3.8m	m²	161.6426	12.20	1972.04	
106	粤011701010002	满堂脚手架	首层飘出室外的天棚层满堂脚手架，层高3.8m	m²	122.5188	12.20	1494.73	
			本页小计				42917.16	
			合　　计				1333271.79	69014.21

注：为计取规费等的使用，可在表中增设"其中：定额人工费"。

⑥综合单价分析表。此处提供表中部分内容，其余略（表11-22）。

工程名称：学生宿舍楼房

表11-22 综合单价分析表

标段：

项目编码	010101001001	项目名称	平整场地	计量单位	m²	工程量	210

清单综合单价组成明细

定额编号	定额项目名称	定额单位	数量	单价/元				合价/元			
				人工费	材料费	机械费	管理费和利润	人工费	材料费	机械费	管理费和利润
A1-1	平整场地	100m²	0.01	405.9			106.31	4.06			1.06
人工单价		小计						4.06			1.06
综合工日 110元/工日		未计价材料费									
清单项目综合单价								5.12			

材料费明细	主要材料名称、规格、型号	单位	数量	单价/元	合价/元	暂估单价/元	暂估合价/元

注：① 如不使用省级或行业建设主管部门发布的计价依据，可不填"定额编码""定额项目名称"等。

② 招标文件提供了暂估单价的材料，按暂估的单价填入表内"暂估单价"栏及"暂估合价"栏。

⑦ 总价措施项目清单与计价表（表 11 - 23）。

表 11 - 23 总价措施项目清单与计价表

工程名称：学生宿舍楼房　　　　　　　　　标段：

序号	项目编码	项目名称	计算基础	费率/%	金额/元	调整费率/%	调整后金额/元	备注
1	011707001001	文明施工与环境保护、临时设施、安全施工	分部分项合计	3.8796	40857.93			以分部分项工程费为计算基础，费率为 3.8796%
2	WMGDZJF00001	文明工地增加费	分部分项合计	0.4	4211.59			以分部分项工程费为计算基础，市级文明工地为 0.4%，省级文明工地为 0.7%
3	011707002001	夜间施工增加费	9521	20	1904.2			以夜间施工项目人工费的 20% 计算
4	GGCSF0000001	赶工措施费	分部分项合计	0				赶工措施费＝（1−δ）×分部分项工程费×0.1（式中 δ＝合同工期/定额工期，0.8≤δ<1）
5	NJCCQZJCC001	泥浆池（槽）砌筑及拆除						钻（冲）孔桩、旋挖成孔灌注桩、微型桩，费用标准为 26.26 元/m³；地下连续墙，费用标准为 42.11 元/m³
6	LSSGCSF00001	绿色施工措施费	分部分项合计	0				依据"穗建造价〔2015〕69 号文"与《中山市住房和城乡建设局关于调整绿色施工措施费计价办法的通知》（中建通〔2018〕70 号），建筑、装饰、绿色施工措施费可按分部分项工程费的 0.6% 计
	合　计				46974.72			

编制人（造价人员）：　　　　　　　　　复核人（造价工程师）：

注：① "计算基础"中安全文明施工费可为"定额基价""定额人工费"或"定额人工费＋定额机械费"，其他项目可为"定额人工费"或"定额人工费＋定额机械费"。

② 按施工方案计算的措施费，若无"计算基础"和"费率"的数值，也可只填"金额"数值，但应在"备注"栏说明施工方案出处或计算方法。

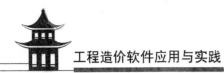

⑧ 其他项目清单与计价汇总表（表11-24）。

表 11-24　其他项目清单与计价汇总表

工程名称：学生宿舍楼房　　　　　　　　标段：

序号	项目名称	金额/元	结算金额/元	备注
1	材料检验试验费	3159.44		
2	工程优质费	26328.70		
3	暂列金额	157972.21		明细详见表11-25
4	暂估价	169014.21		
4.1	材料（工程设备）暂估单价	—		明细详见表11-26
4.2	专业工程暂估价	100000.00		明细详见表11-27
5	计日工	23103.95		明细详见表11-28
6	总承包服务费	1129.36		明细详见表11-29
7	材料保管费	1035.21		
8	预算包干费	21062.96		
9	现场签证费用			
10	索赔费用			
	合　计	333791.83		—

注：材料（工程设备）暂估单价进入清单项目综合单价，此处不汇总。

⑨ 暂列金额明细表（表 11 - 25）。

表 11 - 25　暂列金额明细表

工程名称：学生宿舍楼房　　　　　　　　　　　标段：

序号	名称	计量单位	暂定金额/元	备注
1	暂列金额	元	157972.21	
	合　　计		157972.21	—

注：此表由招标人填写，如不能详列，也可只列暂列金额总额；投标人应将上述暂列金额计入投标总价中。

⑩ 材料（工程设备）暂估单价及调整表（表 11 - 26）。

表 11 - 26　材料（工程设备）暂估单价及调整表

工程名称：学生宿舍楼房　　　　　　　　　　　标段：

序号	材料（工程设备）名称、规格、型号	计量单位	数量		暂估/元		确认/元		差额±/元		备注
			暂估	确认	单价	合价	单价	合价	单价	合价	
1	螺纹钢 $\phi 10\sim 25$mm	t	1.045		4000	4180					
2	圆钢 $\phi 10$mm 以内	t	15.703		3980	62497.54					
3	圆钢 $\phi 12\sim 25$mm	t	0.5871		3980	2336.66					
	合　　计					69014.2					

注：此表由招标人填写"暂估单价"，并在"备注"栏说明暂估单价的材料、工程设备拟用在哪些清单项目上；投标人应将上述材料、工程设备暂估单价计入工程量清单综合单价报价中。

⑪ 专业工程暂估价及结算价表（表 11-27）。

表 11-27　专业工程暂估价及结算价表

工程名称：学生宿舍楼房　　　　　　　　　　标段：

序号	工程名称	工程内容	暂估金额/元	结算金额/元	差额±/元	备注
1	专业工程暂估价	专业工程暂估价	100000			
	合　计		100000.00			—

注：此表"暂估金额"由招标人填写，投标人应将"暂估金额"计入投标总价中。结算时按合同约
　　定结算金额填写。

⑫ 计日工表（表 11 - 28）。

表 11 - 28　计日工表

工程名称：学生宿舍楼房　　　　　　　　　　　　标段：

编号	项目名称	单位	暂定数量	实际数量	综合单价/元	合价/元	
						暂定	实际
1	人工						
1.1	综合用工	工日	30		139.8	4194	
	人工小计					4194	
2	材料						
2.1	混凝土材料（C30、20 石机拌）	m³	45		373.2	16794	
	材料小计					16794	
3	施工机械						
3.1	载重汽车	台班	5		423.19	2111.95	
	施工机械小计					2111.95	
4	企业管理费和利润						
	总　　计					23103.95	

注：此表"项目名称""暂定数量"由招标人填写，编制招标控制价时，单价由招标人按有关计价规定确定；投标时，单价由投标人自主报价，按暂定数量计算合价计入投标总价中；结算时，按发承包双方确认的实际数量计算合价。

⑬ 总承包服务费计价表（表 11 - 29）。

表 11 - 29　总承包服务费计价表

工程名称：学生宿舍楼房　　　　　　　　标段：

序号	项目名称	项目价值/元	服务内容	计算基础	费率/%	金额
1	总承包服务费	75290.64	只协调管理分包出去的打桩工程		1.5	1129.36
合　　计						1129.36

注：此表"项目名称""服务内容"栏由招标人填写，编制招标控制价时，费率及金额由招标人按有
　　关计价规定确定；投标时，费率及金额由投标人自主报价，计入投标总价中。

⑭ 规费、税金项目清单与计价表（表 11 - 30）。

表 11 - 30　规费、税金项目清单与计价表

工程名称：学生宿舍楼房　　　　　　　　标段：

序号	项目名称	计算基础	计算基数	计算费率/%	金额/元
1	规费	规费合计	3428.08		3428.08
1.1	工程排污费	分部分项合计＋措施合计＋其他项目	1714038.34	0	
1.2	施工噪声排污费	分部分项合计＋措施合计＋其他项目	1714038.34	0	
1.3	防洪工程维护费	分部分项合计＋措施合计＋其他项目	1714038.34	0.1	1714.04
1.4	危险作业意外伤害保险费	分部分项合计＋措施合计＋其他项目	1714038.34	0.1	1714.04
2	税金	分部分项合计＋措施合计＋其他项目＋规费	1717466.42	11	188921.31
合　　计					192349.39

编制人（造价人员）：张工　　　　　复核人（造价工程师）：刘意

⑮ 发包人提供材料和工程设备一览表（表 11 - 31）。

表 11 - 31　发包人提供材料和工程设备一览表

工程名称：学生宿舍楼房　　　　　　　　　　标段：

序号	材料（工程设备）名称、规格、型号	单位	数量	单价/元	交货方式	送达地点	备注
1	螺纹钢 ϕ10～25mm	t	1.045	4000			
2	圆钢 ϕ10mm 以内	t	15.703	3980			
3	圆钢 ϕ12～25mm	t	0.5871	3980			

注：此表由招标人填写，供投标人在投标报价、确定总承包服务费时参考。

⑯ 承包人提供主要材料和工程设备一览表（表 11 - 32）。

表 11 - 32　承包人提供主要材料和工程设备一览表
（适用于造价信息差额调整法）

工程名称：学生宿舍楼房　　　　　　　　　　标段：

序号	名称、规格、型号	单位	数量	风险系数/%	基准单价/元	投标单价/元	发承包人确认单价/元	备注

注：① 此表由招标人填写除"投标单价"栏外的内容，投标人在投标时自主确定投标单价。

　　② 基准单价应优先采用工程造价管理机构发布的单价，未发布的，通过市场调查确定其基准单价。

⑰ 承包人提供主要材料和工程设备一览表（表 11-33）。

表 11-33 承包人提供主要材料和工程设备一览表
（适用于价格指数差额调整法）

工程名称：学生宿舍楼房　　　　　　　　　　标段：

序号	名称、规格、型号	变值权重 B	基本价格指数 F_0	现行价格指数 F_t	备注
	定值权重 A		—	—	
	合　计	1	—	—	

注：① 此表"名称、规格、型号""基本价格指数 F_0"栏由招标人填写，基本价格指数应首先采用工程造价管理机构发布的价格指数，没有时，可采用发布的价格代替。

② 此表"变值权重 B"栏由投标人根据该项材料和工程设备价值在投标报价中所占的比例填写。

③ "现行价格指数 F_t"按约定的付款证书相关周期最后一天的前 42 天的各项材料和工程设备的价格指数填写，该指数应首先采用工程造价管理机构发布的价格指数，没有时，可采用发布的价格代替。

本章小结

本章主要讲解 BIM 云计价软件的应用，主要包括图形算量软件的导入，清单的整理，分部分项工程、措施项目、其他项目、规费及税金的计算，定额的调整和费率的输入等。

本章重点是分部分项工程费的计算，难点是定额换算和部分措施项目及其他项目费用的计算。

习　题

1. 如何把 BIM 图形算量软件文件导入 BIM 云计价软件中？

2. 计价软件可以导入 Excel 表中的工程量吗？

3. 清单描述与定额子目材料名称不同时，如何进行修改？

4. 分部分项工程如何换算混凝土和砂浆？

5. BIM 云计价软件可以查询不同时期人工、材料和机械价格吗？

6. 如何编制暂列金额？

7. 如何编制计日工表？计日工是不是综合单价？

8. 如何编制专业暂估价？如何调整暂估材料价格？

附录 本案例工程分部分项工程量清单汇总

附录 A 本案例工程分部分项工程量清单汇总表

序号	编码	项目名称	项目特征	单位	工程量
1	010101001001	平整场地	平整场地，三类土，弃土运距 1km	m²	210.0000
2	010101003001	挖沟槽土方	挖土机挖基槽土方 一、二类土，深 1m	m³	7.3771
3	010101004001	挖基坑土方	挖土机挖基坑土方 二类土，深 1.8m	m³	519.9950
4	010103001001	回填方	房心回填土，人工夯实	m³	22.1557
5	010103001002	回填方	回填土 夯实机夯实 槽、坑	m³	447.9357
6	010103002001	余方弃置	人工装汽车运卸土方 运距 1km	m³	80.4364
7	010301002001	预制钢筋混凝土管桩	打普通预制管桩，$D=300$mm	m	576.0000
8	010301005001	桩尖	钢桩尖制作安装	个	48
9	010401003001	实心砖墙	180mm 灰砂砖外墙，M5 混合砂浆砌筑	m³	140.4407
10	010401003002	实心砖墙	180mm 灰砂砖内墙，M5 混合砂浆砌筑	m³	72.5246
11	010401003003	实心砖墙	120mm 灰砂砖内墙，M5 混合砂浆砌筑	m³	6.9021
12	010401003004	实心砖墙	180mm 灰砂砖外墙，M7.5 水泥砂浆砌筑	m³	11.6201
13	010401003005	实心砖墙	180mm 灰砂砖内墙，M7.5 水泥砂浆砌筑	m³	2.4826
14	010401003006	实心砖墙	120mm 灰砂砖内墙，M7.5 水泥砂浆砌筑	m³	0.3563
15	010501001001	垫层	首层地面 150mm 厚素混凝土垫层，C25 商品混凝土 20 石	m³	27.4503
16	010501001002	垫层	桩承台混凝土垫层土，C10 商品混凝土	m³	4.9407
17	010501001003	垫层	地梁下混凝土垫层土，C10 商品混凝土	m³	3.3920
18	010501005001	桩承台基础	桩承台（900mm × 1800mm × 1200mm），C30 商品混凝土	m³	46.6560
19	010502001001	矩形柱	矩形框架（300mm×400mm），C30 商品混凝土	m³	33.3504
20	010502001002	矩形柱	楼梯梯柱（200mm×300mm），C30 商品混凝土	m³	0.9600

工程造价软件应用与实践

续表

序号	编码	项目名称	项目特征	单位	工程量
21	010502001003	矩形柱	矩形框架（200mm×400mm），C30商品混凝土	m³	1.6640
22	010502001004	矩形柱	矩形构造柱（200mm×600mm），C25商品混凝土	m³	6.5664
23	010503001001	基础梁	基础框架梁（200mm×400mm），C30商品混凝土	m³	1.3440
24	010503001002	基础梁	基础梁（200mm×400mm），C30商品混凝土	m³	5.4560
25	010503005001	过梁	过梁，C25商品混凝土	m³	1.0177
26	010505001001	有梁板	C30商品混凝土	m³	77.1118
27	010505001002	有梁板	有梁板，C30商品混凝土	m³	91.6241
28	010505006001	栏板	阳台混凝土栏板，C25商品混凝土	m³	2.3328
29	010505006002	栏板	砖砌栏板 厚度3/4砖	m³	89.2800
30	010505007001	天沟（檐沟）、挑檐板	梯屋顶反檐，C25商品混凝土	m³	0.9272
31	010506001001	直形楼梯	直形楼梯，C30商品混凝土	m³	15.3073
32	010507001001	散水、坡道	混凝土散水，C25商品混凝土	m²	49.5000
33	010507004001	台阶	台阶，C25商品混凝土	m³	17.0640
34	010507007001	其他构件	屋顶混凝土横杆，C25商品混凝土	m³	22.8564
35	010801001001	木质门	木质夹板门，带亮	m²	59.4000
36	010801006001	门锁安装	木门门锁，单向	套	20
37	010801006002	门锁安装	塑钢门门锁，单向	套	11
38	010801006003	门锁安装	铝合金门锁，单向	套	20
39	010801006004	门锁安装	阳台铝合金门锁	套	18
40	010802001001	金属（塑钢）门	塑钢门 无上亮	m²	11.3400
41	010802001002	金属（塑钢）门	铝合金门 带亮	m²	42.0000
42	010802001003	金属（铝合金）门	铝合金全玻单扇平开门46系列 带上亮（有横框）	m²	43.2000
43	010802003001	钢质防火门	钢质防火门 双扇（甲级）	m²	19.8000
44	010807001001	金属（塑钢、断桥）窗	铝合金四扇推拉窗90系列 无上亮	m²	103.6800
45	010807001002	金属（塑钢、断桥）窗	铝合金双扇推拉窗90系列 无上亮	m²	12.0000
46	010807001003	金属（塑钢、断桥）窗	铝合金双扇平开窗38系列 带上亮	m²	27.8000
47	010807003001	金属百叶窗	铝合金框百叶窗 铝合金百叶窗	m²	1.8000

续表

序号	编码	项目名称	项目特征	单位	工程量
48	010902002001	屋面涂膜防水	聚氨酯涂膜防水 2mm 厚	m²	371.5606
49	011001001001	保温隔热屋面	15mm 厚 1:2:9 水泥石灰砂浆坐砌陶粒轻质隔热砖（305mm×305mm×63mm），1:2.5 水泥砂浆灌缝，纯水泥浆抹缝	m²	345.4126
50	011101006001	平面砂浆找平层	主楼屋面，面批 20mm 厚 1:2.5 水泥砂浆找平层，聚氨酯涂膜防水 2mm 厚，上做 20mm 厚 1:2.5 水泥砂浆保护层，其上捣 40mm 厚 C20 细石混凝土（内配φ4mm 钢筋，双向中距 200mm）随手抹平	m²	282.9816
51	011101006002	平面砂浆找平层	梯屋顶屋面，面批 20mm 厚 1:2.5 水泥砂浆找平层，聚氨酯涂膜防水 2mm 厚，上做 20mm 厚 1:2.5 水泥砂浆保护层，其上捣 40mm 厚 C20 细石混凝土（内配φ4mm 钢筋，双向中距 200mm）随手抹平	m²	62.4310
52	011102003001	块料楼地面	厕所块料地面，8mm 厚防滑无釉面砖 200mm×200mm，20mm 厚 1:3 水泥砂浆找平	m²	133.0828
53	011102003002	块料楼地面	其他房间块料地面，8mm 厚灰白色抛光砖 600mm×600mm，20mm 厚 1:2.5 水泥砂浆找平	m²	697.8076
54	011105001001	水泥砂浆踢脚线	水泥砂浆踢脚线，20mm 厚 1:1:6 水泥石灰砂浆打底，3mm 厚 1:1 水泥细砂浆（或建筑胶）纯水泥浆扫缝，高 120mm	m²	41.3364
55	011105003001	块料踢脚线	楼梯踢脚线，水泥砂浆踢脚线，20mm 厚 1:1:6 水泥石灰砂浆打底，3mm 厚 1:1 水泥细砂浆（或建筑胶）纯水泥浆扫缝，高 120mm	m²	30.7832
56	011106002001	块料楼梯面层	楼梯块料地面，8mm 厚灰白色抛光砖 600mm×600mm，20mm 厚 1:2.5 水泥砂浆找平	m²	77.8230
57	011107002001	块料台阶面	台阶 铺贴陶瓷块料 水泥砂浆	m²	26.2800
58	011201001001	墙面一般抹灰	内墙都采用 15mm 厚 1:1:6 水泥石灰砂浆打底，5mm 厚 1:0.5:3 水泥石灰砂浆粉光	m²	1531.1141
59	011201001002	墙面一般抹灰	外墙一般抹灰，15mm 厚 1:1:6 水泥石灰砂浆打底，5mm 厚 1:1:4 水泥石灰砂浆批面，打底油一道	m²	1106.6842

工程造价软件应用与实践

续表

序号	编码	项目名称	项目特征	单位	工程量
60	011201001003	墙面一般抹灰	女儿墙内墙都采用15mm厚1:1:6水泥石灰砂浆打底，5mm厚1:0.5:3石灰砂浆粉光	m²	287.5431
61	011201004001	立面砂浆找平层	厕所内墙，20mm厚水泥砂浆找底	m²	555.8509
62	011204003001	块料墙面	厕所内墙做法，3mm厚1:1水泥砂浆贴5厚彩色瓷砖，白水泥扫缝	m²	566.1543
63	011301001001	天棚抹灰	天棚抹灰（10mm厚1:1:6水泥石灰砂浆打底扫毛，3mm厚木质纤维素灰罩面）	m²	584.7302
64	011301001002	天棚抹灰	楼梯天棚抹灰	m²	91.2625
65	011301001003	天棚抹灰	首层飘出室外的天棚抹灰（10mm厚1:1:6水泥石灰砂浆打底扫毛，3mm厚木质纤维素灰罩面）	m²	227.0795
66	011301001004	天棚抹灰	阳台及走廊天棚抹灰（10mm厚1:1:6水泥石灰砂浆打底扫毛，3mm厚木质纤维素灰罩面）	m²	339.5670
67	011401001001	木门油漆	木门油漆	m²	59.4000
68	011406001001	抹灰面油漆	乳胶腻子刮面，扫象牙白色高级乳胶漆两遍	m²	1531.1141
69	011406001002	抹灰面油漆	天棚刷乳胶漆两遍	m²	584.7302
70	011406001003	抹灰面油漆	外墙打底油一遍	m²	1106.6842
71	011406001004	抹灰面油漆	首层飘出室外的天棚刷乳胶漆两遍	m²	227.0795
72	011406001005	抹灰面油漆	阳台及走廊天棚刷乳胶漆两遍	m²	339.5670
73	011407001001	墙面喷刷涂料	外墙刷涂料两遍	m²	1106.6842
74	011503001001	金属扶手、栏杆、栏板	不锈钢扶手（D=60mm），带栏杆	m	132.4800
75	011701011001	里脚手架	里脚手架，层高3.6m	m²	105.0000
76	011702027001	台阶	台阶模板	m²	26.2800

附录 B　本案例工程措施项目分部分项工程量清单汇总表

序号	编码	项目名称	项目特征	单位	工程量
1	011701008001	综合钢脚手架	综合钢脚手架，高度20.5m以内	m²	1334.6463
2	011701009001	单排钢脚手架	单排钢脚手架，高度10m以内	m²	319.2700
3	011701010001	满堂脚手架	首层房间满堂脚手架，层高3.8m	m²	161.6426
4	011701010002	满堂脚手架	首层飘出室外的天棚层满堂脚手架，层高3.8m	m²	122.5188
5	011701011001	里脚手架	里脚手架，层高3.6m以内	m²	647.7720
6	011701011003	里脚手架	里脚手架，层高3.8m以内（首层）	m²	105.0000
7	011702001001	基础	桩承台模板（900mm×1800mm×1200mm）	m²	151.04
8	011702001002	基础	桩承台下垫层模板	m²	14.8800
9	011702001003	基础	地梁下垫层模板	m²	16.8800
10	011702002001	矩形柱	矩形框架（300mm×400mm），层高3.8m	m²	379.6780
11	011702002002	矩形柱	楼梯梯柱（200mm×300mm）模板	m²	15.6280
12	011702002003	矩形柱	矩形框架（200mm×400mm），层高3.6m以内	m²	24.1920
13	011702002004	矩形柱	矩形构造柱（200mm×600mm）	m²	86.9220
14	011702005001	基础梁	基础梁模板	m²	67.8400
15	011702008001	圈梁	屋顶混凝土横杆模板	m²	171.8062
16	011702009001	过梁	过梁模板，25cm以内	m²	20.4880
17	011702014001	有梁板	有梁板，层高3.8m	m²	1585.6122
18	011702021001	栏板	阳台混凝土栏板模板	m²	26.7840
19	011702022001	天沟、檐沟	梯屋顶反檐模板	m²	4.6360
20	011702024001	楼梯	直形楼梯模板	m²	77.8230
21	011702027001	台阶	台阶模板	m²	26.280
22	011703001001	垂直运输	垂直运输，建筑物20m以内，现浇框架结构	m²	857.7720

参 考 文 献

陈丹，王全杰，蒋小云. 建筑工程计量与计价实训教程：广东版［M］. 重庆：重庆大学出版社，2015.

建设部标准定额研究所.《建设工程工程量清单计价规范》宣贯辅导教材［M］. 北京：中国计划出版
社，2003.

李茂英，何宗花，陈淳慧. 建筑装饰工程计量与计价［M］. 北京：北京大学出版社，2012.

刘晓敏. 课证岗赛深度融合下的应用型人才培养模式的改革与实践——以苏州高博会计电算化专业为例
［J］. 才智，2014（36）：231.

巧算量软件技术咨询有限公司. 算量就这么简单框架系列之钢筋篇（下册）：框架实例图解钢筋［M］.
武汉：长江出版社，2011.

王朝霞. 建筑工程计量与计价［M］. 3 版. 北京：机械工业出版社，2014.

徐涛. 基于"岗课证赛一体化"嵌入式专业人才培养模式探究［J］. 科技视界，2013（32）：80，279.

中国建设教育协会，深圳市斯维尔科技有限公司. 三维算量软件高级实例教程［M］. 2 版. 北京：中国
建筑工业出版社，2012.